# 中國小微企業
## 成長環境及其
## 優化對策研究

黎智洪 著

財經錢線

# 目　錄

導論 / 1

## 第一章　中國小微企業成長環境的基本理論 / 6

### 第一節　小微企業的內涵界定 / 6

一、西方主要國家對小微企業的界定 / 6

二、中國對小微企業的界定 / 10

三、小微企業概念的學理探討 / 15

### 第二節　小微企業成長環境的理論基礎 / 19

一、企業成長理論 / 19

二、企業生命週期理論 / 25

三、企業環境理論 / 31

## 第二章　小微企業成長環境體系系統分析 / 37

### 第一節　小微企業成長環境的含義 / 37

一、系統論 / 39

二、內生論 / 42

三、均衡與非均衡論 / 42

### 第二節　小微企業成長環境系統構成要素分析 / 44

一、內部環境與外部環境構成要素 / 45

二、宏觀環境、中觀環境與微觀環境構成要素 / 47

三、直接環境與間接環境構成要素 / 47

四、一般環境與任務環境構成要素 / 48

五、其他環境分類中的構成要素 / 49

第三節 小微企業成長與環境相互作用機理 / 50

一、環境與小微企業成長關係論 / 50

二、環境與小微企業成長相互作用模型與機制 / 52

第四節 小微企業成長環境評價體系構建 / 58

一、小微企業成長環境評價指標遴選 / 58

二、小微企業成長環境評價體系構建 / 59


# 第三章 中國小微企業成長制度環境及其優化 / 61

第一節 中國小微企業制度環境現狀 / 61

一、小微企業政策法規體系基本建立 / 62

二、小微企業組織管理體制基本建立 / 67

三、政策法律制度運行效果較為明顯 / 70

第二節 中國小微企業制度環境存在的問題 / 71

一、對小微企業地位和作用的認識程度不高 / 72

二、小微企業基本法仍然存在諸多不足 / 72

三、小微企業政策法規的系統性和針對性不足 / 73

四、小微企業各項配套制度仍不完善 / 73

五、現有政府管理體系有待進一步理順 / 74

第三節 中國小微企業制度環境優化對策 / 75

一、建立健全小微企業成長的法律制度 / 76

二、進一步優化政府組織管理體系 / 78

　　三、進一步優化政策服務體系 / 80

## 第四章　中國小微企業成長金融生態環境及其優化 / 84

### 第一節　中國小微企業金融環境現狀與問題 / 84

　　一、中國小微企業融資環境現狀 / 85

　　二、中國小微企業融資環境存在的問題 / 93

　　三、中國小微企業融資困境的原因探析 / 97

### 第二節　中國小微企業融資模式及其選擇 / 101

　　一、小微企業內源融資模式 / 101

　　二、小微企業外源融資模式 / 105

　　三、小微企業融資模式的選擇 / 110

### 第三節　中國小微企業融資生態環境優化對策 / 112

　　一、優化小微企業金融制度環境 / 112

　　二、創新小微企業融資模式 / 119

## 第五章　中國小微企業創新環境及其優化 / 125

### 第一節　小微企業創新環境基本理論 / 125

　　一、小微企業創新環境的含義 / 125

　　二、小微企業創新環境構成要素 / 129

　　三、創新環境與小微企業創新作用機理 / 130

### 第二節　中國小微企業創新環境現狀與問題 / 133

　　一、小微企業創新的市場環境現狀與問題 / 134

　　二、小微企業創新的人才環境現狀與問題 / 136

　　三、小微企業創新的社會化服務環境現狀與問題 / 138

四、小微企業創新的文化環境現狀與問題 / 141

### 第三節　中國小微企業創新環境優化對策 / 143

一、在國家層面上全面實施創新驅動發展戰略 / 143

二、優化小微企業創新的市場環境 / 147

三、優化小微企業創新的社會化服務環境 / 152

四、營造小微企業創新的社會文化環境 / 153

## 第六章　中國小微企業初創環境優化與政策創新：以重慶市為例 / 157

### 第一節　重慶市小微企業初創環境優化的必要性和緊迫性 / 157

一、重慶市小微企業初創環境優化的必要性 / 157

二、重慶市小微企業初創環境優化的緊迫性 / 159

### 第二節　重慶市小微企業發展的基本態勢 / 160

一、小微企業定義及行業劃型 / 160

二、重慶市小微企業發展概況 / 160

### 第三節　重慶市小微企業初創環境調查分析 / 171

一、問卷調查樣本的選擇 / 171

二、經營環境調查分析 / 172

三、融資環境調查分析 / 173

四、政策支持環境調查分析 / 175

五、技術創新環境調查分析 / 177

六、社會服務環境調查分析 / 178

### 第四節　重慶市小微企業初創環境面臨的突出問題 / 179

一、企業經營壓力較大 / 179

二、政策利用度和適用度較低 / 180

三、融資信息不對稱、無有效抵質押資產 / 181

　　四、信用評級和品牌創新意識有待加強 / 183

　　五、相關法律法規不完善、不統一 / 184

第五節　國內外小微企業發展的經驗借鑑及啟示 / 184

　　一、國外小微企業發展的經驗借鑑 / 184

　　二、國內小微企業發展的經驗借鑑 / 187

第六節　優化和提升重慶市小微企業初創環境的對策建議 / 190

　　一、建立健全小微企業管理機構 / 190

　　二、建立與小微企業發展相適應的法律法規體系 / 191

　　三、加大對小微企業創業的財政扶持力度 / 192

　　四、強化小微企業的稅收支持政策 / 192

　　五、構建小微企業多層次金融支持體系 / 193

　　六、提升小微企業內生發展動力 / 194

　　七、推進小微企業集聚發展效應 / 195

**參考文獻** / 197

**附錄**　小微企業初創環境調查問卷 / 206

**後　記** / 212

# 導　論

　　黨的十八大報告中提出，「要支持小微企業特別是科技型小微企業發展」，將小微企業發展首次寫入黨的報告，充分說明黨和國家已經充分意識到小微企業在經濟社會發展中的重要地位，為加快小微企業進一步發展指明了方向，增添了動力。

　　長期以來，小微企業因其「小」而「微」，沒有受到太多的關注，反而經常是被擠壓的對象。但是這些看似「小」而「微」的企業，正如大海中的水滴，點點滴滴終成無限浩瀚的海洋，大企業也只能望洋興嘆。2017年9月，國家工商行政管理總局局長張茅在杭州舉辦的小微企業創新發展高層論壇上說，截至2017年7月底，中國小微企業名錄收錄的小微企業已達7,328.1萬戶。其中，法人企業2,327.8萬戶，占企業總數的82.5%；個體工商戶5,000.3萬戶，占個體工商戶總數的80.9%。[①]到2017年年底，中小微企業（含個體工商戶）占全部市場主體的比重超過90%，貢獻了全國80%以上的就業，70%以上的發明專利，60%以上的GDP和50%以上的稅收。[②] 不得不承認：小微企業已經成為中國市場主體中的主力軍，成為擴大就業的重要支撐，要把小微企業名錄打造成為國家扶持小微企業的主要數據平臺和服務平臺。小微企業的重要意義毋庸贅述。

　　儘管小微企業如此重要，但是由於其「小」而「微」，在資源稀缺的環境夾縫中艱難成長，先天不足，後天堪憂：在帶有偏見的政府制度環境中垂死掙扎，在激烈的市場競爭環境中步履維艱，在精打細算的金融生態環境中處處碰壁……凡此種種，小微企業正如一介小人物，處處受氣，處處受制於人，生存成長全憑偶然與運氣。今天還在好好地成長的小微企業，也許明天就會夭折、菸消雲散。其生存環境中的一點小波小浪，都能輕而易舉地置它於死地。

---

　　① 趙文君. 中國小微企業達7,328萬戶 [EB/OL]. (2017-09-02) [2018-09-20]. http://www.gov.cn/shuju/2017-09/02/content_ 5222250.htm.
　　② 孟珂. 小微企業貢獻GDP逾六成 [N]. 證券日報，2018-06-22.

同發展時期的科技型中小企業融資策略選擇問題。①

三是從實證的角度對企業環境進行研究，如：鄭金波（2004）採用問卷調查的方法，選擇了民營科技企業發展水準比較高的江蘇省作為問卷調查地區，圍繞民營科技企業在創建和成長時期的成長環境進行調查和研究。② 林漢川、管鴻禧（2004）利用江蘇等六省市1,512家中小企業問卷調查數據庫信息，得出東、中、西部中小企業外部環境競爭力評價指標測度值，對其進行無量綱化處理後，結合兩兩比較矩陣計算出組合權重，得出中國東部中小企業的外部環境競爭力評價指數為91.96，顯著高於中部的63.11和西部的48.89。陳曉紅、王傅強（2008）以中南大學的問卷調查為樣本，對東、中、西部中小企業外部環境進行評價並得出了和林漢川一致的結論，即東部地區中小企業外部環境最好，綜合評價指數為3.608，中部地區中小企業外部環境綜合評價指數為3.410，略好於西部的3.406。陳曉紅、曹裕、馬躍如（2009）選取了深圳、廣州、長沙、鄭州、成都，通過問卷調查和結構方程建模，得出五個城市的企業外部環境排名為廣州、深圳、長沙、成都、鄭州；進而對中小企業生命週期和各個環境得分進行一元迴歸分析，得出外部分環境對中小企業生命週期均有正向影響，但影響的程度有差異。經濟環境、技術環境和人才環境對中小企業生命週期的影響較顯著，政治環境、社會文化環境及自然資源環境對中小企業生命週期的影響不顯著。

四是從定性定量的角度對企業環境指標體系進行了研究，如：周國紅、陸立軍（2002）的《科技型中小企業成長環境指標體系的構建》一文認為，科技型中小企業的成長環境是指圍繞科技型中小企業創業和發展變化，並足以影響或制約科技型中小企業發展的一切外部條件的總稱，包括政治、經濟、法律、科技、社會、自然等方面因素，並給出了具體評價指標。③ 侯卉、司曉悅、王丹青（2012）認為高新技術企業成長環境分為企業內部環境和企業外部環境，內部環境因素包含技術管理與創新、企業管理與戰略管理、人力資源管理、企業文化等方面，外部環境因素歸納為法律與政策、融資、風險投資、科技仲介、市場、信息網絡等方面。④

---

① 徐衡. 科技型中小企業融資問題研究：基於企業生命週期理論 [D]. 北京：對外經濟貿易大學，2010.
② 鄭金波. 中國民營科技企業成長環境研究與實證分析 [D]. 南京：東南大學，2004.
③ 周國紅，陸立軍. 科技型中小企業成長環境評價指標體系的構建 [J]. 數量經濟技術經濟研究，2002（2）：32-35.
④ 侯卉，司曉悅，王丹青. 高科技企業成長環境評析：以瀋陽市為例 [J]. 科技進步與對策，2012（24）：140-142.

五是從方法論的角度對企業環境進行研究，如：趙錫斌、鄢仔勇（2004）在《企業與環境互動作用機理探析》一文中，對企業環境的評價方法進行了綜合，更為清晰地甄別了企業環境的特性，以期企業管理者提供具有實踐價值的企業環境評價工具；並在對企業環境基本理論進行論述的基礎上，重點研究了企業環境的評價方法。① 趙錫斌（2007）在《企業環境分析與調適：理論與方法》一書中對企業環境有關理論進行了系統研究，並提出了如何調試企業環境的方法。②

　　上述觀點說明，對企業成長環境的研究已經逐步走向細化、深入，從籠統地認為環境是某一主體周圍一切事物的總和，到將影響企業成長環境的不同因子歸納為複雜環境系統，且不同因子相互影響、相互聯繫，共同決定了企業的生存和發展。以上研究為小微企業成長環境研究提供了理論支撐與豐富的資料。當然，雖然以上研究成果從某個側面對小微企業成長環境進行了研究，但是系統分析小微企業成長環境並提出優化策略的研究成果並不多見。

　　為此，筆者不揣冒昧，以企業環境作為理論契入點，通過分析小微企業成長環境的基礎理論，構建小微企業成長環境的構成指標體系，從制度、金融、創新、社會化服務等層面深入剖析中國小微企業成長面臨的各種環境及其問題，並針對這些問題提出了優化策略，試圖為中國小微企業成長提供更加優化的環境，促進小微企業健康快速成長。

---

① 趙錫斌，鄢仔勇. 企業與環境互動作用機理探析 [J]. 企業管理，2004（4）：93-97.
② 趙錫斌. 企業環境分析與調適：理論與方法 [M]. 北京：中國社會科學出版社，2007：2.

# 第一章　中國小微企業成長環境的基本理論

## 第一節　小微企業的內涵界定

如何界定小微企業的概念，不僅出於理論研究的需要，更是出於實踐的需要。從理論上說，小微企業的概念、本質內涵涉及研究的對象、範圍、規模，是小微企業經濟、管理、制度等理論研究的基礎。從實踐上而言，小微企業概念涉及國家對小微企業的引導、扶持政策的出抬，是實施中小企業發展政策的基礎。

小微企業既是一個相對概念，也是變動性概念，不同國家、地區在不同時期因經濟發展水準的不同對小微企業界定標準呈現出較大差異。從字面表述來看，小微企業本是指由小型企業與微型企業兩者組成的企業，有時小型企業又與中型企業混在一起，構成中小型企業。直至2010年，中國在中小企業的政府支持方面將重點細化到了小型企業和微型企業上，小微企業的問題才引起各方的重點關注。2011年6月工業和信息化部、國家統計局、國家發展和改革委員會、財政部研究制定了《中小企業劃型標準規定》，第一次正式提出了微型企業的概念和標準，使微型企業的概念得以廣泛運用。於是，中國就出現了大中型企業、中小企業、小微企業等幾種說法。小微企業的稱謂也就逐漸在學界與政府部門得以廣泛運用。

### 一、西方主要國家對小微企業的界定

目前，國外學術界尚未對「小微企業」這一概念進行統一界定，而是將小型企業和微型企業分別單獨作為概念來界定。其中，小型企業這一概念由來已久，通常與中型企業一起被合稱為「中小企業」，這一主題一直是國外學術

界的研究熱點，而微型企業這一概念約在19世紀後期開始受到學術界的關注，目前尚未形成國際統一的界定標準，經常與小型企業混在一起使用。

西方國家對小微企業的界定有定量和定性兩種界定方法，定量標準主要考慮企業資產總額、員工人數、營業額三個方面的因素，在西方國家的運用非常普遍。例如，美國在1953年頒布的《小企業法》中把小型企業界定為：「私人所有、獨立經營並且在所經營的行業中不占支配性地位」的企業。顯然，這一定義是定性的界定，沒有使用定量指標，造成實際界定過程中任意性過大。根據《小企業法》的規定授權，美國小企業管理局後來對小企業做了進一步的細化規定，把小企業界定為「資產額在1,000萬美元以下或從業人員在500人以下的企業」。但是，「資產額」指標在實施中仍存在以下四個問題：小微企業多是家族式企業，而家族企業的企業資產與家庭財產是難以區分的；資產額中的無形資產部分評估可操作性差；資產總額會隨企業經營環境、企業負債狀況和產品銷售難易程度等諸多因素的變化而變化；由於信息不對稱，一些本屬於小企業之列的中型企業為獲得優惠政策條件而可能隱瞞其資產額。因此，美國小企業管理局就改用「營業額」指標來代替「資產額」指標，把小企業重新界定為「雇員人數在500人以下或營業額不足500美元的企業」。營業額指標儘管比資產額更容易獲取，但還是易受通貨膨脹因素的影響。因此，美國經濟發展委員會給出了小企業的界定標準，即只需符合以下四個指標中任意兩個或兩個以上的企業即為小企業：企業所有者同時是經理，企業資本由一個或幾個人提供，企業產品銷售範圍主要在當地，與同行業的大企業相比規模較小。顯然，經濟發展委員會的界定標準和美國小企業管理局的界定標準不盡一致，兩個標準並行，容易引起混亂。① 在2000年美國國會通過的《微型企業自力更生法》中，首次明確界定微型企業為「由貧困人口擁有與經營，員工不超過10人的公司」。② 於是，美國也正式確立了微型企業的法律地位。

日本中小企業的定義特別複雜，在不同時期、不同法律的規定下，有不同的含義。根據1973年日本《中小企業基本法》的規定，中小企業有如下分類，具體見表1.1。③

---

① 楊春，蔡翔. 小微企業的界定及劃型標準研究 [J]. 技術經濟與管理研究，2016 (5)：51.

② MARK S. Micro enterprise Development Programs in the United States and in the Developing World [J]. World Development, 2003 (31): 1567-1580.

③ 林振塗，等. 小型經濟概論 [M]. 長沙：湖南出版社，1991：52.

表 1.1　　　　　　　　　　日本中小企業分類標準

|  |  | 中小企業 |  | 大企業 |
|---|---|---|---|---|
|  |  | 小企業 | 中企業 |  |
| 批發行業 | 從業人員 | 1~4 人 | 5~99 人 | 100 人以上 |
|  | 資本 | 3,000 萬日元以下 |  | 3,000 萬日元以上 |
| 零售及服務行業 | 從業人員 | 1~4 人 | 5~49 人 | 50 人以上 |
|  | 資本 | 1,000 萬日元以下 |  | 1,000 萬日元以上 |
| 製造業及其他行業 | 從業人員 | 1~19 人 | 20~99 人 | 300 人以上 |
|  | 資本 | 1 億日元以下 |  | 1 億日元以上 |

　　1999 年日本出抬了修訂後的《中小企業基本法》，其中規定：製造業等行業中，員工 300 人以下或資本額 3 億日元以下的企業為中小企業；批發業中，員工 100 人以下或資本額 1 億日元以下的企業為中小企業；零售業中，員工 50 人以下或資本額 5,000 萬日元以下的企業為中小企業；服務業中，員工 100 人以下或資本額 5,000 萬日元以下的企業為中小企業。其中，製造業中員工 20 人以下、商業和服務業中 5 人以下的企業為小企業。與 1973 年相比，提高了中小企業的最低資本金，相當於擴大了中小企業的範圍。日本根據不同行業制定了不同標準，同時還考慮到了從業人員和資本額的複合，符合任意一個條件企業便可被視為中小企業，這樣就增加了政府制定政策時的伸縮餘地和空間。日本這種中小企業的界定標準儘管不如美國的中小企業界定標準簡單明了，但更能反應經濟現實，同時也增加了政策的靈活性。

　　歐盟當前的中小企業界定標準具有三個特徵，即複合性、將小型企業界定標準單獨列出和在一定程度上考慮了企業的法人地位。歐盟當前中小企業界定標準的複合性特徵又不同於日本中小企業界定標準的相應特徵。歐盟法律規定，凡符合「雇員人數 250 人以下並且產值不超過 4,000 萬埃居」或「資產年度負債總額不超過 2,700 萬埃居，並且不被一個或幾個大企業持有 25% 以上股權」條件之一的為中小企業，同時每一條件其實又都是兩個次級條件的複合，並且需同時具備兩個次級條件。由此可見，歐盟對中小企業界定標準的複合性儘管增加了政策伸縮空間，但由於受同時具備兩個次級條件的限制，其靈活性要小於日本的政策。歐盟當前中小企業界定標準的第二個特徵是將小型企業界定標準單獨列出，這樣就可以制定專門針對小型企業的扶植政策，從而在一定程度上增加了政府政策的選擇空間。歐盟當前中小企業界定標準的第三個特徵

是在一定程度上考慮了企業的法人地位，體現在「不被一個或幾個大企業持有25%以上的股權」和「有獨立法人地位」上，這樣就將一些大型企業（集團）的全資子公司、控股子公司和分公司排除在中小企業行業之外。[①]

通過比較西方主要國家中小企業的法律規定，我們可以總結出西方國家對中小企業界定的如下劃分標準：

（1）雇員人數標準。該標準是從企業雇傭人數多少這一要素的角度來反應企業規模的大小，為世界上絕大多數國家所採用，但印度、孟加拉國、巴基斯坦和斯里蘭卡等少數國家除外。首先，雇員人數標準最簡單明晰，並且許多國家希望通過發展中小企業解決就業問題。其次，這裡的雇員是指企業工資勞動者或全職勞動者（周工作時間35小時以上，季節性勞動者需按勞動時間進行折算），不包括企業所有者及其在企業中工作的家人。最後，絕大多數國家採用了0雇員人數標準，如美國、加拿大、德國、英國等，即零雇員企業「自我雇用」，只有當業主及其家庭勞動者在企業中工作時才可被視為中小企業。如，美國政府的「微型企業」的定量指標是員工不超過10人（包括不支薪的家庭成員）；菲律賓把雇員人數在10人以下的企業類型稱為微型企業；日本把製造業中的從業人員20人以下，零售業、服務業和批發業從業人員在5人以下的企業界定為「微型企業」或「零細企業」，也可叫作「小規模企業」；歐盟把職工人數在10人以下，或者資產總額不超過200萬歐元的企業稱為微型企業。臺灣地區「微型企業」的定量指標為經常雇傭員工人數不滿5人（含所有人在內）。

（2）資產（資本）額標準。它是以價值或實物形態為衡量標準，從企業資產（資本）這一要素的角度反應企業規模的大小，往往為金融部門所偏好。與雇員人數標準相比，該標準在計量上存在一定的困難，如中小企業尤其是家族式中小企業，企業資產與家庭資產難以區分；在無形資產計入總資產或存在技術入股的情況下，評估的技術可操作性差；在信息不對稱的條件下，一些業主為了使自己的企業加入中小企業行列，獲得優惠條件，可能隱瞞其資產（資本）量，而事實上這些企業按標準不屬於中小企業之列。但隨著經濟制度的完善、資本（資產）評估技術的進步和人們道德水準的提高，在企業資本營運日漸重要的情況下，這一標準將有廣闊的應用前景，因為該標準有助於中小企業進行兼併、收購、出售等資本營運，可以優化資本（資產）配置效率，

---

[①] 王德勝，徐大勝. 基於成長視角的中小企業評價研究：五維度分層評價體系的構建 [M]. 北京：經濟科學出版社，2008：22.

（3）營業額標準。該標準是從企業經營水準角度反應一個企業規模的大小，往往為財稅部門所偏好。採用該標準的企業不是很多，這主要是因為企業的營業額是一個極易波動的量，受通貨膨脹、銷售淡旺季、商業信用水準高低甚至國際匯率等諸多因素的影響。與資產（資本）額相比，營業額更難以計量，可比性更低，也更缺乏可信性。在市場穩定和會計、統計、稅收制度較完善的國家，在操作上相對容易一些，對於相應制度不太健全的發展中國家來說則存在一定難度。稅收是國家有效實施宏觀調控的物質保證，而營業額則是財稅部門對企業徵稅時確定稅率和決定是否實行稅收優惠減免的重要參考依據，所以，隨著各種制度的完善，該標準的應用範圍將會逐漸擴大。

（4）相對數指標標準。相對數指標標準指的是以行業中的相對份額為標準，不論行業中企業實際規模的大小，僅確定一個企業數目百分比，在此百分比之內的較小企業界定為中小企業。如美國曾規定：每個行業中占90％數目的較小規模企業為中小企業，這類標準更適合於行業內的分類管理，以保護業內競爭。

從以上分析可以看出，西方各國對中小企業界定標準的差異很大，每個國家都採用了不同的具體數額，可謂千差萬別，都有各自的特色與優勢，也有不足之處。

**二、中國對小微企業的界定**

受長期計劃經濟體制的影響，中國經濟理論研究和經濟社會管理中通常會傾向於按所有制性質對企業進行劃分，雖然相關部門也出抬了一些企業規模劃分規定，但通常只是針對工業企業，且劃分標準變化比較頻繁，經歷了多次調整。

1962年，中國出現了按職工人數劃分企業規模的規定：500人以下為小型企業，500~3,000人為中型企業，3,000人以上為大型企業。1978年，國家計劃委員會、國家基本建設委員會、財政部發布了《關於基本建設項目的大中型企業劃分標準的規定》，以「年綜合生產能力」為劃分企業的標準和依據。

1988年，國家經濟委員會等對1978年的標準進行了修改和補充，重新頒布了《大中小型工業企業劃分標準》，加入了行業因素的考慮，除生產單一品種產品的企業外，對其他企業則採用固定資產價值的標準來衡量其規模，把企業分為特大型、大型、中型和小型四種類型。還補充規定了凡是產品比較單一的企業，一般以生產能力為標準進行劃分；產品和設備比較複雜的，一般以企

業擁有的固定資產價值為標準進行劃分。

1992 年，國家經濟貿易委員會等重新頒布了《大中小型工業企業劃分標準》的補充標準，增加了對市政公用工業、輕工業、電子工業、醫藥工業和機械工業中轎車製造企業的規模劃分，將企業分為特大型、大型、中型、小型四種類型。1999 年國家又對 1978 年的劃分標準進行了修改與補充，1999 年 8 月頒布的《大中小型工業企業劃分標準》規定：銷售收入、資產總額和營業總額均在 5 億元以上的劃為大企業，5 億元以下 5,000 萬元以上的為中型企業；年銷售收入和資產總額均在 5,000 萬以下的為小型企業。參與劃分的企業範圍原則上包括所有行業各種形式的工業企業。

隨著改革開放的深入，中小企業在國民經濟和社會發展中發揮著越來越重要的作用。為了改善中小企業的經營環境，促進其健康發展，2003 年《中華人民共和國中小企業促進法》正式實施，中小企業發展問題開始為各界所關注。同年，國家經濟貿易委員會、國家發展和改革委員會、財政部、國家統計局四部委聯合下發了《中小企業標準暫行規定》，首次結合雇員人數、銷售額、資產總額三個維度較為全面地明確了中國中小企業的劃分標準，規定在標準以下的企業為小型企業，標準以上的為大型企業，具體劃分標準見表 1.2。

表 1.2　　　　　　　　　　2003 年中型企業標準

| 行業 | 職工人數（人） | 銷售額（元） | 資產總額（元） |
| --- | --- | --- | --- |
| 工業 | 300~2,000 | 3,000 萬~3 億 | 4,000 萬~4 億 |
| 建築業 | 600~3,000 | 3,000 萬~3 億 | 4,000 萬~4 億 |
| 批發業 | 100~200 | 3,000 萬~3 億 | —— |
| 零售業 | 100~500 | 1,000 萬~1.5 億 | —— |
| 交通運輸業 | 500~3,000 | 3,000 萬~3 億 | —— |
| 郵政業 | 400~1,000 | 3,000 萬~3 億 | —— |
| 住宿餐飲業 | 400~800 | 3,000 萬~1.5 億 | —— |

從以上企業劃分標準來看，小微企業的概念一直合併在中小企業之中，直至 2010 年，國家在中小企業的支持方面將重點細化到了小型企業和微型企業上，小微企業的問題才引起各方面的重點關注。2011 年，為貫徹落實《中華人民共和國中小企業促進法》和《國務院關於進一步促進中小企業發展的若干意見》（國發［2009］36 號），工業和信息化部、國家統計局、發展改革委、財政部研究制定了《中小企業劃型標準規定》，根據企業資產總額、營業

收入和從業人員等統計指標,將中小企業劃分為中型、小型和微型企業,並確定了各行業的劃分標準。以工業企業為例,從業人員在 1,000 人以下或營業收入 40,000 萬元以下的為中小微型企業。其中,從業人員在 300 人及以上,且營業收入 2,000 萬元及以上的為中型企業;從業人員在 20 人到 300 人之間(不含 300 人),且營業收入 300 萬元到 2,000 萬元(不含 2,000 萬元)的為小型企業;從業人員在 20 人以下或營業收入 300 萬元以下的為微型企業,具體見表 1.3。

表 1.3　　　　　　　　2011 年大中小微企業劃型標準

| 行業名稱 | 指標名稱 | 計量單位 | 大型 | 中型 | 小型 | 微型 |
|---|---|---|---|---|---|---|
| 農、林、牧、漁業 | 營業收入(Y) | 萬元 | Y≥20,000 | 500≤Y<20,000 | 50≤Y<500 | Y<50 |
| 工業 | 從業人員(X) | 人 | X≥1,000 | 300≤X<1,000 | 20≤X<300 | X<20 |
|  | 營業收入(Y) | 萬元 | Y≥40,000 | 2,000≤Y<40,000 | 300≤Y<2,000 | Y<300 |
| 建築業 | 營業收入(Y) | 萬元 | Y≥80,000 | 6,000≤Y<80,000 | 300≤Y<6,000 | Y<300 |
|  | 資產總額(Z) | 萬元 | Z≥80,000 | 5,000≤Z<80,000 | 300≤Z<5,000 | Z<300 |
| 批發業 | 從業人員(X) | 人 | X≥200 | 20≤X<200 | 5≤X<20 | X<5 |
|  | 營業收入(Y) | 萬元 | Y≥40,000 | 5,000≤Y<40,000 | 1,000≤Y<5,000 | Y<1,000 |
| 零售業 | 從業人員(X) | 人 | X≥300 | 50≤X<300 | 10≤X<50 | X<10 |
|  | 營業收入(Y) | 萬元 | Y≥20,000 | 500≤Y<20,000 | 100≤Y<500 | Y<100 |
| 交通運輸業 | 從業人員(X) | 人 | X≥1,000 | 300≤X<1,000 | 20≤X<300 | X<20 |
|  | 營業收入(Y) | 萬元 | Y≥30,000 | 3,000≤Y<30,000 | 200≤Y<3,000 | Y<200 |
| 倉儲業 | 從業人員(X) | 人 | X≥200 | 100≤X<200 | 20≤X<100 | X<20 |
|  | 營業收入(Y) | 萬元 | Y≥30,000 | 1,000≤Y<30,000 | 100≤Y<1,000 | Y<100 |
| 郵政業 | 從業人員(X) | 人 | X≥1,000 | 300≤X<1,000 | 20≤X<300 | X<20 |
|  | 營業收入(Y) | 萬元 | Y≥30,000 | 2,000≤Y<30,000 | 100≤Y<2,000 | Y<100 |
| 住宿業 | 從業人員(X) | 人 | X≥300 | 100≤X<300 | 10≤X<100 | X<10 |
|  | 營業收入(Y) | 萬元 | Y≥10,000 | 2,000≤Y<10,000 | 100≤Y<2,000 | Y<100 |
| 餐飲業 | 從業人員(X) | 人 | X≥300 | 100≤X<300 | 10≤X<100 | X<10 |
|  | 營業收入(Y) | 萬元 | Y≥10,000 | 2,000≤Y<10,000 | 100≤Y<2,000 | Y<100 |
| 信息傳輸業 | 從業人員(X) | 人 | X≥2,000 | 100≤X<2,000 | 10≤X<100 | X<10 |
|  | 營業收入(Y) | 萬元 | Y≥100,000 | 1,000≤Y<100,000 | 100≤Y<1,000 | Y<100 |

表1.3(續)

| 行業名稱 | 指標名稱 | 計量單位 | 大型 | 中型 | 小型 | 微型 |
|---|---|---|---|---|---|---|
| 軟件和信息技術服務業 | 從業人員（X） | 人 | X≥300 | 100≤X<300 | 10≤X<100 | X<10 |
|  | 營業收入（Y） | 萬元 | Y≥10,000 | 1,000≤Y<10,000 | 50≤Y<1,000 | Y<50 |
| 房地產開發經營 | 營業收入（Y） | 萬元 | Y≥200,000 | 1,000≤Y<200,000 | 100≤Y<1,000 | Y<100 |
|  | 資產總額（Z） | 萬元 | Z≥10,000 | 5,000≤Z<10,000 | 2,000≤Z<5,000 | Z<2,000 |
| 物業管理 | 從業人員（X） | 人 | X≥1,000 | 300≤X<1,000 | 100≤X<300 | X<100 |
|  | 營業收入（Y） | 萬元 | Y≥5,000 | 1,000≤Y<5,000 | 500≤Y<1,000 | Y<500 |
| 租賃和商務服務業 | 從業人員（X） | 人 | X≥300 | 100≤X<300 | 10≤X<100 | X<10 |
|  | 資產總額（Z） | 萬元 | Z≥120,000 | 8,000≤Z<120,000 | 100≤Z<8,000 | Z<100 |
| 其他未列明行業 | 從業人員（X） | 人 | X≥300 | 100≤X<300 | 10≤X<100 | X<10 |

註：大型、中型和小型企業須同時滿足所列指標的下限，否則下劃一檔；微型企業只需滿足所列指標中的一項即可。

2017年6月30日，《國民經濟行業分類》（GB/T 4754—2017）正式頒布。同年8月29日，國家統計局印發了《關於執行新國民經濟行業分類國家標準的通知》，規定從2017年統計年報和2018年定期統計報表起統一使用新分類標準。為此，統計局對2011年印發的《統計上大中小微型企業劃分辦法》進行修訂，於2017年12月18日發布了《關於印發<統計上大中小微型企業劃分辦法（2017）>的通知》，對2011年頒發的小微企業標準又進行了調整。國家統計局在《關於印發<統計上大中小微型企業劃分辦法（2017）>的通知》中說明：本次修訂保持原有的分類原則、方法、結構框架和適用範圍，僅將所涉及的行業按照《國民經濟行業分類》（GB/T 4754—2011）和《國民經濟行業分類》（GB/T 4754—2017）的對應關係進行相應調整，形成《統計上大中小微型企業劃分辦法（2017）》。具體見表1.4。

表1.4　　　　2017年大中小微企業劃型標準

| 行業名稱 | 指標名稱 | 計量單位 | 大型 | 中型 | 小型 | 微型 |
|---|---|---|---|---|---|---|
| 農、林、牧、漁業 | 營業收入（Y） | 萬元 | Y≥20,000 | 500≤Y<20,000 | 50≤Y<500 | Y<50 |
| 工業* | 從業人員（X） | 人 | X≥1,000 | 300≤X<1,000 | 20≤X<300 | X<20 |
|  | 營業收入（Y） | 萬元 | Y≥40,000 | 2,000≤Y<40,000 | 300≤Y<2,000 | Y<300 |

表1.4(續)

| 行業名稱 | 指標名稱 | 計量單位 | 大型 | 中型 | 小型 | 微型 |
|---|---|---|---|---|---|---|
| 建築業 | 營業收入（Y） | 萬元 | Y≥80,000 | 6,000≤Y<80,000 | 300≤Y<6,000 | Y<300 |
| | 資產總額（Z） | 萬元 | Z≥80,000 | 5,000≤Z<80,000 | 300≤Z<5,000 | Z<300 |
| 批發業 | 從業人員（X） | 人 | X≥200 | 20≤X<200 | 5≤X<20 | X<5 |
| | 營業收入（Y） | 萬元 | Y≥40,000 | 5,000≤Y<40,000 | 1,000≤Y<5,000 | Y<1,000 |
| 零售業 | 從業人員（X） | 人 | X≥300 | 50≤X<300 | 10≤X<50 | X<10 |
| | 營業收入（Y） | 萬元 | Y≥20,000 | 500≤Y<20,000 | 100≤Y<500 | Y<100 |
| 交通運輸業* | 從業人員（X） | 人 | X≥1,000 | 300≤X<1,000 | 20≤X<300 | X<20 |
| | 營業收入（Y） | 萬元 | Y≥30,000 | 3,000≤Y<30,000 | 200≤Y<3,000 | Y<200 |
| 倉儲業* | 從業人員（X） | 人 | X≥200 | 100≤X<200 | 20≤X<100 | X<20 |
| | 營業收入（Y） | 萬元 | Y≥30,000 | 1,000≤Y<30,000 | 100≤Y<1,000 | Y<100 |
| 郵政業 | 從業人員（X） | 人 | X≥1,000 | 300≤X<1,000 | 20≤X<300 | X<20 |
| | 營業收入（Y） | 萬元 | Y≥30,000 | 2,000≤Y<30,000 | 100≤Y<2,000 | Y<100 |
| 住宿業 | 從業人員（X） | 人 | X≥300 | 100≤X<300 | 10≤X<100 | X<10 |
| | 營業收入（Y） | 萬元 | Y≥10,000 | 2,000≤Y<10,000 | 100≤Y<2,000 | Y<100 |
| 餐飲業 | 從業人員（X） | 人 | X≥300 | 100≤X<300 | 10≤X<100 | X<10 |
| | 營業收入（Y） | 萬元 | Y≥10,000 | 2,000≤Y<10,000 | 100≤Y<2,000 | Y<100 |
| 信息傳輸業* | 從業人員（X） | 人 | X≥2,000 | 100≤X<2,000 | 10≤X<100 | X<10 |
| | 營業收入（Y） | 萬元 | Y≥100,000 | 1,000≤Y<100,000 | 100≤Y<1,000 | Y<100 |
| 軟件和信息技術服務業 | 從業人員（X） | 人 | X≥300 | 100≤X<300 | 10≤X<100 | X<10 |
| | 營業收入（Y） | 萬元 | Y≥10,000 | 1,000≤Y<10,000 | 50≤Y<1,000 | Y<50 |
| 房地產開發經營 | 營業收入（Y） | 萬元 | Y≥200,000 | 1,000≤Y<200,000 | 100≤Y<1,000 | Y<100 |
| | 資產總額（Z） | 萬元 | Z≥10,000 | 5,000≤Z<10,000 | 2,000≤Z<5,000 | Z<2,000 |
| 物業管理 | 從業人員（X） | 人 | X≥1,000 | 300≤X<1,000 | 100≤X<300 | X<100 |
| | 營業收入（Y） | 萬元 | Y≥5,000 | 1,000≤Y<5,000 | 500≤Y<1,000 | Y<500 |
| 租賃和商務服務業 | 從業人員（X） | 人 | X≥300 | 100≤X<300 | 10≤X<100 | X<10 |
| | 資產總額（Z） | 萬元 | Z≥120,000 | 8,000≤Z<120,000 | 100≤Z<8,000 | Z<100 |
| 其他未列明行業* | 從業人員（X） | 人 | X≥300 | 100≤X<300 | 10≤X<100 | X<10 |

註：(1) 大型、中型和小型企業須同時滿足所列指標的下限，否則下劃一檔；微型企業只需滿足所列指標中的一項即可。

(2) 表中各行業的範圍以《國民經濟行業分類》（GB/T4754-2017）為準。帶*的項為行業

組合類別，其中，工業包括採礦業、製造業、電力、熱力、燃氣及水生產和供應業；交通運輸業包括道路運輸業、水上運輸業、航空運輸業、管道運輸業、多式聯運和運輸代理業、裝卸搬運，不包括鐵路運輸業；倉儲業包括通用倉儲、低溫倉儲、危險品倉儲、穀物、棉花等農產品倉儲、中藥材倉儲和其他倉儲業；信息傳輸業包括電信、廣播電視和衛星傳輸服務、互聯網和相關服務；其他未列明行業包括科學研究和技術服務業、水利、環境和公共設施管理業、居民服務、修理和其他服務業，社會工作、文化、體育和娛樂業，以及房地產仲介服務，其他房地產業等，不包括自有房地產經營活動。

（3）企業劃分指標以現行統計制度為準。①從業人員，是指期末從業人員數，沒有期末從業人員數的，採用全年平均人員數代替。②營業收入，工業、建築業、限額以上批發和零售業、限額以上住宿和餐飲業以及其他設置主營業務收入指標的行業，採用主營業務收入；限額以下批發與零售業企業採用商品銷售額代替；限額以下住宿或餐飲業企業採用營業額代替；農、林、牧、漁業企業採用營業總收入代替；其他未設置主營業務收入的行業，採用營業收入指標。③資產總額，採用資產總計代替。

中國 2017 年規定的小微企業標準在當前仍然具有法律上的意義，在實踐上對中國小微企業的統計、扶持政策等有著重要約束作用。

**三、小微企業概念的學理探討**

官方所確定的小微企業的標準，為理論研究確定了基本指引，但是小微企業的界定仍然離不開學界的研究與理論指導。西方學者較早關注了小微企業問題，並對其概念進行了探討。美國經濟學家卡普蘭認為：小企業通常是指管理權和所有權一致，沒有執行個別職能的專業人員，沒有專門進行研究和分析的機構，不能通過發行有價證券或依靠投資銀行投入所需要的資本的辦法來取得經營活動資金，在所有者和雇員以及消費者之間有著直接的關係，經營活動只和本地區有聯繫並完全依賴當地市場的企業。按照卡普蘭的觀點，小企業除了主要體現在管理權與所有權沒有分離的基礎上以外，還包括經營資本主要是自籌、經營活動範圍有限等特徵。

1995 年，經濟學家哈羅德·威特在區分了黃油、面粉、汽車以及玻璃容器製造業中的大企業與小企業之間的差異後指出，小企業具有如下特徵：①主要依靠企業所在地的原材料供給；②具有較高的單位生產總成本；③只擁有一個工廠；④依賴大企業。經濟史學家羅斯·羅伯遜認為，從相對的角度來定義「小企業」似乎是最好的，只要企業的主要投資者和主要經營者與企業的業務管理人員保持直接和穩定的聯繫，企業主與他的大部分雇員保持個人間的關係，這個企業就仍然是小企業。

美國經濟發展委員會在 20 世紀 80 年代初給小企業所下的定義為，一個小

企業必須符合以下四個特點中的至少兩個：①獨立經營管理，通常由企業主兼任經理；②個人或小集團提供資本並具有所有權；③企業主要在當地經營業務；④企業規模在本行業中相對較小。

中國對小微企業的研究起步時間相對較晚。在2011年以前，微型企業在中國還未正式確立身分，未納入中國官方正式統計口徑，但學界有關微型企業的研究已經展開，學者們紛紛提出了自己的觀點。林漢川、魏中奇（2002）認為在對企業規模進行細分時，只需分出小型企業，無須再細分出特小型企業和微型企業等細類。但大多數學者贊同單獨劃分出小微企業，並提出了建議。史巧玉（2004）認為在對中小企業進行界定後，可進一步細分出微型企業，且強調了企業經營管理的獨立性。蔡翔等（2005）提出界定微型企業應考慮的四個因素，並根據這四個因素將微型企業定義為「由貧困家庭擁有與經營的、員工不超過7人的企業」。許賢明、陳劍林（2006）認為微型企業是「雇工人數在10人以下、產權和經營權高度統一、自主經營、以家族式管理為主、在同行業中不占壟斷地位的規模微小的企業」。蔣志兵等（2007）在前有理論的基礎上，提出了類似定義。鄭立成、張陸（2009）認為微型企業所有者不僅僅來源於貧困或失業人口，也來源於非貧困或選擇性失業的人口。這些觀點對小型企業和微型企業的劃分主要考慮了員工人數、所有者創業動機和經營管理的獨立性。楊春、蔡翔（2017）把微型企業界定為由貧困家庭或貧困者擁有與經營的、員工不超過7人的企業。至於其理由，一是中國微型企業大都處於勞動密集型行業，而且微型企業在解決就業中能夠發揮重要作用；二是由於統計、會計等方面的原因，銷售額、營業額、資產總額等難以準確確定，而且這些指標還容易受到人為調整和物價因素等的影響。三是定性指標強調了微型企業是「窮人的企業」的特點。

2011年6月，中國發布了最新版本的《中小企業劃型標準規定》，新規定在原先劃分的中型、小型企業之外，增添了微型企業這一企業新類別。自此，微型在中國終於正式確立身分，納入中國官方正式統計口徑，微型企業也隨之成為中國學界研究熱點之一。同年11月，中國著名經濟學家郎咸平教授開創性地將小型企業和微型企業合二為一，提出「小微企業」這一概念，同時也喚起了社會公眾對曾經不起眼的經濟組織的關注。至此，小微企業這一詞語成為學術界討論的熱點。從國內外對小微企業概念確立的標準來看，可以發現小微企業概念存在如下特徵：

第一，小微企業是一個相對性概念。小微企業是一個關於企業規模形態的相對概念。相對於大型、中型企業來說，小微企業是指生產、經營規模較小，

或處於創業和成長階段的企業，也包括那些規模在規定標準以下的法人企業和自然人企業。同時，小微企業也是一個不斷發展的概念，不同國家有著不同的含義與衡量標準。即便同一國家，在不同的時期也有不同的標準。目前中國普遍認為小微企業是小型企業、微型企業、家庭作坊式企業、個體工商戶的統稱。①

首先，小微企業的概念具有空間相對性，表現在三個方面：①不同國家（地區），偏愛的定量標準可能不同。例如，巴西採用雇員人數標準，斯里蘭卡則採用設備投資標準。而且，有的採用單一標準，有的採用複合標準。在複合標準的掌握上也有區別，有的要求同時符合兩個或多個標準，有的只要求符合其中的一個標準，這是因為不同國家（地區）的政治、經濟、文化等具體情況不同。②不同國家（地區）的同一標準，具體取值區間可能不同。這時因為在不同國家（地區），經濟規模不同，勞動力、資本的豐缺情況各異。③在不同行業，標準或取值區間可能不同。例如，英國的製造業、建築和採礦業採用雇員人數標準，而零售業則採用營業額標準；同為雇員人數標準，就取值區間而言，製造業為 0 至 200，建築和採礦業為 1 至 25 人，這是因為不同行業的技術特徵不同、要素構成各異。

其次，小微企業的概念具有時間的相對性。即使是同一國家（地區），同一行業，採用同一標準，在不同的經濟發展階段，取值區間也可能發生變化。例如，美國於 20 世紀 50 年代將製造業中的 250 人以下的企業界定為中小企業，現在則將上限提高到 500 人。無獨有偶，印度的小企業標準也在不斷演變。在 20 世紀 60 年代以前，印度把凡是資本在 50 萬盧比以下的企業界定為小企業；從 70 年代初期到 1975 年 4 月，把這一指標提高到 75 萬盧比；1975 年 5 月則把固定資產投資額不超過 100 萬盧比的企業和固定資產投資不超過 150 萬盧比的附屬企業均定義為小企業；1980 年 7 月又將小企業投資限額提高到 200 萬盧比，把附屬企業投資限額提高到 250 萬盧比；1985 年又把固定資產投資不超過 350 萬盧比的企業和固定資產投資不超過 450 萬盧比的附屬企業定義為小企業；1990 年 5 月把小型企業投資限額提高到 600 萬盧比，附屬企業投資限額提高到 750 萬盧比，微型企業投資限額也從 20 萬盧比提高到 50 萬盧比。這是因為隨著時間的推移，行業整體規模和結構也會發展變化。②

---

① 羅荷花，李明賢. 中國小微企業融資約束問題研究 [M]. 北京：經濟管理出版社，2016：21.
② 楊春，蔡翔. 小微企業的界定及劃型標準研究 [J]. 技術經濟與管理研究，2016（5）：51.

最後，從本質上看，中小企業定量標準的相對性源於中小企業本身的相對性。所謂中小企業，指的就是相對於同行業中大型企業而言規模較小的企業。而且，中小企業會成長為大企業，大企業亦有可能衰退甚至故意分解為中小企業（如20世紀90年代西方許多大企業實行「瘦身計劃」）。①

第二，小微企業是一個動態性概念。小微企業與大中企業可以相互轉化。大型、中型、小型和微型企業的劃分並非一成不變，而是時刻處於互相轉化之中。在市場大潮中，若企業經營得法、創新經營思路理念，原為小微企業的，可以逐步成長為大中企業；反之不進則退，大中企業也有可能逐漸蛻變為小微企業。兩次經濟普查資料顯示，在2008年第二次經濟普查的全部32.7萬個小微企業中，有3,761個企業按照2013年第三次經濟普查結果可劃分為大中企業；與此同時，在2008年9,000個大中企業中，有2,278個企業按2013年普查結果劃型落為小微型企業。

考慮到小微企業的上述因素，我們在界定小微企業概念時需要遵循以下原則和方法：

（1）地域的差別性。不同國家和地區由於經濟發展水準不一樣，對企業規模的界定標準是不一樣的，尤其是在僱傭人數或資產規模等定量指標的選取上。例如，歐美國家對小微企業劃分的標準比較寬鬆，而亞洲各國或地區，尤其是韓國、日本等，對小微企業的劃分標準比較嚴格。

（2）行業的差別性。由於資本有機構成不同，行業屬性不同，不同行業所需的技術經濟特徵也各異，企業規模的界定標準也應該分別加以規定。例如，日本在企業規模劃型方面選用一個具有參考價值的行業分類法，就很好地考慮了各種企業規模的不同行業差別性。日本把行業類別劃分為機械製造業、批發業、零售業、服務業和高新技術業五種行業，然後再分別制定大、中、小和微型業的界定標準。小微企業多是分佈在零售業、批發業、傳統服務業、初加工業等勞動力密集型行業領域，這些企業平均從業人數肯定要比其他行業多，企業市場多服務於老百姓日常生活，多依賴於本地自然資源條件。因此，從這個角度看，小微企業規模界定標準也應與其行業屬性具有一致性，即分不同行業來合理界定小微企業規模。例如，經濟合作發展組織就明確指出，小微企業大多數從事勞動密集型的小作坊生產和小攤點服務。中國學者莫榮等也認為，微型企業多是「小作坊」「小店鋪」和「小攤點」。

---

① 王德勝，餘大勝. 基於成長視角的中小企業評價研究：五維度分層評價體系的構建 [M]. 北京：經濟科學出版社，2008：17–19.

（3）官方權威的明確性。一般而言，小微企業規模界定標準的嚴謹與否體現了一個國家政府對小微企業發展的重視程度。因此，重視發展小微企業的國家，都由政府部門制定出權威的小微企業標準，以保證國家支持政策的針對性、明確性。例如，美國政府早在1953年就制定了《小企業法》，並設立小企業管理局，在2000年美國國會通過的《微型企業自力更生法》中，美國首次明確界定微型企業為「由貧困人口擁有與經營，員工不超過10人的公司」。[1]學術研究在界定小微企業的概念時，必須考慮到官方對小微企業制定的標準。

綜上所述，本書對小微企業概念的界定總體上採取了中國2017年確定的標準。但是為了研究的方便，本書兼顧了小微企業概念的學理性，把小微企業統稱為企業營業收入、用工人數和資產規模較小，沒有完全形成企業所有權與管理權、經營權分離的企業，包括小型企業、微型企業和個體工商戶等。

## 第二節　小微企業成長環境的理論基礎

### 一、企業成長理論

在經濟學的研究中，企業成長問題的研究在很長時期內是被忽視的環節。即使在一些經濟學家的觀點中有所涉及，也只是經濟學家們在研究價格、市場、成本時的附帶產品。而在管理學領域，其研究的內容從本質上來講，雖然都是圍繞著企業的成長問題而展開，但是內容主要還是集中在管理職能的研究上。儘管企業戰略研究對該問題涉及得較多，但是在研究內容與體系的側重點上並未特別針對企業的成長。同時，由於企業成長是一個複雜的動態過程，影響因素很多，很難用一個簡單的模型或者理論將這些因素囊括在一起，這也制約了人們對企業成長問題的研究。[2]但是隨著經濟理論研究的不斷拓展，企業成長問題成為當前經濟管理界關注和研究的重要內容，形成了諸多企業成長理論，但總體而言，迄今為止國內對於企業成長問題的研究還處於起步階段，並沒有形成一個統一的理論體系。越來越多的學者認為企業成長理論仍處在理論研究的「叢林」時代，而相當一部分國內企業可以說正處於成長的煩惱階段。

（一）企業成長的勞動分工理論

許多學者認為，企業成長思想理論最早可以追溯到古典經濟學家亞當·斯密。

---

[1] 楊春，蔡翔. 小微企業的界定及劃型標準研究 [J]. 技術經濟與管理研究，2016（5）：51.

[2] 袁紅林. 小企業成長研究 [M]. 北京：中國財政經濟出版社，2004：25-26.

在他的經濟學巨著《國富論》中，第一章開篇第一句寫道：「勞動生產力上最大的增進，以及運用勞動時所表現的更大的熟練技巧和判斷力，似乎都是分工的結果。」他認為，作為一種分工的組織方式，企業存在的理由就是通過分工降低生產成本，以獲取規模經濟的利益，分工擴大導致市場規模的不斷擴張，市場規模的擴張反過來又促進分工的進一步深化，分工的深化又給企業成長創造了更好的機會，因此分工與企業的成長是正相關的。由於專業化和分工協作所帶來的報酬遞增現象，是市場中一只看不見的手的作用，使企業的形成及擴張變得可能，同時使國民的財富實現增長。分工的規模經濟利益是企業成長的主要誘因：企業中生產作業的分工和專業化提高了勞動生產效率，同時也促進了企業生產規模的擴大，而這又進一步深化了企業的分工協作，如此循環往復，最後通過企業規模經濟的獲得實現了企業的成長。

自亞當‧斯密後，約翰‧穆勒和艾爾弗雷德‧馬歇爾等古典經濟學家對企業成長思想進行了進一步的研究。約翰‧穆勒的企業成長理論主要集中於對於企業的規模和成長的探討，他認為正是由於規模經濟對資本的需要和企業規模經濟所產生的作用，才出現了大企業代替小企業的企業成長趨勢，其企業成長理論就是企業的規模經濟理論。馬歇爾在秉承斯密規模經濟決定企業成長觀點的同時，將生物學的理念引入企業成長的研究中，他在《經濟學原理》（第2版）中用森林中樹木的生長規律來闡述企業成長的原理，指出企業的成長是一個適者生存、自然淘汰的過程，他描述的是在純粹競爭的市場條件下企業成長的規律。

雖然古典經濟學家從分工理論等方面為企業成長問題提供了思路，但是並沒有對企業成長做專門的思考。因此，嚴格來說，在新古典經濟學中不存在獨立的企業成長理論。在新古典經濟學家的研究中，企業只是一個生產函數，企業的內部結構和運行規則是一個「黑箱」，企業也只是一個投入產出的轉換器，在「黑箱」內部，一切都會順利地運轉。企業作為生產的最基本的單位，被假定在市場、成本、技術的約束條件下追求利潤的最大化，企業成長的過程就是追求自身規模優化的過程。

（二）企業成長的規模經濟理論

許多古典及新古典經濟學家認為，企業成長的主要理由是企業為了追求規模經濟。在20世紀全球範圍內發生了幾次企業兼併浪潮，經濟學家們通常用「對規模經濟的追求」來解釋兼併浪潮發生的動因。企業成長必然涉及規模的問題，必然要考慮規模的決策問題。

從經濟學說史的角度看，亞當‧斯密是規模經濟理論的創始人。亞當‧斯密

認為勞動分工是擴大生產的基礎，它為技術改進以及大規模生產提供了途徑，而勞動分工又以一定規模的批量生產為前提。因此，斯密的理論可以說是規模經濟的一種古典解釋。

真正意義的規模經濟理論起源於美國，它揭示的是大批量生產的經濟性規模。典型代表人物有阿爾弗雷德·馬歇爾（Alfred Marshall），張伯倫（Chamberin），羅賓遜（Joan Robinson）和貝恩（Bain）等。馬歇爾在《經濟學原理》一書中提出：「大規模生產的利益在工業上表現得最為清楚。大工廠的利益在於：專門機構的使用與改革、採購與銷售、專門技術和經營管理工作的進一步劃分。」馬歇爾還論述了規模經濟形成的兩種途徑，即依賴於個別企業對資源的充分有效利用、組織和經營效率的提高而形成的「內部規模經濟」和依賴於多個企業之間因合理的分工與聯合、合理的地區佈局等所形成的「外部規模經濟」。他進一步研究了規模經濟報酬的變化規律，即隨著生產規模的不斷擴大，規模報酬將依次經過規模報酬遞增、規模報酬不變和規模報酬遞減三個階段。

美國哈佛大學教授哈維·萊賓斯坦（Harvey Leibenstein）進行了深入探討，並提出了「X非效率」。他認為，大企業特別是壟斷性大企業，面臨的外部市場競爭壓力小，內部組織層次多，機構龐大，關係複雜，企業制度安排往往出現內在的弊端，使企業費用最小化和利潤最大化的經營目標難以實現，從而導致企業內部資源配置效率降低，這就形成了所謂的「大企業病」。「X非效率」所帶來的「大企業病」，正是企業發展規模經濟的內在制約。

馬克思也是規模經濟理論的重要支持者。馬克思認為，社會勞動生產力的發展必須以大規模的生產與協作為前提。他認為，大規模生產是提高勞動生產率的有效途徑，是近代工業發展的必由之路，在此基礎上，才能組織勞動的分工和結合，才能使生產資料由於大規模積聚而得到節約，才能產生那些按其物質屬性來說適於共同使用的勞動資料，如機器體系等，才能使巨大的自然力為生產服務，才能使生產過程變為科學在工藝上的應用。馬克思還指出，生產規模的擴大，主要是為了實現以下目標：①產、供、銷的聯合與資本的擴張；②降低生產成本。顯然，馬克思的理論與馬歇爾關於「外部規模經濟」和「內部規模經濟」的論述具有異曲同工的效果。

規模經濟理論說明，企業的規模並非越大越好，而是有一個規模的範圍，企業沒有在這個範圍內生產經營，必然不利於企業的競爭、盈利與投資效益。企業規模與效益之間存在著密切的相關性，規模選擇失當，就會影響企業生產經營收益，以致無法實現企業投資收益的要求。因此，企業在投資生產經營規

模的決策過程中，必須充分考慮規模經濟理論的要求，選擇合適的企業生產經營規模，以求得最大經濟效益，並且能夠相應地獲得競爭力。①

(三) 企業成長的創新理論

創新是企業成長的重要推動力量。社會在發展變化，企業的生存環境也隨著變化。不變是暫時的、相對的，只有變化才是永恆的、絕對的。在日新月異的今天，企業的外部環境變得越來越不可捉摸，為了適應環境的變化，特別是企業競爭環境的急遽變化，企業不得不拿起「創新」這個有效的競爭工具，以求實現企業長久的生存和盈利。

1912年，美國經濟學家熊彼特出版了著名的《經濟發展理論》一書，在該書中他提出，經濟增長的最重要動力和最根本的源泉在於企業的創新活動，創新在經濟發展過程中具有重大的作用。雖然熊彼特提出創新理論時，針對的是宏觀經濟的發展，但理論本身對企業成長有很大的指導意義。

熊彼特把創新定義為一種生產函數的轉移，或是一種生產要素與生產條件的重新組合，其目的就在於獲取潛在的超額利潤。他把創新概括為以下五種形式：①生產新的產品；②引入新的生產方法、新的工藝過程；③開闢新的市場；④開拓並利用新的原材料或半製成品的供給來源；⑤採用新的組織方法。第一、二項可以歸為現在所說的技術創新，第三、四項可歸為市場創新，第五項歸為管理創新。

學術界在熊彼特創新理論的基礎上開展了進一步的研究，使創新的經濟學研究日益精細和專門化，僅創新模型就先後出現了許多種，其代表性的模型有：技術推動模型、需求拉動模型、相互作用模型、整合模型、系統整合網絡模型等，構建起技術創新、機制創新、創新雙螺旋等理論體系，形成關於創新理論的經濟學理解。

技術創新是企業創新的主要實現方式，是改善產品結構和提高產品附加值、保證企業可持續發展的根本途徑，也是清除市場成熟化、替代化和發展新產業的有效途徑，同時技術創新還能提高企業的競爭實力，在激烈的國際市場競爭中立於不敗之地。在世界範圍內，任何企業，包括那些年銷售上千億美元的跨國公司和握有最新技術成果的高技術企業，它們的命運總是與技術創新聯繫在一起。

市場創新主要通過市場領域的開拓創新和行銷手段的創新，來實現企業所生產的產品或提供的服務的市場價值。市場是企業利潤的實現場地，市場創新

---

① 劉彪文. 企業成長論 [M]. 北京：線裝書局，2010：14-15.

成為企業創新的歸宿。

管理創新主要通過創造新的更有效的資源整合範式來達到提升管理水準的目的，它是企業創新的主導方面。管理創新主要包括提出一種經營思路並加以實施、創設一個新的組織機構並使之有效運轉、提出一個新的管理方式、設計一種新的管理模式、進行一項制度的創新等方面。

（四）彭羅斯的企業成長理論

約翰·霍普金斯大學教授彭羅斯在1959年出版了一本專著《企業成長理論》，他因此被認為是現代企業成長理論的奠基者。其主要貢獻在於修正了傳統經濟學研究企業的視角和方法，在企業成長經濟學中融入了現代經營學的理論，即從企業資源有效利用的角度，提出了企業如何實現快速增長和提高增長質量的企業成長論。此外，傳統經濟學認為企業處於不同狀態就具有不同的優勢，而企業成長論認為，企業從某一狀態向另一狀態的變動本身就可能蘊涵著優勢，這一研究思想是對傳統經濟學執著於企業成長的靜態規模經濟問題的超越。

彭羅斯認為，企業內在因素決定企業成長，企業是在特定管理框架之內的一組資源的組合，企業成長是其有效地協調其資源和管理職能的結果。彭羅斯認為，企業首先是一個管理型組織，企業主根據整體利益，制定企業政策，並用於企業內部各項活動的協調；其次，企業還是一個生產性資源的結合體，企業主通過決策來決定在何時及如何利用這些資源。

彭羅斯把企業視為一種有意識地利用各種資源獲利的組織過程。她認為生產性資源（包括物質資源和人）是任何企業必不可少的，但對企業至關重要的並不是這些要素本身，而是對它們的利用，亦即生產性服務。作為一種「功能」，或「行動」，或「服務」，而非「資源」，才是每個企業獨特性的根源。彭羅斯認為，生產性服務分為「企業家服務」和「管理服務」兩個部分。前者用來發現和利用機會，後者用來完善和實施擴張計劃。它們都是企業成長不可或缺的。不過，相比之下，企業家服務對企業成長的動機和方向的影響更深遠，而且，企業家服務是企業持續成長的必要條件。[1]

彭羅斯指出，限制企業成長的因素主要有三方面，即管理競爭力、產品或要素市場以及風險與外部條件的結合。她認為，企業成長一方面「與其特定群體的人的意圖有關」，另一方面又取決於企業內部存在部分未被充分利用的生產性服務，也就是企業成長的內部因素尚未得到足夠的重視。真正限制企業

---

[1] 彭羅斯. 企業成長理論 [M]. 趙曉, 譯. 上海：上海人民出版社，2007.

擴張的因素來自企業內部，受制於企業的管理服務。管理服務的實踐可以產生新的知識，而知識的增加又會導致管理力量的增長，從而推動企業的成長。

(五) 德魯克的企業經營成長理論

德魯克指出，企業對成長機會的把握取決於內部的成長準備。企業成長能力的關鍵在於本身有成長潛力的人為組織上。企業管理階層不能只抱著對成長的希望和承諾，必須有一個切實合理的目標和一套相應的成長戰略。他認為，一家企業所能成長的程度完全由其員工所能成長的程度決定。而經營成長的控制性因素是企業最高管理層。經營成長是企業最高管理層所面臨的挑戰性任務，需要其進行謀劃和組織。因此，最高管理層必須從思想到行動做好不斷改變的準備，尤其重要的是不斷保持和加強企業的創業精神與創新精神。實行有效的創業管理是企業在急遽變革的時代中生存發展的先決條件。[①]

德魯克認為，企業成長和員工成長是一致的，更強調企業與人的和諧一致、協調發展，這是企業成長理論的較高境界。在員工中，中高層管理者具有至關重要的作用，在某種程度上可以說其決定了企業的成長方向和成長速度。

(六) 企業成長因素論

企業成長的理論和觀點實際上集中在一個問題上，即什麼因素影響並決定了企業的成長。這方面的研究成果構成了企業成長理論研究的一個重要流派。許多學者提出了各自的觀點，並開展了實證研究工作予以驗證，取得了一些很有價值的成果。

美國學者伊恩·蔡斯頓與特瑞·曼格爾斯在1997年提出，影響和決定企業成長的是一系列能力，包括識別市場縫隙的能力、開發商業計劃的能力、針對市場縫隙提供優質產品和服務的能力、融資的能力、新產品開發和管理的能力、有效的人力資源管理能力、質量管理能力以及改進員工勞動生產率、信息技術和控制系統的開發運用能力等。

1985年，約翰·吉爾出版了《影響企業生存與發展的因素》一書，對以往眾多研究成果進行了歸納，提出了影響企業生存與發展的主要因素：①業主有5年以上的經驗特別是財務管理經驗，這對企業的生存與發展十分有益；②資金不足是導致企業失敗的最主要原因；③市場行銷經驗和技能不足是導致企業失敗的主要因素；④在推動企業成長的諸多因素中，發現、識別及把握機會的能力最重要；⑤企業成長的前提是內部效率的提升，沒有特色的企業是危險的；⑥企業一旦開始成長，便極有可能喪失對問題的快速反應能力、控制能

---

① 劉彪文. 企業成長論 [M]. 北京：線裝書局，2010：32-33.

力、快速準確提供服務的能力等優勢；⑦企業成長要經歷不同階段，不同階段往往面臨不同問題，如果企業不能很好地解決這些問題，那麼就無法繼續經營；⑧企業成長不是一個自動的過程，沒有計劃和控制的成長不如不成長；⑨企業成長的制約條件（力量）首先是管理能力；⑩成長階段理論把企業成長看成系統性很強且具有高度可預測性的過程；社會學的觀點把企業看成是一個社會組織，受業主的影響很大；⑪企業成長的一個難點在於業主如何從一個「手藝人」轉向「職業管理者」；⑫人們創業的主要動力是個人獨立、成就感、管理別人和掙錢；⑬在企業成長理論中，對企業家的非特質因素關心不夠、研究不足；⑭企業家的成功與創業和經營經驗有關；⑮創業之初的 5 年對企業來說十分關鍵，也非常艱難；⑯大部分企業忽視外界支持系統的服務，也不主動去尋找；⑰度過生存期的企業，容易出現三大失誤，即過度貿易、過度借貸和投資於野心過於龐大的項目；⑱低成本或多樣化特色更容易獲得成功；⑲如果企業主具有很好的管理經驗或背景，尤其是具有專業學位或證書的背景，那麼企業往往表現出更快的成長速度。

英國學者大衛·斯托里從企業家、企業和戰略三個方面探討了影響企業成長的因素。他認為，只有當這三方面因素共同發揮作用時，也就是當它們恰當地結合在一起時，企業才能實現快速成長；而當其中某類因素不起作用或配合不佳時，企業成長就會很慢，甚至不成長或衰退。影響企業成長的企業家方面因素主要包括企業家動機、失業、教育、管理經驗、企業創辦者人數、曾經獨立開業、家史、社會邊緣性、專業技能培訓、年齡、培訓、早先經營失敗、前期從業經歷、以前所在企業規模、性別等。影響企業成長的企業方面的因素主要包括創辦年限、產業部門、法定形式、佈局、規模、所有權等。影響企業成長的戰略方面因素主要包括員工培訓、管理培訓、外部資產、技術精密性、市場定位、市場調整、計劃、產品、管理力量補充、國家支持、顧客集中度等。①

### 二、企業生命週期理論

所謂企業生命週期，是指企業也像人一樣，有著誕生、成長、成熟和衰亡的過程。早在 20 世紀 50 年代末，就已有學者認識到企業與生命體之間的可類比性，並由此提出了企業生命週期理論。任何一個系統——無論是呼吸的還是不呼吸的——都有生命週期。我們知道，有生命的有機體——植物、動物和人

---

① 劉彪文. 企業成長論 [M]. 北京：線裝書局，2010：35-37.

類——都會出生、長大、衰老和死亡，其實組織也一樣。當它們沿著其生命週期的軌跡發生變化的時候，系統遵從的是一種可預知的行為模式。在每一個階段，這些系統都表現出某種掙扎——某種困難或暫時的問題——而必須將它們加以克服。有些時候系統無法成功地解決自己的問題，這就需要外部力量的干預，借助外部能量把系統從自己的困境中解脫出來。① 在此之後，眾多學者又對企業生命週期理論進行了廣泛的研究。企業生命週期理論於20世紀七八十年代達到繁榮，90年代末至今又出現了新的研究熱潮。迄今為止，已有20餘種生命週期理論問世。

最早提出企業生命週期理論概念的是Mason Haire。他在1959年指出可用生物學中的「生命週期」觀點來認識企業，即把企業看作一個有生命的機體，認為企業也存在著從誕生到成長發育，最後衰退直至死亡的生命過程。企業由初生、成長、成熟、衰退直至死亡的過程就稱為企業生命週期。此後，美國學者J. W. 戈登尼爾（Gardner）於1965年以「怎樣預防組織的停滯和衰老」為題，系統地討論了組織生命力與生命週期的問題。他認為，與人類或者植物不相同的是，一個組織的生命週期是不可粗略預測的，一個組織在經歷了衰退之後仍有再次恢復成長或成熟的可能性。戈登尼爾承認企業有生命週期的問題，但它和生物界的生命週期問題是不同的和有區別的。戈登尼爾提出了一系列組織更新強化的法則和具體實施的方法，這些方法有：聘請外部諮詢顧問；鼓勵內部批評；向關鍵崗位輸送新鮮血液；安排職工在不同部門間輪換工作。從而，戈登尼爾得到了企業生命週期理論的早期理論。在他們之後，國外眾多學者便開始從企業生命週期不同階段的特徵和其相應的管理方法兩個方面進行了廣泛而深入的探討。②

企業生命週期理論把企業的成長發展看作一種有若干階段的過程，研究該過程中各個階段的特徵與問題。企業生命週期理論的淵源有兩個，即系統理論和權變理論。企業生命週期理論首先把企業看成是一個系統，其興衰不是單一因素造成的，而是系統內外各種因素共同作用的結果。同時，企業系統在不同時期有不同的特徵和問題，需要權變地選擇解決問題的方法與戰略。企業的生命週期遵循大致相同的規律，不同生命週期階段有不同的特徵和問題，這也正是企業生命週期理論的核心思想。

企業生命週期階段劃分是企業生命週期理論研究的基石。到目前為止，在

---

① 愛迪思. 企業生命週期 [M]. 趙睿, 譯. 北京：華夏出版社, 2003：11.
② 曹裕. 複雜環境下中國企業財務困境模式及預警研究：基於企業生命週期的視角 [M]. 北京：清華大學出版社, 2015：84.

國際學術界已經有20餘種生命週期階段劃分模型出現，具體見表1.5（企業生命週期階段劃分表）。企業生命週期理論認為企業和生命體一樣，其成長過程中要經歷很多個階段，每個階段有其獨特的階段特徵，因而可以結合企業特徵實現企業生命週期階段的劃分。已有的企業生命週期階段劃分方法站在不同的角度，採用了不同的相關術語，而且他們所劃分的生命週期階段的數目也有所區別。

表1.5　　　　　　　　　企業生命週期階段劃分表

| 研究者 | 年度 | 所有術語 | 週期階段數目 | 階段劃分的角度 |
| --- | --- | --- | --- | --- |
| McGuire | 1963 | 成長階段 | 5 | 經濟增長階段模型 |
| Downs，Lippitt | 1967 | 發展階段 | 3 | 組織結構複雜程度 |
| Steinmetz | 1969 | 成長階段 | 4 | 所有者對企業的控制方式 |
| Scott | 1971 | 成長階段 | 3 | 組織結構複雜程度 |
| Greiner | 1972 | 成長階段 | 5 | 管理風格 |
| Galbraith | 1982 | 生命週期階段 | 5 | 針對高技術企業 |
| Oumn，Cameron | 1983 | 生命週期發展階段 | 4 | 管理風格、組織結構 |
| Churchill，Lewis | 1983 | 發展階段 | 5 | 管理風格、組織結構、營運系統、戰略、業主與企業 |
| Smith，Mitchell，Summer | 1985 | 生命週期階段 | 3 | 企業規模 |
| Kazanjian | 1988 | 成長階段 | 4 | 產品或技術的生命週期 |
| Timmons | 1990 | 成長階段 | 4 | 銷售收入、企業年齡 |
| Adizes | 1989 | 生命週期階段 | 10 | 實現企業目標（F）、行政（A）、創新精神（E）、整合（I） |
| Flamholt | 1986 | 成長階段 | 7 | 企業規模（以銷售額計） |
| Rowe等 | 1994 | 生命週期階段 | 5 | 組織規模、管理風格 |

資料來源：①風進，韋小柯. 西方企業生命週期模型比較［J］. 商業研究，2003（7）. ②沈運紅，王恒山. 生命週期理論與科技型中小企業動態發展策略選擇［J］. 科學學與科學技術管理，2005（11）. ③曹裕. 複雜環境下中國企業財務困境模式及預警研究：基於企業生命週期的視角［M］. 北京：清華大學出版社，2015：85.

企業和人一樣都希望自己能健康成長、延長壽命、有所作為，而不希望中途夭折、早衰、碌碌無為，但是企業與人兩者之間還是存在諸多差異。企業組織由於沒有類似人的生理因素的限制，因而從理論上說可以無限延長，但是現實告訴我們，歷史上長壽的公司是非常罕見的。諾貝爾經濟學獎獲得者薩繆爾遜曾說，大多數中小企業是今日開業明日關門，其平均壽命僅為6年。世界上歷史最悠久的醫藥及化學公司，最大的普藥生產商，總部位於德國達姆斯塔特市的默克公司創建於1668年，距今已有335年歷史，現在是世界500強企業之一。瑞士的勞力士公司和美國的杜邦公司年齡都超過200歲。但從總體上說，世界上企業的平均生命週期都不長，企業組織整體上呈現出高死亡、短壽命的態勢。所以現代社會中只有少量的企業組織歷史比較悠久，大部分企業組織還很年輕。

關於企業生命週期階段劃分方法，國內外學術界對此還未能達成一致的意見和做法。美國管理學家愛迪思認為企業的生命週期包括三個階段十個時期：第一個階段為成長階段，包括孕育期、嬰兒期、學步期、青春期；第二個階段為成熟階段，包括盛年期、穩定期；第三個階段為老化階段，包括貴族期、官僚化早期、官僚期、死亡期。每個階段都具有其鮮明的成長特點。①

國內學者大多通過建立相對複雜的數學方法來實現對企業生命週期階段的劃分，比如，範從來、趙蒲等學者採用銷售收入增長率的指標來判定行業生命週期。但總的來說，學者們普遍認為企業的發展過程包括初創期、成長期、成熟期和衰退期等幾個階段，並且這幾個階段會表現出不同的特徵。然而，作為一個演進的組織，企業的發展處於一個動態的複雜環境下，時刻要受到內部和外部環境的影響，因而企業不一定會按照預定的企業生命週期路徑發展下去，甚至會在某個階段突然死亡。當然，企業的死亡並非不可避免，比如，企業衰退後可能會通過蛻變而進入新一輪的生命週期。

目前對生命週期階段的劃分存在多種形式，其中較為通用的形式為根據組織演化規律，將企業成長過程劃分為初創期、成長期、成熟期、衰退期四個階段，並在拋物線模型基礎上對企業生命週期進行描述。下面依此四個階段，分別對企業生命週期各階段特徵進行具體分析。

（一）企業初創期

初創期是企業剛設立的時期，一般為新成立後的兩年內，包含了愛迪思所說的孕育期和嬰兒期。初創期的企業大多屬於中小企業，產品結構比較單一，生產規模較小，市場佔有率不僅分散而且容易變動。同時加之企業設立時間

---

① 張勇. 現代企業生命力：現代企業生命週期論 [M]. 北京：機械工業出版社，2006：7.

短，缺少市場知名度，銷售收入也偏低。公司治理上企業領導人需要承擔管理企業的所有重大責任，通常也是採取相對集權型的管理方式。

初創期企業的生命力取決於社會對其產品和服務的需要以及初創期企業是否能夠滿足社會需要的能力。而初創期企業對社會需要的滿足取決於其對社會需要的認知能力和對資源的籌劃和安排能力。通常來說，初創期企業是在環境中出現好的盈利機會和生產條件下出現的，往往建立在一項或幾項新技術的應用或者新的市場細分的基礎上。由於先天的原因，初創期企業對環境變化非常敏感。在初創期，企業由於缺乏對生產經營活動以及外部環境的相關知識和經驗，從而存在著非常高的創業風險。同時在多種不確定風險因素的作用下，企業找到符合自身特點的業務也比較困難，不好準確地進行市場定位，企業自身的決策和實踐更多地依賴於不斷試錯、然後糾正的過程，這樣使得企業會走很多彎路，大幅增加了企業的交易成本。若是出現較大的決策失誤或者外部環境的迅速惡化，初創期的企業的夭折時有發生。

企業在初創階段由於企業規模小，管理人員職責不清，管理制度沒有走上正軌，沒有一套較為完整的管理制度，企業會因管理上的失誤而帶來風險。最後，由於初創期企業的償債能力很弱，而且資產抵押能力有限，大多缺乏信用和擔保支持，因此很難獲得信貸支持。而創業期企業要求較多前期投入，因而此時企業面臨著現金流嚴重缺乏的問題，很容易導致企業陷入財務困境。經營能力差、缺乏管理經驗以及資本不足給初創期企業生存帶來嚴重困難。因此，初創期企業的基本目標是生存。

(二) 企業成長期

企業在度過了創業階段的困難時期過後，其各項業務開始出現高速增長的態勢，這時企業就開始進入成長期。成長期的企業有形資源方面已經初具規模，人力資源、技術和市場知名度等無形資源也在迅速增加。此時企業的產品或服務已經打入市場，在目標市場上形成了一定的知名度，從而企業的產品或服務的銷售數量也呈現逐步上升的趨勢。銷售收入的提高使得企業經營活動的現金流增加，從而進一步提高了企業的擴張實力。同時單位產品的成本由於生產規模的增加也逐漸降低，盈利能力提高，使得經營風險和財務風險也逐漸降低。伴隨著企業規模的增長，企業對資金規模的需求也開始擴大，但是此時企業的融資能力也不斷增強，企業不但可以通過債務融資，甚至也可以通過上市來進行權益融資。由於處於成長期，企業規模的擴大和高度複雜的生產運作對企業計劃的要求不斷提高，企業開始需要建立相應的規章制度來維持組織結構和企業運行的穩定性，從而使得組織結構和生產運作過程開始規範化、職能化

與專業化。

（三）企業成熟期

企業經過一段時間的成長和擴張，其銷售增長率與利潤增長率達到某一點後趨向平穩，進入成熟期。這是企業走向衰落或得到新生的過渡期。在成熟期，企業擁有一定的市場地位、先進的管理理念、成熟的生產技術和相對穩定的客戶群，企業人力資源充足，研發能力很強。企業的幾種重點產品成功地占據了市場，甚至獲取了優勢地位，市場份額相對穩定，企業形象得以樹立。企業生產規模得以擴大，盈利水準達到高峰。同時，成熟期階段的企業籌措資本的能力很強，融資呈現多元化的特徵，既可以獲得銀行貸款，也可以通過股票、債券、票據等形式籌集到龐大的資本。因此，成熟期企業的資本結構一般都比較合理，現金流轉順暢。另外，由於企業在市場中已經取得了比較穩固的地位，產品成本下降到較低水準，開始進入回報期。因此，出現正的經營性現金流是成熟期企業一個顯著的財務特徵。

成熟期企業的規章制度已經逐漸成熟，隨著企業逐步成立各種職能部門，組織結構也逐漸穩固下來，企業的制度化工作逐步步入正軌。然而隨著企業規模的擴大和管理層級的增多，成熟期企業在管理上可能逐漸出現官僚主義的作風，表現出大企業病的特徵。

（四）企業衰退期

使得企業進入衰退期的原因有很多，例如，企業某個關鍵人物諸如創業者的離開；生產的技術或者工藝落後而失去了競爭優勢；生產的產品或提供的服務的市場消亡；企業自身組織結構的僵化或老化，諸如官僚主義、本位主義泛濫，缺乏創新的精神動力；面對急遽變化的外部環境缺乏及時的應變能力等。具體來看，隨著企業經營環境的變化和顧客需求的變化，衰退期企業面臨著其產品市場的嚴重萎縮，利潤空間越來越稀薄。處於這個階段，企業常常也缺乏能力更新設備和創新產品，從而導致企業技術落後、產品過時、生產量少、效益低、產品同質化嚴重、產品供大於求。此時價格戰的開展使得企業盈利能力下降，削弱企業的累積能力。企業經營績效迅速下降，在市場的表現為市場份額下降、銷售銳減、費用緊張。企業經營績效的下降導致股價下跌，使得採用發行股票等直接融資方式變得更為困難，銀行對衰退期企業的信貸也不斷緊縮，企業籌資能力持續降低，導致企業的財務狀況開始惡化。若企業想進入新的業務領域，則會面臨新業務要求的大規模的投資、資源轉移等，這使得企業競爭力更弱，財務風險加劇。在企業衰退階段，企業思想日益僵化，創新意識嚴重缺乏。企業在這個階段管理效率日益低下，人心不穩，企業的優秀員工容

易被競爭對手挖走，企業員工懶散、責任心不強，企業制度繁多卻行之無效，企業應對風險的抵抗能力下降。這個階段管理者創新意識淡薄，盲目投資行為致使企業資金鏈斷裂。而債權人對債權的、管理層對自身利益的追逐，加速了企業的破產。

從外部環境看，市場需求的變化或競爭的加劇給企業帶來了許多威脅，企業容易被行業淘汰。衰退階段的企業不像成長與成熟階段的企業有很強的生命力，在宏觀經濟環境、技術因素的變化下，衰退階段的企業不能做出及時的反應，適應外部環境的能力下降。

衰退期企業資本雖多但資本負債率高，生產規模雖大但包袱沉重，產品品種雖多但前途暗淡，規章制度雖多但組織矛盾突出，企業形象雖在但已成明日黃花。衰退期企業應該通過產業重組和管理創新來避免企業終結。①

### 三、企業環境理論

迄今為止，國內外的學者普遍認為，20世紀初便產生了管理理論。20世紀20年代末30年代初，由於資本主義世界經歷了空前大危機，傳統的經濟學和管理學理論已難以解釋現實經濟和企業發展的問題，環境對企業的影響已有明顯而突出的表現。可能是受這種環境變化的影響，1938年，巴納德出版了《經理人員的職能》一書，雖然該著作的核心內容仍是研究企業組織內部的管理問題，研究企業組織的協作系統和正式組織中經理人員的職能和工作方法，但其中對企業環境問題提出了一系列的基本理論觀點，因而是這一階段中關於企業環境理論研究的具有奠基性意義的著作。20世紀60年代，隨著開放系統理論和權變理論的提出，產生了企業環境理論。也就是說，企業環境理論是在系統理論和權變理論的基礎上產生和發展起來的。1961年和1980年，哈羅德·孔茨（Harold Koontz）先後發表了《管理理論的叢林》（1961）和《再論管理理論的叢林》（1980）兩篇著名的論文，提出自20世紀60年代初以來，產生了眾多的管理理論學派，形成了管理理論的叢林。同樣，在這一時期，關於企業環境理論的研究也如雨後春筍般地發展起來，形成了「理論叢林」。20世紀60年代初到90年代初這一階段，不同學者從不同的學科背景出發，在不同的研究層次上，從不同的研究角度，對各自關注的不同核心問題做出了豐富多彩的解釋，形成了眾多的企業環境理論學派。如權變理論、戰略選擇理論、種群生

---

① 曹裕. 複雜環境下中國企業財務困境模式及預警研究：基於企業生命週期的視角 [M]. 北京：清華大學出版社，2015：86-89.

態學、資源依賴學派、商業生態系統理論、新制度理論等。

(一) 權變理論

權變理論是關於組織的管理方式和行為與特定環境相適應的理論。權變理論研究的核心問題是組織與其所在環境之間保持一致性，強調組織環境與任務變量的權變研究。以湯姆・伯恩斯（Tom Burns）和 G. M. 斯托克（G. M. Stalker）、保羅・勞倫斯（Paul R. Lawrence）和杰伊・洛爾施（Jay W. Lorsch）、弗里蒙特・卡斯特（Fremont E. Kast）和詹姆斯・羅森茨韋克（James E. Rosenzweig）等為代表的權變理論學派，不同意傳統的行政管理理論家試圖尋求一種在任何時空都普遍適宜的組織原則的研究思路，認為不存在最佳的組織方式。最佳的組織方式有賴於組織環境的特質。因此，如伯恩斯和斯托克，通過對英聯邦 20 個工業企業的考察，研究了這些企業管理實踐的模式與外在環境的特定方面的聯繫，得出了兩種不同的管理實踐體系的結論：一是在環境相對穩定的條件下，更適宜「機械的」組織形式，即集權化、規範化、垂直的組織結構；二是在不確定性的環境中，則適宜「有機的」組織形式，即分權式的、靈活的組織結構。

1967 年，勞倫斯和洛爾施出版了《組織和環境》一書，奠定了權變理論的基礎。在該書中作者提出，目前大部分的研究成果與思想都是從對大型組織不同部分的研究中得來的，並通常暗示：一種情形中得出的成果可應用於其他所有處境，而且大部分組織研究都把注意力放在所有處境下組織管理的單一最佳方法上，經常把這些研究成果一般化地推廣到所有組織。他們認為，困難在於，在一種經濟與科技條件下為有效完成一個任務所需的組織要求可能與在不同環境中為完成其他任務所要求的不一樣。對一個有效銷售單位的組織要求可能與對一個有效生產單位的要求大相徑庭。在一個穩定的市場中向少數客戶銷售標準化產品的企業所要求的組織形式與模式可能和一個在更動態的市場中生產高度複雜科技產品的公司所要求的相去甚遠。該書的出版，標誌著組織行為領域研究範式基本轉變時代的產生。在此之前，該領域主要是研究什麼是管理和組織的單一最好的方法，而該項研究成果，將基本問題轉為何種管理風格與組織形式最適宜某種特定處境，或者說，焦點問題是如何使組織與其所在環境相符。

1970 年，卡斯特和羅森茨韋克出版了《組織與管理：系統方法與權變方法》一書，進一步發展了權變理論。該書作者認為，組織是一個開放系統，是環境的分系統。由於社會變得越來越複雜，動態性越來越大，組織就需要對環境力量給予更多的注意。傳統理論把組織作為一個封閉系統來研究，只集中

注意它的內部作業，不考慮其環境的影響，這樣比較簡單，但這會導致錯誤的結論。因此，作者運用系統和權變的方法，在界定了環境與組織的基礎上，對「環境超系統」和組織內部各子系統的關係進行了多視角、多層面的探討，並將環境區分為「一般環境」和「具體工作環境」，建立了組織與環境關係的一般理論模型。①

(二) 新制度理論

與其他的一些組織環境理論學派一樣，新制度理論是在20世紀70年代才迅速發展起來，其最具代表性的人物是梅耶（Meyer）和羅文（Rowan）、迪瑪奇奧（Dimaggio）和鮑威爾（Powell）。前者是新制度理論的奠基者、開創者，後者則對新制度理論進行了進一步的深化與發展。梅耶和羅文於1977年在《美國社會學雜志》發表了《制度化的組織：作為神話和儀式的正式結構》一文，開創了組織社會學領域中的新制度主義學派。

新制度主義學派的中心命題是強調合法性機制在組織結構內部以及在組織與制度環境互動中的重要作用。長期以來，效率機制的解釋邏輯在組織領域中盛行，即認為觀察到的組織現象是組織追求效率的結果。經濟學中的效率機制與社會學中的功能主義在這一問題上十分相近。但是，梅耶和羅文的文章提出了與效率機制迥然不同的合法性機制，認為組織不僅追求適應所處的技術環境，而且受制於制度環境；許多組織制度和組織行為不是為效率所驅使，而是源於各種組織在當代社會中追求合法性以求生存發展的需要；而合法性機制常常導致了「制度化的組織」以及組織趨同性（即不同任務、技術的組織採納相同組織制度和做法的趨勢）。這些基本理論命題在組織研究領域產生了廣泛的影響，成為指導研究的主題之一。②

新制度理論從制度環境的視角，研究組織與環境的關係，認為組織面對兩種環境：技術環境和制度環境。兩種環境對組織的要求是不同的，甚至是相互衝突的。前者強調效率機制，後者要求「合法性」機制。「合法性機制是指那些誘使或迫使組織採納具有合法性的組織結構和行為的觀念力量」，它不僅指法律制度，而且包括文化期待、社會規範、觀念制度等為人們「廣為接受」的「社會事實」。

過去組織理論的研究一般只關注技術環境，如權變理論認為要想提高組織的有效性，組織應根據經濟、技術、市場等環境的不同而選擇不同的組織形

---

① 趙錫斌. 企業環境分析與調適：理論與方法 [M]. 北京：中國社會科學出版社，2007：34-36.

② 張永宏. 組織社會學的新制度主義學派 [M]. 上海：上海人民出版社，2007：4-5.

式，即環境產生組織差異性。但梅耶的研究發現了與此相反的現象：組織的同構或趨同性。不同的組織有著類似的組織機構、內部制度和做法。而且，組織制定的很多規章制度與組織的內部運作毫無關係。產生這種現象的原因是社會構建的觀念體系和規範制度對組織產生了巨大的影響，組織不得不接受制度環境中所構建的合法性的形式與做法，以提高組織的社會認同度（或被「廣為接受」的能力）和生存的能力。因此，組織對環境的關注，不能只注重技術環境，或者只滿足效率的要求，還必須考慮制度環境，滿足「合法性」的要求。那麼，如何應對可能相互矛盾的效率機制和合法性機制的要求？梅耶提出的一個重要對策是把組織內部的實際運作與形式上的組織結構分離開來。組織的正式結構變成象徵性的，以應付制度環境，實際上對組織的內部運作並沒有實質性意義。

如果說梅耶和羅文是從強意義上研究制度環境的合法性機制，那麼，迪瑪奇奧和鮑威爾則主要是從弱意義上探討合法性機制以及組織形式和組織行為的趨同性的。他們認為，組織的趨同性源自三種機制：一是強迫性機制，即組織必須遵守政府的法律、法令，否則就不能生存，它具有強迫性；二是模仿機制，即當環境不確定時，組織通過模仿成功企業的做法，以減少不確定性；三是規範機制，即人們會不自覺地接受基本的社會行為規範。這三種機制的共同作用，導致了組織之間的同構或趨同性。

同時，迪瑪奇奧和鮑威爾還提出了組織之間的依賴關係導致組織的趨同以及組織目標越模糊不清越會導致組織趨同等命題，認為組織之間的依賴程度越高，其組織結構的類似程度也越高，從而組織之間就越容易對話和進行資源交換；而組織的目標越不清楚，就越需要利用合法性機制，以得到制度環境的認同。這裡，可以看到迪瑪奇奧和鮑威爾的研究視角與梅耶和羅文的不同之處。後者強調的是一種自上而下的制度化過程，認為組織形式、組織行為是制度塑造的，組織和個人沒有什麼自主的選擇性；而前者則強調了人們行為的功利性基礎，組織的趨同性是利益基礎上的有意識的選擇，是從弱意義上分析制度環境對組織的影響。①

(三) 商業生態系統理論

長期以來，人們形成了一種商場如戰場的觀念。在這個沒有硝煙的戰場上，企業與企業之間、企業的部門之間、顧客之間、銷售商之間都存在著一系

---

① 趙錫斌. 企業環境分析與調適：理論與方法 [M]. 北京：中國社會科學出版社，2007：40-41.

列的競爭與衝突，適用叢林法則。但是隨著商業生態系統的提出，企業之間一改之前狼與狼的關係，而變成一根繩子上的螞蚱。

所謂的商業生態系統，就是由組織和個人所組成的經濟聯合體，其成員包括核心企業、消費者、市場仲介、供應商、風險承擔者等，在一定程度上還包括競爭者，這些成員之間構成了價值鏈，不同的鏈之間相互交織形成了價值網，物質、能量和信息等通過價值網在聯合體成員間流動和循環。不過，與自然生態系統的食物鏈不同的是，價值鏈上各環節之間不是吃與被吃的關係，而是價值或利益交換的關係，也就是說，他們更像是共生關係，多個共生關係形成了商業生態系統的價值網。

20世紀90年代初，美國學者穆爾在《哈佛商業評論》上發表了《掠奪者和犧牲者：新競爭生態學》一文，首次提出了商業生態系統的概念。1996年他又出版了《競爭的衰亡：商業生態系統時代的領導與戰略》一書，進一步地系統論述了商業生態系統理論，標誌著競爭戰略理論的指導思想發生了重大突破。作者以生物學中的生態系統這一獨特的視角來描述當今市場中的企業活動，但又不同於將生物學的原理運用於商業研究的狹隘觀念。後者認為，在市場經濟中，達爾文的自然選擇似乎僅僅表現為最合適的公司或產品才能生存，經濟運行的過程就是驅逐弱者。而穆爾提出了「商業生態系統」這一全新的概念，打破了傳統的以行業劃分為前提的競爭戰略理論的限制，力求「共同進化」。

商業生態系統理論突破了傳統的行業界限以及企業之間的單純競爭或競爭與合作的關係，認為在快速變化的環境中，許多企業的活動已跨越了行業，行業的界限已越來越模糊，並從許多方面消失。企業與所有者及風險承擔者、企業與消費者及競爭對手、企業與供應商及供應商的供應商、企業與顧客及顧客的顧客、企業與投融資機構、企業與代理商及渠道商、企業與為之提供互補產品及服務的組織和個人、企業與政府部門及立法者、企業與媒體及行業協會等之間的關係錯綜複雜。總之，以相互作用的組織和個體為基礎的經濟聯合體，構成了商業生態系統。

穆爾認為，企業是商業生態系統有機體的組成部分。因此，企業的領導者必須擴大視野，不能只關注直接的競爭者，不能只考慮「合作競爭」的關係，也不能只考慮單個企業自身的完善或成功，還要密切關注企業所處的環境或商業生態系統中其他相關企業和經濟環境的進化和影響，與企業所處的環境或商業生態系統「共同進化」，創造與其他生態系統相互生存的網絡。因為，即使最出色的企業也可能被周圍的條件或環境變化所毀滅。

穆爾站在企業生態系統均衡演化的層面上，把商業活動分為開拓、擴展、領導和更新四個階段。商業生態系統在作者理論中的組成部分是非常豐富的，他建議高層經理人員經常從顧客、市場、產品、過程、組織、風險承擔者、政府與社會八個方面來考慮商業生態系統和自身所處的位置；系統內的公司通過競爭可以將毫不相關的貢獻者聯繫起來，創造一種嶄新的商業模式。在這種全新的模式下，作者認為制定戰略應著眼於創造新的微觀經濟和財富，即以發展新的循環來代替狹隘的以行業為基礎的戰略設計。

　　雖然商業生態系統理論也是從生物學的視角來分析企業與環境的關係，但與種群生態學的基本觀點不同，商業生態系統理論提出了企業與環境「共同進化」這一核心觀點。該理論認為環境通過商業生態系統影響企業，而企業也可以塑造新的商業生態系統。[①]

　　商業生態系統也是一種企業網絡，是「一個介於傳統組織形式與市場運作模式的組織形態」，但它不是一般的企業網絡，它強調以企業生態系統的思想來看待自己和對待他人。強調這一點非常重要，Delic 和 Dayal 認為，無論是哪一種企業網絡，它們共同的目標都是在一個不斷進化和變化的環境中求得生存。要達到這個目標，一個企業網絡必須能夠快速準確地感知到環境的變化，明白其所處的狀態，並制訂出一套可行的方案。不僅如此，它還應當展現出良好的學習行為。所以，商業生態系統是一種新型的企業網絡。

---

[①] 趙錫斌. 企業環境分析與調適：理論與方法 [M]. 北京：中國社會科學出版社，2007：42.

# 第二章　小微企業成長環境體系系統分析

## 第一節　小微企業成長環境的含義

西方學者一般把環境看成組織界限之外的一切事物。小微企業作為重要組織，其成長環境就是指小微企業組織界限之外的一切事物。對小微企業成長環境的這一定義看起來包羅萬象，事實上卻顯得非常抽象，難以把握其內在含義。

近年來，中國學界對企業成長環境有了較多的討論，對企業成長環境的含義進行了一定研究，雖然表述不同，但是核心觀點基本一致，當然這些研究主要集中於一般企業組織，而針對小微企業的情況並不多見。有學者從狹義與廣義的角度對企業成長環境的含義進行了界定。狹義上講，所謂「企業成長環境」是指以企業為主體並作用於這個主體的周圍的物質世界，也就是企業賴以生存的天然的和人工改造的各種自然因素的綜合體。廣義上講，企業成長環境可以包括物質環境和精神環境。儘管自然環境不涵蓋精神環境，但社會環境中既包括物質環境，也包括非物質環境，如政治環境、精神環境。事實上，環境科學中所研究的環境主要是自然環境，同時還包括屬於物質環境的那一部分社會環境。環境對企業的作用通過向企業輸入物質、能量、信息來進行。[1]

企業成長，就是指企業從小到大、由弱到強的發展過程。它包括了兩個方面：量的增長與質的提高。質的提高是企業成長更為本質的含義。企業成長是質與量的統一，同時也是質與量的互動。企業的成長環境，是指圍繞企業創業

---

[1] 李柏洲、李曉娣、李海超，等．中國中小型高科技企業成長對策［M］．北京：經濟管理出版社，2007：30．

和發展而變化，並足以影響或制約企業成長的一切外部條件的總稱。針對中小企業的情況，有學者指出，中小企業成長環境是指伴隨中小企業成長的全過程，並對中小企業成長產生有利和不利影響的一切外部條件的總稱。有利的影響，一般稱為環境機會；不利的影響，通常稱為環境威脅。很顯然，對於前者，中小企業應積極捕捉並加以利用；而對於後者，中小企業應盡量規避或趨害為利。① 類似表述還有，企業的成長環境是指圍繞企業創業和發展變化，並足以影響其發展的一切外部條件的總稱，它包括政治、經濟、法律、科技、社會等諸多方面的因素，是這些因素相互交織、相互作用、相互制約而成的有機整體。②

從以上論述可以看出，學者們討論的企業成長環境普遍指向了外部環境。雖然也有部分學者也提出了「內部環境」的概念，但要麼是未對內部環境做明確的定義，要麼是對內部環境和外部環境分別進行定義，迴避企業環境的一般定義。或者給企業內部環境做了界定，但在對企業環境做定義或是在分析企業與環境的關係時，又回到了外部環境概念上來。如加雷思·瓊斯等認為，「一些管理理論也指出了管理者必須理解和把握另外一種環境——內部環境。內部環境包括企業中來源於企業組織結構與文化的各種力量。雖然任務環境、一般環境與內部環境是相互關聯、相互影響的，我們在這裡將主要討論任務環境和一般環境」。③ 理查德·L. 達夫特在《管理學》一書中，也提出了「需要注意，組織還有其內部環境，它是由那些處於組織內部的要素所構成的」。④

當然，也有部分學者在提出了企業成長外部環境的同時，也提出了企業成長內部環境。國內學者劉延平認為，企業外部環境「是指存在企業之外的政治、經濟、文化、法律等方面的環境，具有複雜性、動態性和不可改變性等特點」，「內部環境是一個綜合概念，它涉及企業內部生產、經營、產品銷售、管理經營機制等各方面」，「對企業來講，內部環境是可以改變的」。⑤ 這實際上也是從企業內外部環境構成及特點上所做的分析，似乎還不能認為是定義。

---

① 萬興亞，許明哲. 中國中小企業成長及軟實力建設 [M]. 北京：中國經濟出版社，2010：57.
② 周國紅，陸立軍. 科技型中小企業成長環境評價指標體系的構建 [J]. 數量經濟技術經濟研究，2002 (2)：32-35.
③ 加雷思·瓊斯，珍妮弗·喬治，查爾斯·希爾. 當代管理學 [M]. 李建偉，嚴勇，周暉，等譯. 2版. 北京：人民郵電出版社，2003：52-53.
④ 理查德·L. 達夫特. 管理學（原書第5版）[M]. 韓經綸，韋福祥，等譯. 北京：機械工業出版社，2003：69.
⑤ 劉延平. 企業環境與國際競爭力 [J]. 遼寧大學學報（哲學社會科學版），1995，23 (5)：86-89.

席酉民在《企業外部環境分析》一書中，認為企業「內部環境主要討論企業內部的氛圍、企業組織制度和政策形成的感受系統，而外部環境主要是企業發展必須依賴的和無法迴避其影響的企業外部系統」。然後，他在該書中「只討論企業外部環境及管理問題」。[①]

蔣曉嵐、孔令剛結合企業成長環境各方面因素，提出了一個更為全面的觀點：企業的成長環境是指圍繞企業創業和發展而變化，並足以影響或制約企業發展的一切外部條件的總稱。它包括政治、經濟、法律、社會、自然等諸多方面的因素，是這些因素相互交織、相互作用、相互制約而構成的有機整體。企業的成長環境被劃分為直接環境與間接環境。其中，直接環境指構成企業的生產要素並直接作用於企業成長的環境，包括基礎設施環境、資本環境、技術環境、勞動力環境；間接環境指不直接作用於企業成長，但對其成長具有制約和引導作用的外部要素環境，包括社會服務環境、政策法律環境、經濟環境和產業環境。[②] 這裡從多因素分析了企業成長環境，但是總體上把這些環境看成是企業成長的外部環境。

我們結合已有研究成果以及小微企業成長環境的系統性、客觀性、均衡性等特點，提出小微企業成長環境的一般概念，即指小微企業在成長過程中一些相互依存、互相制約、不斷變化的各種因素組成的一個系統，是影響小微企業組織決策、經營行為和經營績效的現實各因素的集合。這一定義，既包括了小微企業的外部環境，也包括了小微企業的內部環境；既包括了小微企業成長過程中的可控環境，也包括了不可控環境。它們共同組成了小微企業的環境系統，具有一般性，既反應了小微企業環境的內容、作用，又反應了企業環境的基本特徵。

雖然上述對小微環境含義的表述較清晰地表達出了企業成長環境的含義，但對小微企業環境的理解仍然停留在表層。為了進一步加深對小微企業成長環境的理解，仍然需要從小微企業成長環境特徵方面深入挖掘其中含義，因此，本書試圖突破傳統語義視角，從系統論、內生論、均衡與非均衡論等視角重新審視小微企業成長環境的含義，並分析其特點。

### 一、系統論

所謂系統是同類事物按照一定的秩序和內部聯繫組合而成的具有某種特性

---

[①] 席酉民. 企業外部環境分析 [M]. 北京：高等教育出版社，2001：1.

[②] 蔣曉嵐，孔令剛. 技術創新與工業結構升級：基於安徽的實證研究 [M]. 合肥：合肥工業大學出版社，2008：286.

或功能的整體。通常情況下，系統由要素以及要素之間的聯繫和結構三個方面組成。系統論是研究系統的結構、特點、行為、動態、原則、規律以及系統間的聯繫，並對其功能進行數學描述的新興學科。系統論的基本思想是把研究和處理的對象看作一個整體系統來對待。系統論的主要任務就是以系統為對象，從整體出發來研究系統整體和組成系統整體各要素的相互關係，從本質上說明其結構、功能、行為和動態，以把握系統整體，達到最優的目標。

任何事物都是一個系統，同時又是另一個系統的一部分（要素）。作為複雜的環境而言，更是一個典型的系統。我們通常所說的環境是以人類生存和活動為中心的自然環境。它是人類生存和發展所依賴的一定範圍內的客觀系統，是一個包括政治、經濟、文化、人口、地理、天文、生態等在內的綜合性的指標體系，即環境系統是由自然生態與社會經濟兩個子系統構成的結構，它們相互作用、相互影響、互相依存、互相制約，同時又獨立運轉。它們都有自己的發生、發展過程，因此，環境系統中的各要素都是保持動態平衡的，離開這一平衡，環境就要受到嚴重破壞，人類將會面臨生存困難甚至毀滅性的打擊和威脅。用哲學觀點來說：環境系統就是一個運動著的物質世界，始終處於永無休止的運動狀態，它是長期運動、演化的結果，而且處於不斷的演化過程之中，而這種演化是不以人類的意志為轉移的。

系統論為小微企業成長環境研究提供了新的視野。事實上，長期以來，諸多學者在界定企業成長環境概念時遭遇到了一種悖論：一方面認識到企業是一個開放系統，企業存在於環境系統之中；另一方面，又把環境界定在企業邊界之外。如果從系統論的角度來看，這一悖論就可以迎刃而解。因此，我們就有必要從系統理論的視角，把企業環境作為一個整體性的概念進行研究。

系統環境觀是我們認識和把握小微企業成長環境含義、研究小微企業環境理論的基本思想，也是科學發展觀和認識論在研究企業環境中的具體體現。系統論首先告訴我們，小微企業成長環境首先是一個系統概念，是一個由政策、法律、市場、社會、文化等若干要素組成的整體，各種環境要素通過各種方式發生了一定關聯，然後作為一個整體構成了小微企業環境系統。這些要素共同支配了小微企業的興亡。實際上，小微企業成長環境也是一個系統、整體，它不僅包括企業的外部環境，還包括企業的內部環境。小微企業的外部環境和內部環境，構成了一個相互聯繫的有機整體——小微企業成長環境。正如《企業與環境》一書指出的那樣：我們應當掌握組成企業整體環境的各種因素，環境是包括可控的和不可控的現實各種因素的集合。由此，他們建立起了一個整體環境的分析框架（見圖2.1）：

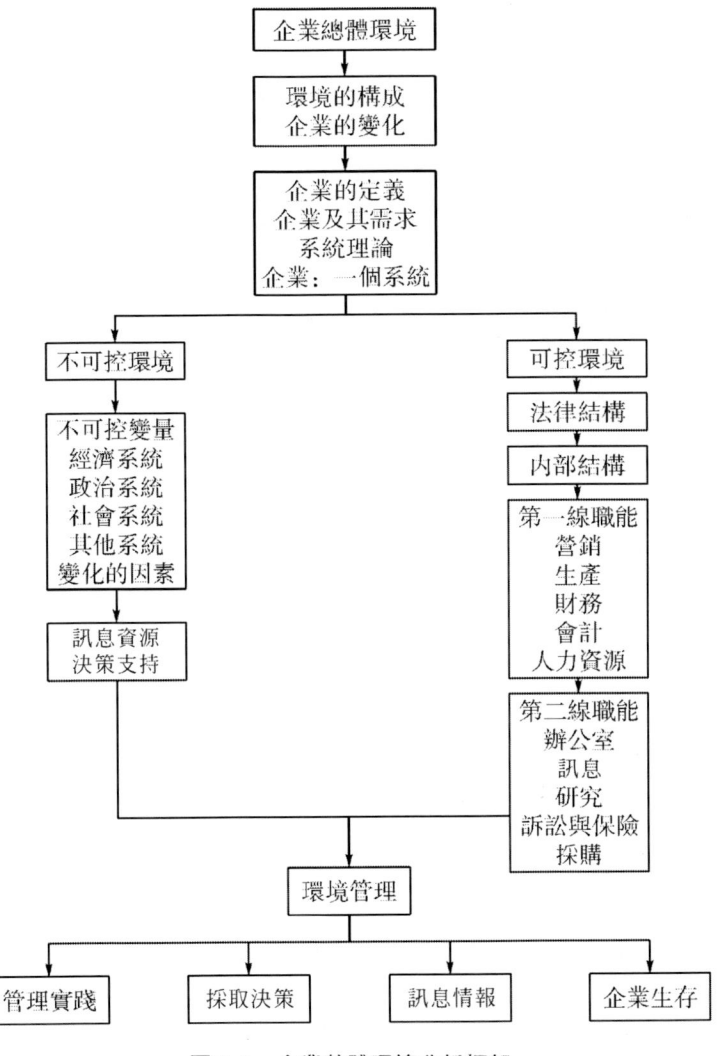

```
                    ┌──────────────┐
                    │  企業總體環境  │
                    └──────┬───────┘
                    ┌──────┴───────┐
                    │   環境的構成   │
                    │   企業的變化   │
                    └──────┬───────┘
                    ┌──────┴───────┐
                    │   企業的定義   │
                    │  企業及其需求  │
                    │    系統理論    │
                    │  企業：一個系統 │
                    └──┬────────┬──┘
          ┌────────────┘        └────────────┐
    ┌─────┴─────┐                      ┌─────┴─────┐
    │  不可控環境 │                      │  可控環境  │
    └─────┬─────┘                      └─────┬─────┘
    ┌─────┴─────┐                      ┌─────┴─────┐
    │  不可控變量 │                      │  法律結構  │
    │  經濟系統  │                      └─────┬─────┘
    │  政治系統  │                      ┌─────┴─────┐
    │  社會系統  │                      │  內部結構  │
    │  其他系統  │                      └─────┬─────┘
    │  變化的因素 │                      ┌─────┴─────┐
    └─────┬─────┘                      │  第一線職能 │
    ┌─────┴─────┐                      │    營銷    │
    │  訊息資源  │                      │    生產    │
    │  決策支持  │                      │    財務    │
    └─────┬─────┘                      │    會計    │
          │                            │   人力資源  │
          │                            └─────┬─────┘
          │                            ┌─────┴─────┐
          │                            │ 第二線職能 │
          │                            │   辦公室   │
          │                            │    訊息    │
          │                            │    研究    │
          │                            │ 訴訟與保險 │
          │                            │    採購    │
          │                            └─────┬─────┘
          └──────────────┬─────────────────┘
                  ┌──────┴───────┐
                  │   環境管理    │
                  └──────┬───────┘
      ┌──────────┬──────┼──────┬──────────┐
  ┌───┴───┐ ┌───┴───┐ ┌─┴─────┐ ┌─┴─────┐
  │管理實踐│ │採取決策│ │訊息情報│ │企業生存│
  └───────┘ └───────┘ └───────┘ └───────┘
```

**圖 2.1　企業整體環境分析框架**

　　因此，當關注小微企業成長環境時，就不能只是關注小微企業成長的外部環境，還必須關注小微企業成長的內部環境。小微企業內部環境與外部環境是相互依存、相互影響的有機系統，或者說是互為環境，兩者之間存在著對立統一、「共同進化」的關係。當關注小微企業與環境的關係時，不能把企業和企業環境看成是兩個相互對立的端點，而要把小微企業看成是企業環境的組成部分。當關注小微企業決策與企業環境的匹配時，不僅要考慮外部環境的性態，而且要考慮內部環境的性態；當關注如何營造良好的小微企業成長環境時，應

當認識到環境營造的主體不只是政府，企業也是營造環境的主體。

小微企業成長環境包含的要素非常寬泛，幾乎包括了除組織本身以外的一切成分，例如法律、政策、市場、文化、社會等，具有複雜性、動態性、多樣性和關聯性等特徵。環境構成了小微企業成長的動力或障礙，環境通過迫使企業組織進入特定的生存位置而影響企業決策，拒絕適應環境的企業組織最終將走向衰亡。

## 二、內生論

人們普遍認為，小微企業成長環境是外在的或外生的變量，即系統受外部因素的影響或決定的變量，小微企業成長環境也就是小微企業組織邊界之外的力量或影響因素。也就是說，企業成長環境是企業不可控的，與企業處在「敵對」狀態，企業只能適應外在環境，而不能改造環境，因此產生了企業成長環境的「不可控論」「無能為力論」和「被動適應論」等觀點。成長環境作為企業的外生變量，是企業管理決策的既定前提。

但如果從系統環境觀的視角看，環境就是一種內生變量。內生變量是指由系統內部因素影響而自行變化的變量，通常不被系統外部因素所左右。首先，小微企業成長的內部環境因素，是企業組織系統內部的因素，一般來說是企業的可控因素；其次，即使是小微企業的外部環境因素，企業也可能通過調整內部環境因素變量而對外部環境因素變量產生影響。因此，也就產生了企業對環境的管理問題，產生了企業環境與企業績效的關係問題。

將小微企業成長環境作為小微企業的內生變量來看待，是對小微企業成長環境含義認識的轉變與深化，將有利於小微企業成長環境理論研究的推進。傳統經濟學將制度因素作為外生變量及經濟學研究的既定前提，抽象掉了制度因素與績效的聯繫，結果是難以反應現實的一些經濟現象。而新制度經濟學突破了傳統經濟學的局限，把制度作為經濟學的研究對象，將傳統經濟學理論中假定為既定前提的制度因素納入內生性分析，運用交易費用理論和產權理論，使制度安排與經濟績效建立起了直接的聯繫，從而提高了經濟學的解釋力，使經濟學的發展上升到一個全新的階段。如果我們把小微企業成長環境作為企業管理或企業決策的內生要素而不是既定前提，探討管理、環境、績效之間的聯繫，將會對小微企業環境的認識發生重大轉變。

## 三、均衡與非均衡論

均衡與非均衡，是經濟學中的核心概念。所謂均衡，是指在供給力量與需

求力量充分作用的情況下，當它們在市場上各自達到某種位置時，經濟中便出現了穩定，並在一段時間內不再發生變化，除非促成穩定的力量中有一方發生了變化，否則均衡狀態將持續存在。均衡與非均衡恰似一架鐘擺：儘管左右擺動，但它最終會停留在與地面垂直的線上，這種狀態就是均衡狀態；如果鐘擺左右擺動後，由於經濟中的某些因素的作用，鐘擺並非在與地面垂直的線上停住，而是在這條垂直線的偏左或偏右的某一點停下來了，那麼這種狀態就是非均衡狀態。這裡實際上涉及社會哲學問題，即均衡狀態意味著社會與經濟的協調、意味著人與人之間的相互適應。①

在經濟發展過程中，非均衡是常態，均衡只是一種「偶然」。凱恩斯對古典經濟學的均衡理論提出批評時指出，均衡只是一種「偶然巧合」。他分析了非均衡經濟（有效需求不足）以及實現從非均衡到均衡的途徑。貝納西吸收了凱恩斯等對非均衡理論的研究成果，系統地分析了非均衡經濟，使非均衡經濟學分析成為宏觀及微觀經濟學的一般理論。他對非均衡經濟的分析，是希望「為有關政策問題分析的模型結構尋找某些微觀基礎」和「處理市場非均衡狀態」，有助於減少當前所經歷的無論何種性質的非均衡。

經濟學上的均衡與非均衡理論，對認識小微企業成長的含義及相關理論研究具有重要的啟示作用。實際上，小微企業的成長過程，也是在非均衡的內外環境中不斷尋求企業與環境之間從非均衡到均衡的過程。正如巴納德指出的那樣，組織的存在取決於協作系統平衡的維持，這種平衡開始時是組織內部的，是各要素之間的比例，但最終和基本的是協作系統同其整個外界環境的平衡。②

環境的動態複雜性及企業的異質性導致企業與環境之間處於非均衡狀態，而這種非均衡將不可避免地對企業的經營績效產生影響。Kondra 和 Hinings 對制度環境變遷的分析框架表明，與環境處於均衡狀態的企業將獲得環境平均的經營績效，這種類型的企業稱為環境遵從者，它們代表了大多數企業，是環境系統中的主體。而與環境不均衡的企業按照其經營績效可以劃分為三類：成功叛逆者的經營績效明顯高於環境平均水準，等同績效者取得的績效水準與環境遵從者大體相當，而失敗者的經營績效則明顯低於環境平均水準。③

均衡與非均衡理論告訴我們，小微企業成長環境是一個不斷變動的動態概

---

① 厲以寧. 西方經濟學 [M]. 4 版. 北京：高等教育出版社，2015：409-410.
② 巴納德. 經理人員的職能 [M]. 孫耀君，等譯. 北京：中國社會科學出版社，1997：67.
③ 江若塵，黃亞生，王丹. 大企業成長路徑研究：中外 500 強企業之間的對比 [M]. 北京：中國時代經濟出版社，2011：26.

念,它從一個非均衡環境走向均衡環境,然後再從均衡環境走向非均衡環境,即處於非均衡—均衡—非均衡—均衡的循環運動過程之中。而非均衡環境是常態,均衡環境只不過是「偶然的巧合」。通過均衡與非均衡環境的更替,小微企業獲得了成長。如果小微企業沒能在這些均衡與非均衡環境中更替,小微企業最終只會走向衰亡。

社會總是在不斷發展變化的,小微企業成長環境的各種因素也總是在變化之中,使得企業成長發展環境出現多變的態勢,形成了企業成長環境的動態性。隨著生產力的發展和各種社會經濟關係的迅速變化,企業環境的動態性愈加明顯。構成企業成長環境的各種因素,其動態變化程度是不盡相同的,有的相對穩定,有的緩慢發展,有的則處於動盪不定的狀態。[1]

## 第二節 小微企業成長環境系統構成要素分析

企業成長環境是非常複雜的,有必要依據一定的標準對其進行分類,以便更深入地分析各類型的關係及其對企業成長的影響方式。企業自身是一個有人參與的、開放的、具有自組織能力的,由自然、經濟、社會、政治複合而成的,各種正負反饋結構和非線性作用相互「耦合」而交織在一起的複雜系統。環境的複雜性是造成系統複雜性的重要根源。在開放式系統的條件下,環境的複雜性增加了企業系統的複雜性,給企業決策者帶來較大的擾動和極大的挑戰,決策者必須面對不確定的企業環境因素。企業決策者不僅要關注企業組織內部經濟與技術的合理性,也要關注企業組織如何適應新的組織外部環境和變動中的外部環境,從而做出適應性調整,以提高組織運作的效率和效能。[2] 儘管每一個企業成長過程中所面對的具體環境千差萬別,對其影響也是各種各樣,[3] 但是一般來說,企業成長環境構成要素具有共性,每個企業成長的過程

---

[1] 李柏洲,李曉娣,李海超,等. 中國中小型高科技企業成長對策 [M]. 北京:經濟管理出版社, 2007: 30.

[2] 江若塵,黃亞生,王丹. 大企業成長路徑研究:中外500強企業之間的對比 [M]. 北京:中國時代經濟出版社, 2011: 26-27.

[3] 有學者提出,中小企業環境具有地域性、可變性等特點,即中小企業所處的地域不同,其成長環境也會有所不同。如果中小企業所處的法律政策環境較為完善、市場發展程度較好、社會化服務體系較為健全,則中小企業就有可能得到較快、較為健康的成長;反之,則會制約中小企業的成長。20世紀80年代以來,中國湧現的「溫州模式」「珠三角模式」「蘇南模式」等都在很大程度上得益於當地的優越環境。參見萬興亞,許明哲. 中國中小企業成長及軟實力建設 [M]. 北京:中國經濟出版社, 2010: 58.

中都需要面臨幾乎一致的環境構成，無論是大企業還是小微企業。對於企業成長環境的構成要素，不同的學者從不同層面提出了各自不同的觀點，值得關注。

### 一、內部環境與外部環境構成要素

內部環境與外部環境是企業成長環境中最為常見的劃分方法。系統理論認為，企業組織是開放的系統，每個組織（企業）都是一個環境的分系統，它存在於整個環境系統之中，並在內外部環境之間物資、信息、技術等資源的交換、轉換中，實現投入與產出。因此，如果將企業成長環境系統只界定為企業的外部環境，不考慮企業的內部環境，或者是在考慮企業的外部環境要素時，只注重經濟、政治、科技、文化等宏觀因素，而不是同時注重競爭者、顧客、供應商等市場因素，並據此進行企業環境分析，這就難以把握企業環境系統的全貌，難以認識和把握企業內部環境和外部環境之間的動態變化及其相互影響。

所謂企業成長的內部環境是指影響企業組織決策、經營行為和經營績效的企業內部現實各因素的集合，如企業內部的管理水準、組織結構、制度安排、技術與人力資源狀況、產品與服務狀況、企業文化等。而企業成長的外部環境則是指影響企業組織決策、經營行為和經營績效的企業外部現實各因素的集合，如經濟（包括經濟政策）與政治（包括政府）、科技、社會與文化、市場結構、市場容量、競爭規則、競爭對手、供應商、購買者等。[①]

企業成長的內部系統與外部系統又可以細分為若干子系統，如有學者把企業外部環境分為以下幾個子系統：一是宏觀環境子系統（或稱之為社會環境子系統），主要包括政治環境、經濟環境、社會文化環境、科技環境、法律環境、倫理環境等（PESTLE）。二是市場環境子系統，主要包括市場容量、市場結構、市場規則、競爭對手、供應商、購買者等。三是自然環境子系統，主要包括自然資源環境、生態環境、大氣環境等。把企業內部環境子系統又分為企業的組織結構、生產與技術結構、財務及控制、人力資源、市場行銷、研究與開發、企業文化等狀態。

英國沃辛頓等學者在《企業環境》一書中將企業外部環境分為對公司日常營運產生直接影響的外部因素（即時或營運環境）和傾向於影響企業總體的外

---

[①] 趙錫斌.企業環境分析與調適：理論與方法 [M].北京：中國社會科學出版社，2007：69.

部因素（總體或背景環境）兩種子系統。即時或營運環境包括供應商、競爭者、勞動力市場、金融機構和顧客，也可能包括貿易組織、行業工會，還可能包括母公司。總體或背景環境由宏觀環境因素組成，如經濟、政治、社會文化、技術和法律因素（具體見圖2.2）。這些影響不僅來源於地方和全國範圍，而且來源於國際的和跨越國界的發展，從而會影響很多種類的企業。①

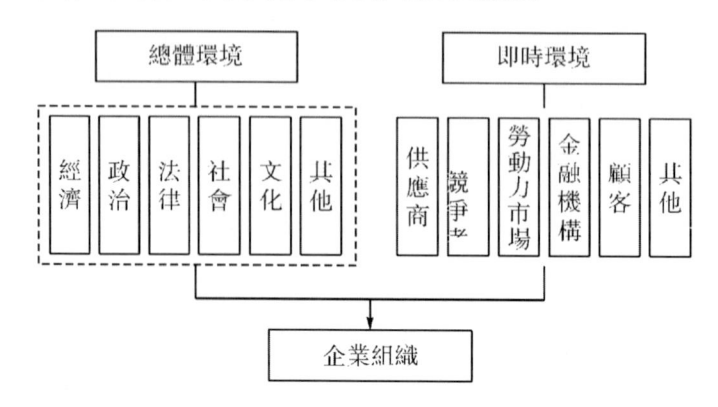

圖2.2　沃辛頓企業成長環境圖

中國學者把企業成長的外部環境分為硬環境和軟環境。硬環境又包括自然環境和基礎設施建設，軟環境則包括人文環境、經濟環境、政治環境及市場環境和管理環境（政府環境）。對於硬環境，單個企業自然很難改變或扭轉，但企業可以選擇適宜於自己的環境去發展，如在自己認為合適的地方建立企業。然而從市場的角度看，企業仍然難以完全選擇，因為企業不能因不喜歡一個地方的硬環境而隨意地放棄該地方的市場。所以，即使是硬環境，企業也會有適應的問題。在軟環境中，人文社會環境涉及文化、傳統、觀念、法律體系、人們的意識、道德、社會規範等，因此，在世界範圍之內因民族、國度、地域的差異導致的軟環境差異也會很大。②

企業的外部環境見圖2.3。

各環境子系統有各自不同、數量不等的環境構成要素，並有各自的運動規律。各環境子系統及其構成要素本身也是變化的，它們之間是互動的或互為環境；由於企業環境具有動態性、互動性的特點，因此，企業環境各構成要素在不同的條件下對企業的影響程度也是動態變化的，因而對企業環境的調適在不

---

① 伊恩·沃辛頓，克里斯·布里頓. 企業環境［M］. 徐磊，洪曉麗，譯. 北京：經濟管理出版社，2004：4.

② 席酉民. 企業外部環境分析［M］. 北京：高等教育出版社，2001：10-11.

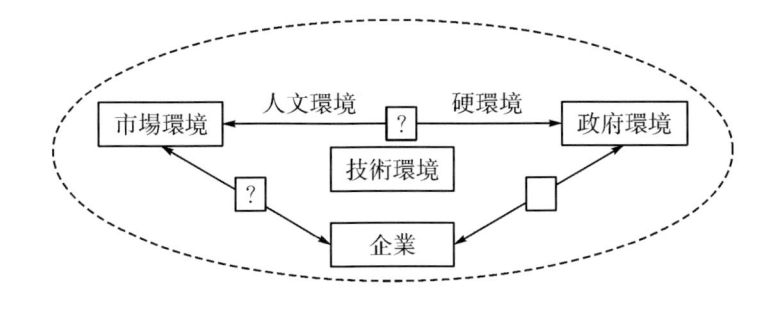

圖 2.3　企業的外部環境

同時期、不同的情況下有不同的要求。①

### 二、宏觀環境、中觀環境與微觀環境構成要素

按照成長環境的範圍層次可以分為宏觀環境、中觀環境和微觀環境。萬興亞、許明哲認為，中小企業的成長環境一般包括九個方面：法律和政策環境、信用制度與社會文化環境、產業環境、自然環境、融資環境、人力資源環境、技術環境、市場環境、社會化服務環境。他們還對這九個方面的環境，進行了分類：前四個方面屬於宏觀環境，而後五個方面則屬於微觀環境。這九個方面又各自包含若干內容，具體如圖 2.4 所示。②

### 三、直接環境與間接環境構成要素

按照成長環境的影響程度和作用機制劃分，可分為直接環境和間接環境。在構成企業成長環境的各項要素中，直接環境各要素形成一個類似於球體的直接環境子系統圈包圍在企業的周圍。直接環境是指通過與處於核心位置的企業進行能量與要素的交換，不斷地促進企業成長的環境。直接環境也是由諸多要素構成的環境子系統。根據「短板效應」，由於子系統中各要素的發展狀況參差不齊，其對於企業能夠提供的支持力度也不一樣，而最終能起到決定作用的往往是發展情況最差的那一項環境要素，因此，直接環境子系統也會對企業的成長產生限制。此外，直接環境子系統的各項組成要素也構成了企業的生產要素。企業直接環境子系統的構成要素包括融資環境、技術環境、人力資源環境

---

① 趙錫斌.企業環境分析與調適：理論與方法 ［M］.北京：中國社會科學出版社，2007：69.

② 萬興亞，許明哲.中國中小企業成長及軟實力建設 ［M］.北京：中國經濟出版社，2010：57.

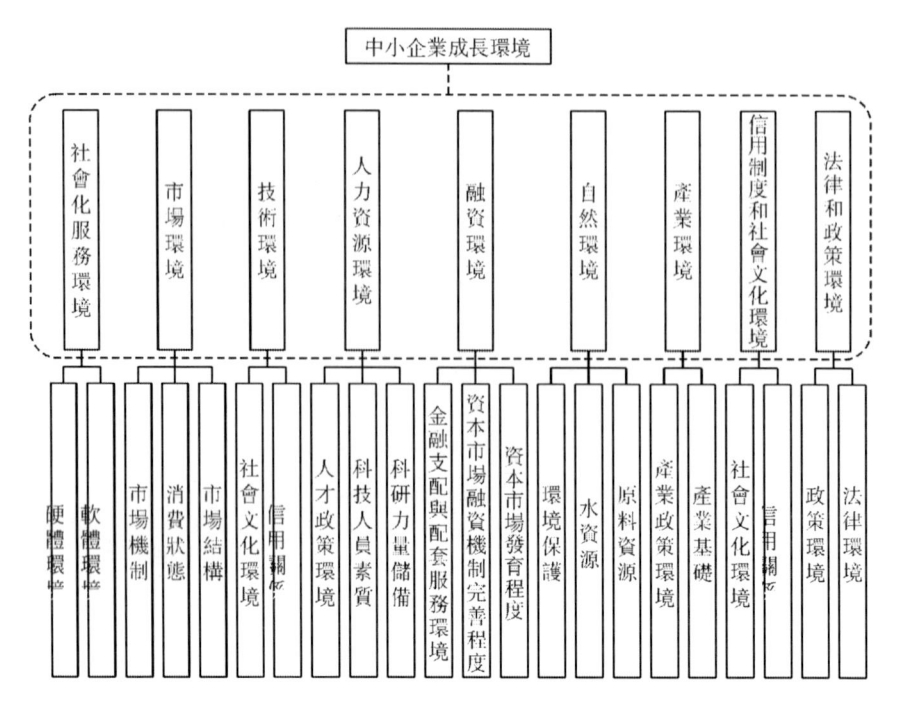

圖 2.4 中小企業成長環境內容

和社會服務環境，它們直接與企業產生物質和能量的交換，並且構成科技型中小企業的生產要素，對企業產生最為直接的影響。

間接環境是指在構成企業成長環境的各項要素中，包圍在直接環境周圍，所形成的一個環境子系統。間接環境子系統通過不斷地運動，與直接環境子系統圈的各項要素產生能量與要素的交換，而且構成間接環境子系統的各項要素的變化會對直接環境子系統產生影響，進而間接地影響著處於核心位置的企業；同時，在直接環境子系統圈適用的「短板效應」在間接環境子系統依然適用，發展狀況最差的那項間接環境子要素最終會影響和制約處於核心位置的企業的成長狀況。此外，間接環境子系統的優劣直接影響著直接環境子系統的各項組成要素的好壞。企業間接環境子系統的構成要素包括政策法律環境、社會文化環境、經濟發展環境和產業發展環境。它們作用於直接環境子系統，並通過對直接環境的影響，間接地影響和制約著企業的成長過程。

### 四、一般環境與任務環境構成要素

理查德‧L. 達夫特認為，「環境是由若干方面組成的，每個部分又是包含著有相似要素的外部環境子系統。對於任何組織，其環境領域都可從十個方面

加以分析，這就是行業、原材料、人力資源、金融資源、市場、技術、經濟形勢、政府、社會文化及國際環境」。對大多數企業來說，「環境領域可以進一步細分為任務環境和一般環境兩個層次。任務環境一般包括行業、原材料、市場等方面，還可能包括人力資源和國際環境，一般環境通常包括政府、社會文化、經濟形勢、技術以及金融資源等要素。①

加雷思・瓊斯等人認為，影響組織運作的主要力量——包括任務環境，也包括一般環境。任務環境是指來自供應商、分銷商、消費者及競爭對手，影響企業獲取投入、提供產出的一組力量和條件；一般環境是指經濟、科技、社會文化、人口、政治法律及全球力量等更大範圍的影響企業及其任務環境的一組力量。②

**五、其他環境分類中的構成要素**

Emery 和 Trist 按照環境的確定性程度的邏輯，將企業發展過程中會面臨的環境分為四類：第一類是平靜的、隨機的環境。這是一個最簡單的環境，由於環境是平靜的，企業沒有動力和必要去預測環境發展趨勢，同時環境是隨機的，企業也失去了準確預測的可能性，因此在這種環境下企業不需要進行應對環境變化的策劃。第二類是平靜的、類聚的環境。其特徵是環境尚未急遽變化且較容易預測，因此，環境策劃變得重要。第三類是干擾的、反應的環境。其特徵是資源集中，但環境變得不穩定，因為有多個相同類型的組織存在，且相互競爭。在這種情況下，這種環境對企業反應能力的要求增強，因此企業組織的彈性極為重要。第四類是動盪的環境。這是一個極其複雜、快速改變和難以預測的環境。可以想像隨著全球化趨勢的加強，許多大企業在相互融合、有相互差異的環境下經營，所有企業組織有向第四類環境移動的趨向，環境的演變已經走向更高程度的不確定性。

戰略專家安索夫，認為企業外部環境的動盪程度或者不確定性程度有五個清晰的層次：穩定性（Stable）、反應性（Reactive）、預期性（Anticipatory）、探索性（Exploring）和創造性（Creative）。按照這五個層次可以把企業環境分為五種類型：穩定型、反應型、先導型（預期型）、探索型和創造型。我們可以將這五種類型看作是一個連續的頻譜，頻譜的一端是穩定型，即環境是幾乎

---

① 理查德・L. 達夫特. 組織理論與設計 [M]. 王鳳彬, 張秀萍, 劉松博, 等譯. 10 版. 北京：清華大學出版社, 2011.

② 加雷思・瓊斯, 珍妮弗・喬治, 查爾斯・希爾. 當代管理學 [M]. 李建偉, 嚴勇, 周暉, 等譯. 北京：人民郵電出版社, 2003：52-53.

沒有變化的无風地帶，隨後環境動盪性逐漸加強，而頻譜的另一端則是創造型，在這種類型的環境中，企業所面臨的技術、政治和經濟等環境均發生著激烈的變動。①

中國學者李柏洲、李曉娣、李海超等將企業環境分成四個子系統：①社會環境系統（包括政治環境、經濟環境、科技環境、法律環境、社會文化環境等）。②市場環境系統（包括市場容量、市場結構、市場規則、競爭對手、供應商、購買者等）。③企業內部環境系統（包括組織結構、生產與技術結構、財務與控制、人力資源、市場行銷、研究開發與企業文化等）。④自然環境系統（包括資源環境、生態環境等）。每個環境子系統有各自不同的、數量不等的環境構成要素，並有各自的運動規律；每個環境子系統及其構成要素本身也是變化的，它們之間是互動的或互為環境的；由於企業環境具有動態性、互動性的特點，因此，企業環境各構成要素在不同的條件下對企業的影響程度也是動態變化的，因而企業與環境的相互調適在不同時期的不同情況下有不同的要求。②

## 第三節　小微企業成長與環境相互作用機理

### 一、環境與小微企業成長關係論

環境與企業成長之間到底是何種關係？不同的學者依據不同的理論和視角，得出了不同結論。迄今為止，主要形成了以下幾種觀點：

（一）環境決定論

環境決定論的基本內涵是，企業與環境的關係，如同自然界中的生物與環境的關係一樣，遵循生物進化中的生存競爭、優勝劣汰的原則。其結論就是，企業是環境的必然產物，企業產生、成長、衰亡是由環境決定的。在企業的產生、成長、衰亡的過程中，環境是決定性的因素，環境主宰了企業，企業只有被動等待環境的最後裁判。只有那些適應環境的企業才能生存下來，而不適應環境和對環境適應較差的企業就會衰亡。在這一過程中，環境是很難由企業去

---

① 江若塵，黃亞生，王丹. 大企業成長路徑研究：中外500強企業之間的對比 [M]. 北京：中國時代經濟出版社，2011：24-25.
② 李柏洲，李曉娣，李海超，等. 中國中小型高科技企業成長對策 [M]. 北京：經濟管理出版社，2007：32.

改變的，企業能做的事情很少，適者生存才是最高法則。因此，企業與環境之間的關係是環境選擇企業，環境決定企業的生存與發展。因為環境規定了企業特定的活動範圍，制定了企業生存的標準。企業要麼按環境的要求去適應環境，要麼被淘汰。「環境決定論」是對種群生態學基本理論觀點的概括。

（二）環境適應論

與環境決定論的消極、被動的觀點不同，環境適應論的基本內涵是，企業的組織方式和管理行為方式有賴於環境的特質，但企業可以採取權變的方法，對付其所處的環境，以使企業的組織形式和管理方式與環境的變化保持一致性。其強調了企業可積極、主動地去適應環境。戰略選擇理論的基本觀點也可歸入環境適應論中。因為，戰略選擇理論仍然是在既定環境下的選擇，只是假定在既定環境中，企業有多種選擇，實際上仍然是關注戰略與環境的匹配或適應問題，是對現實環境的利用。不同的是，戰略選擇理論較之權變理論更進一步地強調了管理者的作用，認為雖然管理者的行為受制於其所處環境的局限，但決策者可自由地選擇在哪種局限下行動，可決定環境影響力的限度，甚至有「設定環境」的權力。「環境適應論」是對權變理論的基本觀點的概括。

（三）共同進化論

共同進化論是對商業生態系統理論的基本觀點的概括。共同進化論的基本內涵是，系統內的行為都是共同進化的。「共同進化」是一個過程，是系統內要素相互影響、相互促進，共同推動整個系統演進的過程。在這一過程中，相互依存的物種在一個無窮的交互圈中進化。物種 A 的變化為物種 B 的自然選擇變化提供了場所，相反，物種 B 的變化也為物種 A 的自然選擇變化提供了場所。將生物學中的共同進化的概念運用於商業研究，是指以相互作用的組織和個體為基礎的經濟聯合體，構成了商業生態系統。企業是商業生態系統有機體的組成部分。因此，企業的領導者不能只是關注直接的競爭者，不能只是考慮「合作競爭」的關係，也不能只是考慮單個企業自身的完善或成功，而且要密切關注企業所處的商業生態系統中其他相關企業和經濟環境的進化和影響，與企業所處的環境或商業生態系統「共同進化」，創造與其他生態系統相互依存的網絡。所以，企業與企業之間，以及企業與其他組織之間，就不僅有競爭或合作模式，也有共同進化的模式。隨著環境的變遷和共同進化的繼續進行，整個系統會變得更加協調。商業生態系統理論雖然也是從生物學的視角來分析企業與環境的關係，但與種群生態學的「環境決定論」的基本觀點不同，商業生態系統理論提出了企業與環境「共同進化」的這一核心觀點。而且認

為環境通過商業生態系統影響企業，企業也可以塑造新的商業生態系統。[①]

共同進化論提出了企業與環境「共同進化」的這一核心觀點，而且認為環境通過商業生態系統影響企業，企業也可以塑造新的商業生態系統，與「環境決定論」的基本觀點差異較大。

（四）相互影響論

相互影響論是對資源依賴理論的基本觀點的概括。企業是環境的產物，不同的環境會孕育出不同的企業組織及其成長方式。同時，企業也是環境的一部分，它會反作用於環境，影響環境的改變。企業的生存與發展是與其環境息息相關的。從某種意義上說，企業的經營戰略、組織結構、內部管理方式就是環境選擇的結果，也是主動適應環境的必然。企業是社會大環境系統中的一個子系統。在社會大環境系統中存在著文化、法律、制度、市場等環境因素，這些環境因素都會直接或間接地影響企業系統運行，這些環境因素有層次性、結構性和多變性，在不同的條件下，可以形成不同的組合，從而影響企業的成長。

與環境決定論和環境適應論不同，相互影響論認為，在企業與環境的關係中，企業不是消極的接受者而是積極的參與者。環境是企業的約束因素，因而環境影響企業；但企業可採取積極應對的態度，通過各種措施，如併購、聯盟、政治活動等，實現其利益最大化，調整或改變自身以適應環境，也能努力改變環境使之有利於企業。因此，與其把環境看作是企業必須適應的給定條件，還不如認為環境是企業適應環境和改變環境的一系列過程的結果。而管理者則既是環境限制因素的適應者又是企業環境的操縱者，既管理組織又管理環境。在這裡，企業與環境相互影響的觀點得到了充分的體現。

## 二、環境與小微企業成長相互作用模型與機制

企業外部環境決定企業的組織結構及形態。美國哈佛大學的勞倫斯、洛奇及湯姆森等的研究表明：組織結構與環境密切相關，環境特性深深地影響著組織結構的複雜性、規範性和集權性，不同特性的環境需要相應的組織結構。環境穩定的程度與企業可以採取的組織方式有直接關係，外部環境越穩定，企業內部結構就越正規，多變的環境則使企業傾向於採取靈活有機的組織結構。在一個相對較長的時期內，處於相對不變化或變化很小的環境，組織呈現出機械的形態；反之，企業組織的形態傾向於有機的組織。

---

① 趙錫斌. 企業環境分析與調適：理論與方法 [M]. 北京：中國社會科學出版社，2007：138-140.

企業在一定程度上可以影響或改變環境。企業是一種複雜的、追尋自己目標的、具有能動性的社會單元。企業一方面要適應外部環境，即根據環境的不同情況，採取適應性的符合環境要求的策略和手段，與環境進行有效或高效的交流、交換；另一方面，由具有能動性的人組成的企業為實現自身目標，提高與環境的交換效率，必然會在一定條件下發揮其主觀能動性，通過採取一定的措施來影響環境，使之符合企業成長的需要，從而掌握生存的主動權。企業在強調效率的同時，也強調機動靈活性。[1]

（一）環境與組織變化和行為聯繫機制模型

普費爾和薩蘭科在《組織的外部控制：資源依賴的視角》一書中，提出了「環境對組織變化的影響機制」問題。他們認為，要理解組織行為，必須詳細闡明環境因素影響組織行為的過程。如果不考慮環境因素及其後果產生聯繫的具體形式，就不可能充分解釋組織活動和組織結構與環境背景之間的關係。他們還以環境對組織內部權力和控制力的分佈影響組織中總經理的解除與接替的視角，建立了一個環境與組織變化和行為聯繫機制的模型，[2] 見圖2.5。

環境
（不確定性、限制性、偶然性）
↓
組織內權力和控制力分布
↓
總經理的挑選和解除
↓
組織活動和組織結構

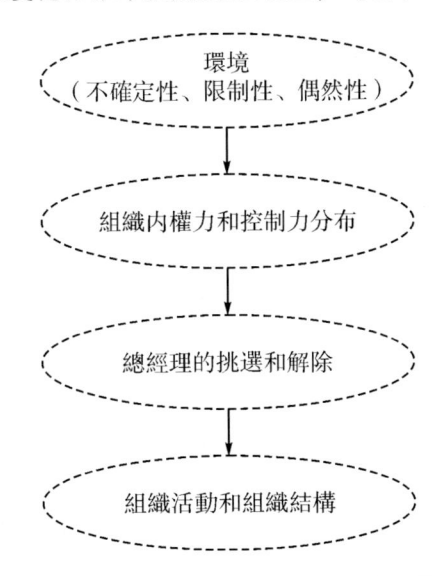

圖2.5　環境與組織變化和行為聯繫機制模型

---

[1]　江若塵，黃亞生，王丹. 大企業成長路徑研究：中外500強企業之間的對比 [M]. 北京：中國時代經濟出版社，2011：27.

[2]　PFEFFER J., SALANCIK, G R. The External Control of Organizations: A Resource Dependence Perspective. New York: Harper & Row, 1978: 225-253.

从以上模型可以看出，存在著三個由環境因素引致的組織行為和組織結構特徵的因果鏈：首先，從根源上看，不確定性、限制性、偶然性的環境與組織內權力和控制力的分佈之間存在著聯繫；其次，權力和控制力分佈與總經理的選用和任期之間也存在著聯繫；最後，經理人員與組織行為和組織結構之間存在著關聯性。因此，這一模型表明環境的變化引起組織內部政治的變化以及組織行為和結構變化的過程。他們認為，對管理人員的挑選是環境影響組織的渠道之一。在這一環境影響機制中，權力在組織與環境之間是一個重要的干擾變量。①

(二) 環境與組織相互依賴的循環模型

理查德·斯格特在《組織理論：理性、自然和開放系統》一書中，在分析組織與環境的相互依賴關係時，建立了一個組織與環境相互依賴的循環模型（見圖2.6）。

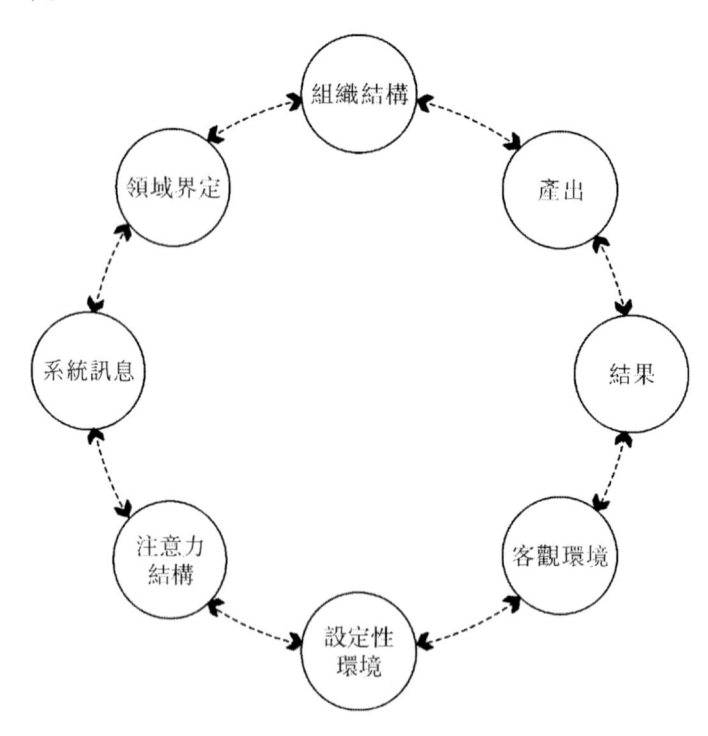

圖2.6 組織與環境相互依賴的循環模型

---

① 趙錫斌. 企業環境分析與調適：理論與方法 [M]. 北京：中國社會科學出版社，2007：115-116.

W. 理查德·斯格特通過引入馬奇及其同事等的注意力結構（Attention Structure）概念，深入演進環境如何影響企業組織的過程模型。注意力結構理論關心的是如何分配有限的注意力，認為人們的注意時間和能力是有限的。人們無法同時注意到每件事，接收到太多的信號、太多與決策相關的情況。由於這些限制，決策制定理論常常被更恰當地稱為注意力理論或研究理論，而不是決策理論。這一理論認為決定決策者注意力的因素有：最後期限、他人的創造精神、明確界定的選擇權及失敗的證據。除了這些較為「理性的」基礎外，注意力還在很大程度上根據個人的職位和身分選擇，並受其限制，同時還受到適於形勢的法則的制約。①

在這一模型中，各因素的影響都是雙向的。例如，如果從組織結構開始，組織結構影響決策者確定組織運作的領域，即選擇商品和服務的範圍；領域範圍的選擇影響所需要的信息種類；信息系統所收集的信息影響注意力結構，即對問題的關注點及重視程度；注意力結構影響環境的設定；環境的設定影響客觀環境；客觀環境影響組織的行為及結果，進而影響產出；而產出狀況又影響組織結構。從逆向循環看，如果從設定性環境開始，設定性環境影注意力結構，注意力結構影響系統信息，系統信息影響領域界定，領域界定影響組織結構，組織結構影響產出，產出影響結果，結果影響客觀環境進而影響設定性環境，等等。在這裡，斯格特雖然沒有提出研究企業與環境的相互作用機理，但其所描述的企業與環境之間相互依賴的循環過程，對我們進一步研究企業與環境相互作用機理及影響路徑，具有重要的參考價值。②

（三）基於管理者感知與偏好的相互作用模型

企業能否充分識別成長環境所帶來的機會或風險以利用機會或避免風險，取決於企業特別是管理者對環境的感知。企業對環境的感知主要通過管理者的感知來體現。然而，管理者個人的認知、知識、經驗等具有局限性，有他個人的偏好，他不可能關注、感知和選擇所有可能影響企業的環境要素，不同的管理者會做出不同的判斷和選擇，會有不同的經營結果。這就需要從管理者感知與偏好的角度探討企業與環境相互作用的機理。為此，張光明、趙錫斌等學者從管理者感知與偏好的角度建立起了企業與成長環境相互作用機理模型（見圖 2.7）。

---

① W. 理查德·斯格特. 組織理論：理性、自然和開放系統 [M]. 黃洋，李霞，申薇，等譯. 北京：華夏出版社，2001：130-131.

② 趙錫斌. 企業環境分析與調適：理論與方法 [M]. 北京：中國社會科學出版社，2007：118.

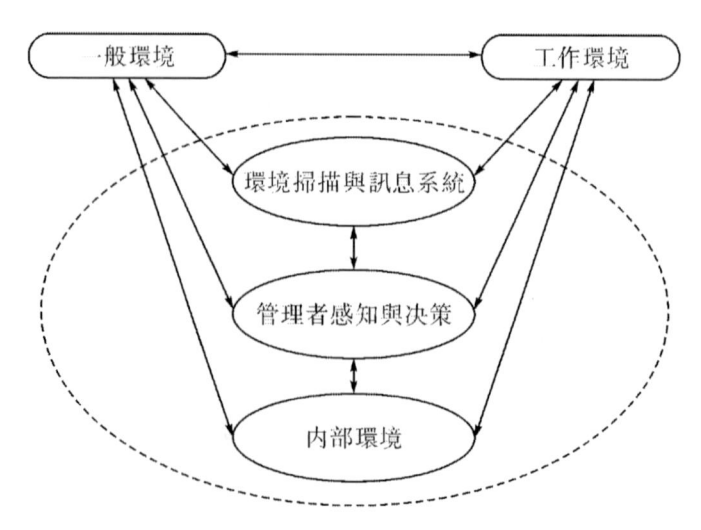

```
        ┌─────────┐         ┌─────────┐
        │ 一般環境 │◄───────►│ 工作環境 │
        └─────────┘         └─────────┘
             ▲ ▲               ▲ ▲
            ╱   ╲             ╱   ╲
        ┌──────────────────────────────┐
        │    ┌──────────────────┐      │
        │    │ 環境掃描與訊息系統 │      │
        │    └──────────────────┘      │
        │              ▲               │
        │              ▼               │
        │     ┌───────────────┐        │
        │     │ 管理者感知與決策│        │
        │     └───────────────┘        │
        │              ▲               │
        │              ▼               │
        │        ┌─────────┐           │
        │        │ 內部環境 │           │
        │        └─────────┘           │
        └──────────────────────────────┘
```

圖 2.7　企業與成長環境相互作用機理模型

從管理者的視角看，環境就是企業特別是管理者對企業內外部一切活動要素的感知。從這個意義上來說，即使環境要素已經影響著企業的某些方面（如政策的變化對人的心理和行為的影響），如果管理者沒有感知到，企業管理就不會發生變化，直到他察覺到並採取措施為止。但是，管理者對環境的感知除了他個人通過各種渠道感知外，更重要的是要在企業內部建立起一套環境掃描信息系統及其傳導交流機制作為管理者對環境感知的主要來源，以克服個人認知、知識、經驗、學習能力等的局限性，也能在一定程度上彌補因為個人偏好導致對環境選擇的不足。

圖 2.7 描述了外部環境（一般環境和工作環境）、內部環境、環境掃描與信息系統及管理者感知與決策相互之間的作用關係，由此構成一個複雜的開放系統。虛線表示企業的邊界，無論是內部環境還是環境掃描與信息系統都處在企業的組織邊界內。整個模型就像一個人的頭像，一般環境和工作環境猶如兩只「眼睛」，是眺望外部世界的窗口；環境掃描與信息系統就是靈敏的「鼻子」，時刻嗅出環境的一切變化；內部環境猶如一張「嘴」，「吃」進來自外部和管理者的信息，對外部的變化做出反應，又將內部的信息傳遞到其他各方。管理者的感知是整個系統的神經中樞，選擇環境信息，調適內外環境的關係。只有整個系統協調一致地運行，企業才能對環境的變化做出及時的反應。[①]

---

① 張光明，趙錫斌. 企業與環境相互作用機理研究 [J]. 科技與管理，2005（6）：10-11.

（四）企業與環境相互作用過程模型

企業環境是一個複雜系統，其複雜性不僅表現在各子系統均有其獨特的運動規律，以及內部組成要素間複雜的相互作用關係，還表現在各系統及要素間的作用力彼此縱橫交織，從而構成了具有一定層次結構的網絡系統。網絡系統是環境決定過程模型的主要特點。企業環境各系統的諸要素構成這一網絡系統的一個個結點。從某一要素起源的作用力到達另一要素可以存在多種不同的有效傳導路徑。在更大的尺度空間——社會環境系統、市場環境系統和企業內部環境系統三者之間也是以系統間多路徑方式彼此影響的，見圖2.8。

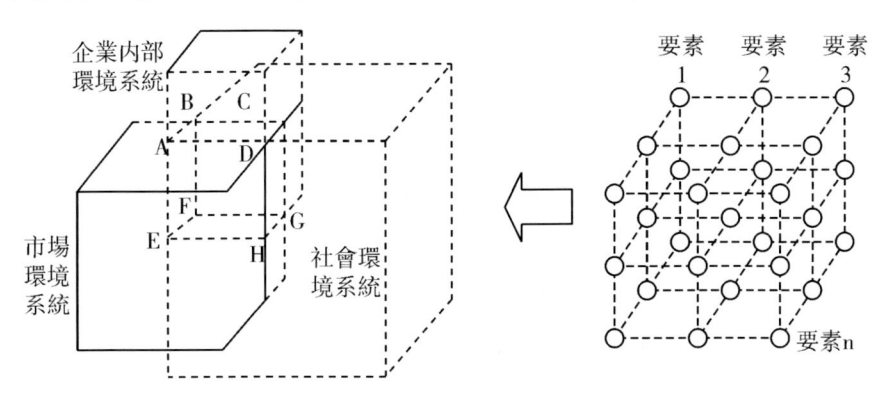

圖2.8 企業與環境相互作用過程模型

企業環境的每一個子環境系統的存在形式可以用空間點陣的結構來模擬表示，各環境子系統（社會環境、市場環境、企業內部環境）的內部要素就是相應空間點陣的節點。三個環境的空間點陣分別由三個從大到小的立方體表示。其中，企業內部環境的空間點陣也是企業的實體空間。三個環境子系統以互相嵌入的形式彼此影響，各種要素間的作用路徑交織成立體網絡，網絡的結點是各個環境要素。三個環境子系統作用力場重疊的部分——立方體 ABC-DEFGH 是企業受環境影響最強烈的部分。通過這個共同的部分，某一環境系統的要素作用可以互相傳遞，甚至到達另一環境系統較遠的一端。[1]

---

[1] 趙錫斌，鄢勇．企業與環境互動作用機理探析 [J]．中國軟科學，2004（4）：93-94．

## 第四節　小微企業成長環境評價體系構建

小微企業的成長面臨著一個多層次、多要素的複雜環境系統，而小微企業成長環境指標體系需要做到涵蓋面廣、內在邏輯性強、數量繁簡適中、便於操作與運用。因此，需要在全面審視小微企業成長環境各要素的基礎上，運用企業與環境基本原理，力求全面把握小微企業成長環境的特點，探索適合中國小微企業成長的環境特點及其評價體系。

### 一、小微企業成長環境評價指標遴選

評價指標是建立小微企業成長環境評價體系的前提條件，但是小微企業成長環境是一個龐大的系統，如何篩選出合適的指標作為小微企業成長環境的核心要素進行評價，是一個比較困難的問題。

評價指標遴選具有很強的主觀性，不同的學者從不同的角度，對企業成長環境各要素進行了分類、歸納與篩選，確定了具有自身特色的小微企業成長環境評價指標體系。我們認為，在構建小微成長環境評價指標體系時，需要充分考慮各環境關鍵要素，在進行篩選的基礎上進行修正和補充，確保所建立的評價體系具有靜態評價和長期監測的雙重功能，可以用來測度和分析中國小微企業成長環境。

為了篩選出環境指標，我們通過研究小微企業的成長環境分類，把小微企業成長環境劃分為直接環境與間接環境兩大類。其中，直接環境指構成企業的生產要素，直接作用於企業成長的環境，包括基礎設施環境、資本環境、技術環境、勞動力環境（一級指標）；間接環境指不直接作用於企業成長，但對其成長具有制約和引導作用的外部要素環境，包括社會服務環境、政策法律環境、經濟環境和產業環境（一級指標）。直接環境是小微企業成長的內因，偏重於生產力的範疇，是主導的方面；間接環境是小微企業成長的外因，偏重於生產關係的範疇，能動地反作用於直接環境。當間接環境適應直接環境時，能夠促進小微企業的快速發展；反之，當兩者不相適應時，必將阻礙中小型高科技企業的成長。

對直接環境與間接環境體系中的一級指標可以繼續往下進行劃分，從而生成二級指標。例如，直接環境中的一級指標基礎設施環境包括了客運量、貨運量、旅客週轉量、貨運週轉量、公路密度、人均供水能力、人均供氣能力、人均電力消費量、電話普及率、網絡覆蓋率、人均郵電業務量、人均居住面積、

人均公共綠地而積、污染治理投資完成比重、綠化覆蓋率等指標（二級指標）。勞動力環境包括了科技人員素質、人才流動程度、管理人員素質等指標（二級指標）。間接環境中的一級指標經濟環境下面包括了 GDP 總額、年工業總產值、社會商品零售總額、產業結構系數、技術密集型產業比重、市場化指數、全員勞動生產率、百元固定資產利稅率、財政收入、GDP 增長速度、基本建設新增固定資產投資、基本建設新增固定資產投資增速、經濟密度、人均 GDP、外貿進出口總額、外貿依存度、實際利用外資額等指標（二級指標）。間接環境中的一級指標產業環境下面包括了高新技術產業產值比重、新產品產值比重、新產品利潤占總收入比重、新產品銷售收入比重、自籌科技經費占收入比率、科技人員數量、政府科技經費比重等指標（二級指標）。當然，對這些二級指標還可以繼續下分為三級指標、四級指標等。

從理論上說，上述所有二級指標都會與小微企業發生某種聯繫，對企業成長產生一定影響。但是事實上，不同企業受外界環境作用的大小差異很大，有些影響頗大，但有些卻是微乎其微的，幾乎可以忽略不計。例如，交通運輸業受交通設施影響頗大，客運量、高速公路密度等在很大程度上決定了交通運輸企業的成本與利潤，而高科技企業受這些交通環境因素的影響則不大。因此，我們只能在抽象意義上針對普遍性的小微企業建立起一個環境評價指標體系。至於具體到微觀企業，則需要聯繫該企業所處的產業行業等特點，再進一步進行環境指標篩選，提出該企業的成長環境指標體系。

**二、小微企業成長環境評價體系構建**

根據上述理論以及指標選取，我們可以構建如下小微企業成長環境評價指標體系（見表 2.1[①]）。

從表 2.1 可以看出，每一個二級指標下所包含的指標是不完整的，並且隨著時間的推移這些環境指標也會發生很大的變化。此外，還需要注意的是，這些指標劃分是相對的，直接環境與間接環境之間有些指標可以相互轉化，一級、二級指標之間有些指標也可以相互轉化。例如，表 2.1 中把政策法律環境歸於間接環境之中，事實上，政策法律環境在許多情況下又可以歸到直接環境之中，如人力資源環境、資本環境等直接環境中都有政策法律的相關因素，且起著重要作用。就直接環境與間接環境對小微企業成長影響的大小方面而言，

---

① 馬永紅、李柏洲、劉拓. 中小型高科技企業成長環境評價體系構建研究 [J]. 科技管理研究，2006 (3)：142-143.

也不是直接環境就一定影響大、間接環境一定影響小，有時正好相反。例如，間接環境中的市場環境、經濟環境有時直接決定了小微企業的生死存亡。

表 2.1　　　　　　　　小微企業成長環境評價指標體系

| 評價目標 | 指標 | 一級指標 | 二級指標 |
|---|---|---|---|
| 小微企業 | 直接環境 | 基礎設施環境 | 客運量、貨運量、旅客週轉量、貨運週轉量、公路密度、人均供水能力、人均供氣能力、人均電力消費量、電話普及率、網絡覆蓋率、人均郵電業務量、人均居住面積、人均公共綠地面積、污染治理投資完成比重、綠化覆蓋率 |
| | | 人力資源環境 | 科技人員數量、科技人員素質、人才流動程度、管理人員素質、工資勞保水準、培訓激勵制度 |
| | | 資本環境 | 資本市場發育程度、融資渠道完善程度、資本退出渠道寬敞程度、擔保體系完善程度、產業交易市場發達情況 |
| | | 技術環境 | 高校數量、科研機構數量、科技費用比重、SE人均研發費用、科學事業費比重、科技三項費用比重、三項專利申請受理量、技術市場成交額、科技成果轉化率、科技進步貢獻率、企業挖潛改造資金比重、高校在校學生數 |
| | 間接環境 | 政策法律環境 | 政策法律執行程度、政策法律發展完善程度、政策法律對支持力度、稅收制度、產業政策 |
| | | 社會服務環境 | 社會文化及制度建設程度、服務支持力度 |
| | | 社會文化環境 | 價值觀念、團隊合作精神、敬業精神、職業道德 |
| | | 經濟環境 | GDP 總額、年工業總產值、社會商品零售總額、產業結構係數、技術密集型產業比重、市場化指數、全員勞動生產率、百元固定資產利稅率、財政收入、人均 GDP 長速度、基本建設新增固定資產投資、基本建設新增固定資產投資增速、經濟密度、人均 GDP、外貿進出口總額、外貿依存度、實際利用外資額 |
| | | 市場環境 | 市場結構、消費者數量、消費者收入水準、競爭機制、市場准入情況、市場壟斷情況、地方保護程度 |
| | | 產業環境 | 高新技術產業產值比重、新產品產值比重、新產品利潤占總收入比重、新產品銷售收入比重、自籌科技經費占收入比率、科技人員中 SE 比重、科技人員數量、政府科技經費比重 |

# 第三章　中國小微企業成長制度環境及其優化

制度是一個具有非常寬泛意義的概念，包括了法律、政策、風俗習慣、傳統文化。可以說，對人或組織發生約束的東西都可以被稱為制度。從制度理論上來說，企業就是制度的產物，因制度而生，因制度而死。企業也被稱為公司法人或合夥組織，在法律上是擬制的人，其生死存亡幾乎都與法律制度相關。而政策法律是制度最核心的部分。因此，本章主要圍繞政策法律展開對小微企業成長的制度環境問題進行探討。中國是社會主義國家，社會主義市場經濟的建立及企業的發展在根本上都受國家政策法規影響，尤其對中國小微企業而言更是如此，因其絕大部分是個體私營等非公有制企業。[①] 因此，發展非公有制經濟的外部環境對於促進小微企業的發展具有極為重要的影響。改善小微企業生存和發展的外部環境，實際上在很大程度上都是圍繞著改善非公有制經濟發展環境展開的。因此，政策法律制度成為影響小微企業經營與發展的重要因素，而且認為小微企業發展的良好外部環境條件首先應該表現為政府宏觀指導和支持、完善的政策法規、較強的執行力度及公平競爭等。因此，在分析小微企業成長環境時，首先應該對政策法規環境進行探討。

## 第一節　中國小微企業制度環境現狀

國家對小微企業重視是近幾十年才出現的現象。19世紀末20世紀初，隨著產業革命的完成和機器大工業的建立，大企業、壟斷企業迅速崛起，成為市

---

[①] 從所有制上來講，如果不考慮少數大型民營企業，中小企業概念與民營企業基本重合。因此，在某種程度上，對中小企業的研究就是對民營企業的研究。參見：國務院發展研究中心企業研究. 中國企業發展報告2017 [M]. 北京：中國發展出版社，2017：87.

場經濟的主宰,小微企業則失去了往日的輝煌,其重要性不斷下降。但是資本主義危機此起彼伏,尤其是在第二次世界大戰後爆發了越來越嚴重的世界性經濟危機,諸多大企業遇到了原材料和能源價格上漲、資金短缺、環境保護、市場動盪等強大的外在壓力,人們開始把視線轉向中小企業,並開始強化中小企業在市場中的地位和積極作用。1973 年,英國學者舒馬赫出版了著名的《小的是美好的》一書,揭露了發達國家的資本密集型、資源密集型產業的一些弊病,指出專業化、大型化生產導致了經濟效率降低、環境污染、資源枯竭的後果,這樣的產業壽命不會太長,指出我們可能採用小規模的優越性。[①] 當今世界各國和地區都已經意識到了小微企業在經濟舞臺上的重要性。無論是發達國家還是發展中國家,都積極採取各種措施,制定政策和法律,扶持小微企業的成長。

**一、小微企業政策法規體系基本建立**

在計劃經濟時代,除國有企業得到了一定支持和發展之外,其他企業都難有立足之地。改革開放以來,隨著私有財產保護、社會主義市場經濟日趨成熟,中國小微企業政策法律制度不斷出抬,迄今為止基本形成了較完善的小微企業政策法律法規體系,小微企業成長環境得到了很大改善。

1. 全國性立法

為了改善中小企業經營環境、促進中小企業健康發展、擴大城鄉就業、發揮中小企業在國民經濟和社會發展中的重要作用,國家於 2002 年 6 月 29 日頒布了《中華人民共和國中小企業促進法》(以下簡稱《中小企業促進法》)(2017 年修訂),從資金支持、創業扶持、技術創新、市場開拓、社會服務五個方面規定了支持中小企業發展的法律措施,規定「國家將促進中小企業發展作為長期發展戰略,堅持各類企業權利平等、機會平等、規則平等,對中小企業特別是其中的小型微型企業實行積極扶持、加強引導、完善服務、依法規範、保障權益的方針,為中小企業創立和發展創造有利的環境」。《中小企業促進法》是小微企業發展的基本法,對保護和扶持小微企業發展、改善小微企業成長環境具有重要意義。

此外,為適應小微企業的成長,建立適合小微企業治理形式,國家還制定了《中華人民共和國個人獨資企業法》(以下簡稱《個人獨資企業法》)(2000 年 1 月 1 日起施行)、《中華人民共和國公司法》(以下簡稱《公司

---

① E. F. 舒馬赫. 小的是美好的 [M]. 虞鴻鈞, 鄭關林, 譯. 北京: 商務印書館, 1984.

法》）（1993年頒布，1999年、2004年、2005年多次修正）、《中華人民共和國合夥企業法》（以下簡稱《合夥企業法》）（1997年頒布，2006年修訂）等法律法規，為小微企業的存在與成長提供了基本的法律環境。

2. 國務院法規和地方性法規

為了實施《中小企業促進法》、優化小微企業成長環境，國務院及其各部委、地方人大、地方人民政府等國家機關出抬了大量法律法規、抽象性行政法律文件等，健全了小微企業法規體系。截至2011年年初，已有23個省（自治區、直轄市）出抬了促進中小企業發展的地方性法規，如江蘇、浙江、遼寧、重慶等省市都頒布了《促進中小企業發展條例》，使中小企業的發展進一步有法可依。

2000年，原國家經濟貿易委員會發布了《關於鼓勵和促進中小企業發展的若干政策意見》，2005年2月，國務院頒布了《關於鼓勵支持和引導個體私營等非公有制經濟發展的若干意見》。2009年9月，國務院頒布了《關於進一步促進中小企業發展的若干意見》，提出進一步營造有利於中小企業發展的良好環境等8個方面29條意見。2010年，國務院頒布了《關於鼓勵和引導民間投資健康發展的若干意見》，主要在擴大市場准入、推動轉型升級等方面又系統提出一些政策措施，進一步拓寬了民間資本在國民經濟領域的投資渠道和投資範圍。2011年3月30日，國務院常務會議通過了《個體工商戶條例》，取消了對個體工商戶從業人員人數、申請設立者身分的限制，放寬了經營範圍，規定了對個體工商戶的扶持、服務措施和個體工商戶從事經營活動基本行為規範。

2011年，財政部、國家稅務總局發布了《關於小型微利企業所得稅優惠政策有關問題的通知》，財政部、國家發展改革委發布了《關於免徵小微企業部分行政事業性收費的通知》，小微企業真正進入人們的視野。國務院總理李克強在主持召開國務院常務會議時指出，需要進一步解決小微企業融資難的問題，加大融資支持。

3. 配套政策與措施

在上述法律法規和政策意見的指導下，國務院各有關部門和各級人民政府紛紛出抬了相應的配套政策與措施。例如，針對《關於進一步促進中小企業發展的若干意見》，有關部門已出抬了18個配套文件，山東等11個省（自治區、直轄市）已出抬了具體政策和實施辦法，其他部門與地區也在抓緊制定相關文件。落實《關於鼓勵支持和引導個體私營等非公有制經濟發展的若干意見》配套文件也基本出齊。近年來國家層面出抬的小微企業配套政策與扶

持措施的統計和總結見表3.1。

表 3.1　　中國小微企業發展的主要配套政策與扶持措施

| 時間 | 發文單位 | 政策標題 | 政策主要內容 |
| --- | --- | --- | --- |
| 2004年5月 | 財政部 | 《中小企業服務體系專項補助資金使用管理辦法（暫行）》 | 規範中小企業服務體系專項補助資金的管理，提高資金使用效益 |
| 2007年7月 | 國家發展改革委辦公廳 | 《關於做好2007年中小企業服務體系專項補助資金使用和管理工作的通知》 | 做好2007年中小企業服務體系專項補助資金的安排使用工作，提高資金使用效率 |
| 2007年10月 | 國家發展改革委、教育部、科技部等 | 《關於支持中小企業技術創新的若干政策的通知》 | 激勵企業自主創新，加強投融資對技術創新的支持，建立技術創新服務體系，健全保障措施 |
| 2009年3月 | 工業和信息化部、國家稅務總局 | 《關於中小企業信用擔保免徵營業稅有關問題的通知》 | 對於符合條件的中小企業信用擔保機構，各地稅務機關應該辦理免稅手續，擔保機構也可享受相關稅收減稅政策 |
| 2010年6月 | 中國人民銀行、銀監會、證監會、保監會 | 《關於進一步做好中小企業金融服務工作的若干意見》 | 進一步改進和完善中小企業金融服務，拓寬融資渠道，著力緩解中小企業（尤其是小企業）的融資困難，支持和促進中小企業的發展 |
| 2011年10月 | 國務院 | 國務院常務會議研究確定支持小型和微型企業發展的金融、財稅政策措施 | 加大對小型微型企業的信貸支持；清理糾正金融服務不合理收費，切實降低企業融資的實際成本；細化對小型微型企業金融服務的差異化監管政策；促進小金融機構改革與發展；在規範管理、防範風險的基礎上促進民間借貸健康發展 |
| 2011年12月 | 工業和信息化部、科學技術部、財政部等 | 《關於加快推進中小企業服務體系建設的指導意見》 | 建立健全中小企業服務體系，促進中小企業加快轉變發展方式，加快推進服務體系建設，實現持續健康發展的重要措施 |

表3.1(續)

| 時間 | 發文單位 | 政策標題 | 政策主要內容 |
|---|---|---|---|
| 2012年4月 | 國務院 | 《關於進一步支持小微企業健康發展的意見》 | 充分認識進一步支持小型微型企業健康發展的重要意義；進一步加大對小型微型企業的財稅支持力度；努力緩解小型微型企業融資困難；進一步推動小型微型企業創新發展和結構調整；加大支持小型微型企業開拓市場的力度；促進小型微型企業集聚發展；加強對小型微型企業的公共服務 |
| 2013年7月 | 國家發展改革委 | 《關於加強小微企業融資服務支持小微企業發展的指導意見》 | 落實全國小微企業金融服務經驗交流電視電話會議精神和工作部署，拓寬小微企業融資渠道，緩解小微企業融資困難，加大對小微企業的支持力度 |
| 2013年7月 | 財政部、國家稅務總局 | 《關於暫免徵收部分小微企業增值稅和營業稅的通知》 | 為進一步扶持小微企業發展，自2013年8月1日起，對增值稅小規模納稅人中月銷售額不超過2萬元的企業或非企業性單位，暫免徵收增值稅；對營業稅納稅人中月營業額不超過2萬元的企業或非企業性單位，暫免徵收營業稅 |
| 2013年8月 | 國務院辦公廳 | 《關於金融支持小微企業發展的實施意見》 | 確保實現小微企業貸款增速和增量「兩個不低於」的目標；加快豐富和創新小微企業金融服務方式；著力強化對小微企業的徵信服務和信息服務；積極發展小型金融機構；大力拓展小微企業直接融資渠道；切實降低小微企業融資成本；加大對小微企業金融服務的政策支持力度；全面營造良好的小微金融發展環境 |
| 2014年10月 | 國家稅務總局 | 《關於進一步加強小微企業稅收優惠政策落實工作的通知》 | 進一步提高認識，切實把落實小微企業優惠政策列入各級稅務機關重要議事日程；持續廣泛宣傳，進一步營造落實小微企業稅收優惠政策的良好輿論環境；依託信息化手段，進一步為小微企業享受稅收優惠政策提供便利；進一步加強工作督查和績效考核，為落實小微企業稅收優惠政策提供組織保證 |

表 3.1(續)

| 時間 | 發文單位 | 政策標題 | 政策主要內容 |
| --- | --- | --- | --- |
| 2017 年 8 月 | 國家工商總局、銀監會 | 《關於開展「銀商合作」助力小微企業發展的通知》 | 為進一步落實黨中央、國務院關於扶持小微企業發展的一系列決策部署,國家工商總局和中國銀行業監督管理委員會決定在全國範圍內開展「銀商合作」,建立支持小微企業發展的信息互聯互通機制,助力小微企業發展,促進大眾創業、萬眾創新,推動商事制度改革成果惠及廣大小微企業,緩解小微企業融資難、融資貴等問題 |
| 2017 年 10 月 | 財政部、國家稅務總局 | 《關於支持小微企業融資有關稅收政策的通知》 | 進一步加大對小微企業的支持力度,緩解融資難、融資貴 |
| 2017 年 12 月 | 國家稅務總局 | 《關於小微企業免徵增值稅有關問題的公告》 | 增值稅小規模納稅人銷售貨物或者加工、修理修配勞務月銷售額不超過 3 萬元(按季納稅 9 萬元),銷售服務、無形資產月銷售額不超過 3 萬元(按季納稅 9 萬元)的,自 2018 年 1 月 1 日起至 2020 年 12 月 31 日,可分別享受小微企業暫免徵收增值稅優惠政策 |
| 2018 年 6 月 | 中國人民銀行、中國銀行保險監督管理委員會、中國證券監督管理委員會等 | 《關於進一步深化小微企業金融服務的意見》 | 加大貨幣政策支持力度,引導金融機構增加小微企業信貸投放;建立分類監管考核評估機制,著力提高金融機構支持小微企業的精準度;強化銀行業金融機構內部考核激勵,疏通內部傳導機制;拓寬多元化融資渠道,加大直接融資支持力度;運用現代金融科技等手段,提高金融服務可得性;健全普惠金融組織體系,增強小微信貸持續供給能力;增強財稅政策支持力度,減少各類融資附加費用;優化營商環境,提升小微企業融資能力 |

　　以上只是近些年來,中國小微企業發展的主要配套政策與扶持措施。事實上,國務院以及各部委、地方政府機關等還出抬了大量小微企業發展扶持政策,為中國小微企業成長營造了一個相對有利的環境。

　　從政策法律法規文本上來看,中國已經基本建立起了以《中小企業促進

法》為基本法的、其他配套文件基本齊全的小微企業成長政策法律環境。根據上述法律法規政策的精神，在具體政策措施層面，已經形成了非公經濟發展、財稅扶持、金融信貸、科技創新、創業就業、服務體系、市場開拓七大方面的扶持政策，中國促進中小企業發展的政策法律法規框架已經基本建立（見圖3.1）。[①]

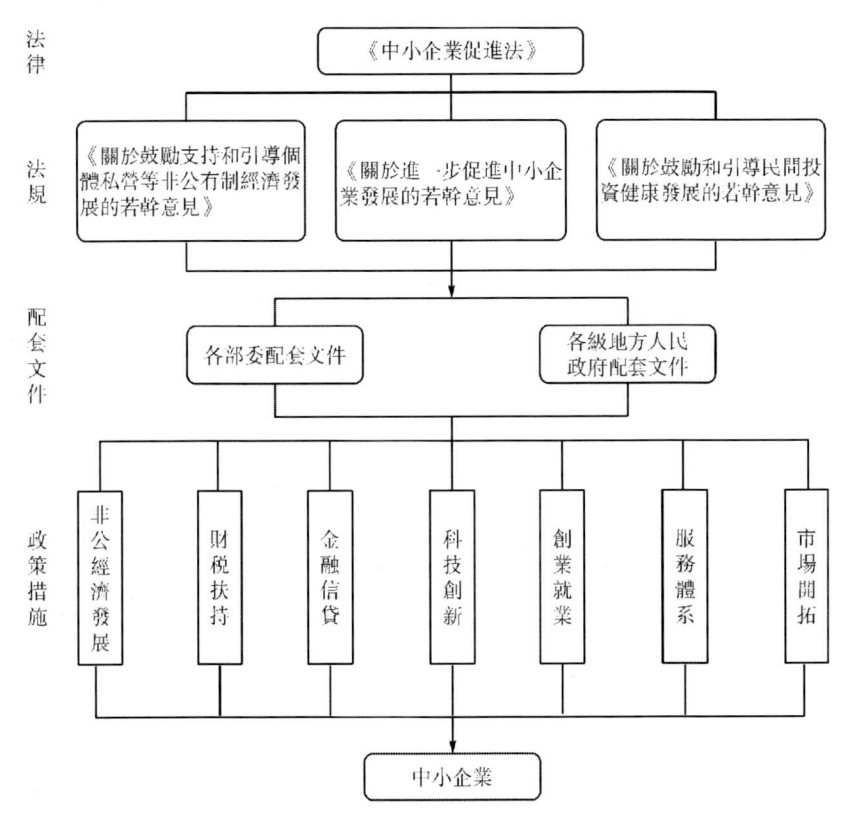

**圖 3.1　中國促進中小企業發展的政策法律法規框架圖**

## 二、小微企業組織管理體制基本建立

經過多年的改革調整，目前中國針對小微企業的政府管理體制逐步完善，已經形成了有國務院高層領導掛帥的「促進中小企業發展工作領導小組」統籌、以工業和信息化部中小企業司為主、科技部等其他九個部委各有側重、地

---

① 國務院發展研究中心課題組. 中小企業發展：新環境・新問題・新對策 [M]. 北京：中國發展出版社，2011：35-37.

方人民政府省地縣三級分別有相應機構的中小企業政府管理體制（見圖3.2）。

```
                    ┌─────────────────┐
                    │ 促進中小企業發展 │
                    │   工作領導小組   │
                    └────────┬────────┘
                             │
    ┌──────┬──────┬──────┬──┴──┬──────┬──────┬──────┬──────┐
┌───┴──┐┌──┴──┐┌──┴──┐┌──┴─┐┌─┴──┐┌──┴──┐┌──┴──┐┌──┴──┐┌──┴──┐
│辦公室││科技部││國家工││全國││農業││商務部││財政部││稅務││中國││銀監會│
│(工業和││    ││商總局││工商││部  ││      ││      ││總局││人民││      │
│訊息化部││    ││    ││聯  ││    ││      ││      ││    ││銀行││      │
│中小企││    ││    ││    ││    ││      ││      ││    ││    ││      │
│業司) ││    ││    ││    ││    ││      ││      ││    ││    ││      │
```

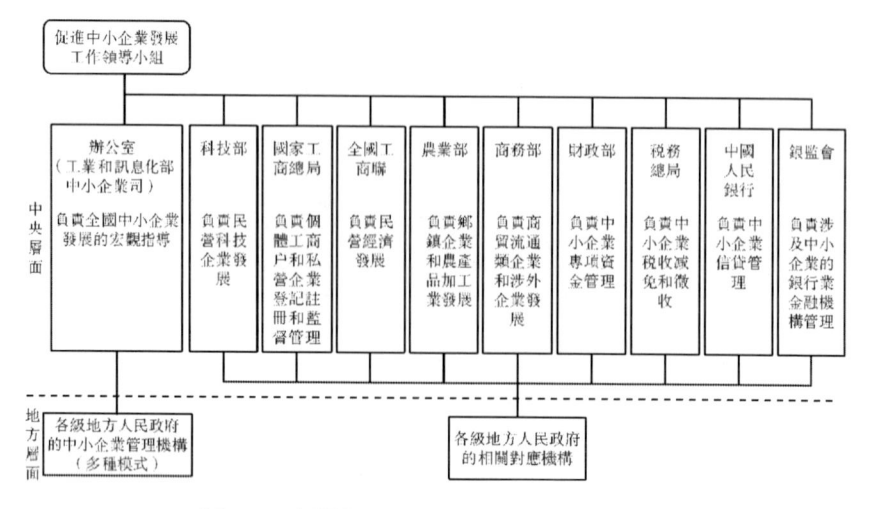

圖3.2 中國中小企業的政府管理體制示意圖

具體來看，中國針對中小企業的政府管理體制可分為中央和地方兩個層面：

1. 建立中央層面的中小企業管理體制和機構

1986年3月，經國務院批准，在原國家經濟委員會內成立中小企業對外合作協調小組，小組成員包括原國家經濟委員會、原對外經濟貿易部及上海市有關機構領導，下設中小企業對外合作協調辦公室。2001年10月，經國務院領導同意，國務院決定成立全國推動中小企業發展工作領導小組。2003年11月，經國務院領導同意，調整全國推動中小企業發展工作領導小組成員，領導小組由國務院14個部門組成，辦公室設在國家發展和改革委員會。

2009年12月，為加強對促進中小企業發展工作的組織領導和政策協調，國務院決定成立國務院促進中小企業發展工作領導小組，領導小組由國務院16個部門組成，辦公室設在工業和信息化部。國務院設立促進中小企業工作領導小組。國務院促進中小企業發展工作領導小組的職責是，貫徹落實黨中央、國務院決策部署，加強對促進中小企業發展工作的組織領導和政策協調，統籌指導和督促推動各地區、各部門抓好促進中小企業發展任務落實，協調解決促進中小企業發展工作中的重大問題，完成黨中央、國務院交辦的其他事項。領導小組辦公室設在工業和信息化部，承擔領導小組的日常工作，負責研究提出促進中小企業發展的政策建議，督促落實領導小組議定事項，承辦領導小組交辦的其他事項。領導小組辦公室主任由工業和信息化部副部長王江平兼

任，副主任由工業和信息化部中小企業局局長馬向暉、財政部經濟建設司司長孫光奇擔任，辦公室成員由各成員單位相關司局負責同志擔任。

國務院工業和信息化部牽頭承擔促進全國中小企業發展的管理職能，其中小企業司是設在行業部門的綜合管理職能部門。工業和信息化部中小企業司的職能是「承擔中小企業發展的宏觀指導，會同有關方面擬訂促進中小企業發展和非國有經濟發展的相關政策和措施；促進對外交流合作，推動建立完善服務體系，協調解決有關重大問題」。工作範疇為中小企業發展政策法規、中小企業發展中長期規劃、中小企業發展專項資金項目申報、非國有經濟發展政策、產業集群發展、中小企業節能減排、企業管理、中小企業對外交流合作政策、中小企業市場開拓活動、中小企業新型融資方式、中小企業信用擔保、知識產權質押融資和評估管理、集合發債、創業輔導、培訓工程、產業集群、服務體系。

除此之外，其他中央部門也參與了對中小企業的促進發展工作。具體而言，主要還有原科技部等九大部委參與的對中小企業的促進發展工作，各有側重：科技部負責民營科技企業發展，原國家工商總局負責個體工商戶和私營企業登記註冊與監督管理，全國工商聯負責民營經濟發展，原農業部負責鄉鎮企業和農產品加工業發展指導，商務部負責商貿流通類企業和涉外企業發展，財政部負責中小企業專項資金管理，國家稅務總局負責中小企業稅收減免和徵收，中國人民銀行負責中小企業信貸管理，銀監會負責涉及中小企業的銀行業金融機構管理。也有學者把這些共同參與中小企業促進發展工作的部委所做的努力稱為「九龍治水」。

2. 地方層面的中小企業管理體制

中國地方中小企業機構源自1998年國家經濟貿易委員會中小企業司的設立。此時國家經貿委已組建6年，國家經貿委與各地方經貿委形成了完善的管理體制。在各地方經貿委內設立中小企業管理部門，這項工作得到全面落實，保持了與國家層面的一致性。其意義是開啓了在地方政府部門內中小企業管理部門存在的先河。2003年3月，十屆全國人大一次會議決定不再設立國家經貿委。中小企業司劃轉到新設立的國家發展和改革委員會後，各地方中小企業管理部門隨主管部門變化而變化。中小企業管理部門分別隸屬地方政府組成部門的發改委、經貿委。2008年7月，十一屆全國人大一次會議批准設立工業和信息化部。中小企業司劃入新設立的工業和信息化部後，各地方中小企業管理部門的歸屬和設立發生巨大變化。這種巨大變化體現了中小企業管理部門與中國經濟社會發展、體現了包容性增長、適應和滿足了不同區域內中小企業發展、順應了服務型政府的時代

特徵和社會需求。2008年後，伴隨著中小企業司劃入工業和信息化部，各地方中小企業管理部門變化不一，呈現出不同的類型。

類型一：中小企業管理部門成了地方政府組成部門。如，遼寧省小企業廳，在業界被稱為「天下第一廳」。

類型二：中小企業管理部門成了地方政府直屬部門。如陝西省中小企業發展促進局。

類型三：中小企業管理部門成了地方政府管理部門。如重慶市中小企業發展指導局，既不是政府組成部門，也不是政府直屬部門。

類型四：地方政府將經濟（工業）和信息化委員會（廳）加掛中小企業管理局，實行「兩塊牌子，一班人員」的做法。如江蘇省、吉林省、四川省、甘肅省、雲南省等。

類型五：地方政府採取經濟（工業）和信息化委員會（廳）歸口管理，中小企業管理部門獨立掛牌的副廳級機構。如廣東省、浙江省、天津市、江西省、山西省、河北省、內蒙古自治區等。

類型六：中小企業管理部門依然放在經濟（工業）和信息化委員會（廳）內，為處室管理。如北京、湖北、青海、寧夏、海南、新疆、廣西、福建等。[1]

從以上分析可以看出，經過近幾十年的發展，中國已經形成了從中央到地方多層次的組織管理體系，為小微企業政策法律的執行奠定了組織基礎。

**三、政策法律制度運行效果較為明顯**

（一）小微企業的經營領域不斷拓寬

中國多數中小企業屬於非公經濟範疇。在《關於進一步促進中小企業發展和若干意見》等出抬後，落實非公經濟發展的配套文件基本出齊，有關部門對160萬件法規、規章、政策性文件進行了清理，對其中限制中小企業和非公經濟發展的6,000多項（件）予以廢除或修訂。各級政府思想不斷解放，對中小企業和非公經濟的認識不斷提高，如江蘇省委、省政府適時提出了「思想上放心放膽、政策上放寬放活、工作上放手放開」的「六放」方針，廣東、江蘇等省還專門召開了全省民營經濟工作會議。以江蘇省為例，廣大中小企業開始進入原來基本上由國有企業控制和壟斷的基礎設施建設、石油、航天、軍工、金融、文化等行業，有的已迅速成為行業優秀骨幹企業。

---

[1] 國務院發展研究中心課題組. 中小企業發展：新環境·新問題·新對策 [M]. 北京：中國發展出版社，2011：41-43.

(二) 小微企業的財稅扶持政策法律法規基本得到了落實

依據《中小企業促進法》和2009年《國務院關於促進中小企業發展若干意見》的要求，近年來財政不斷加大對中小企業的資金支持力度，支持方式主要是貸款貼息，重點包括產業升級、科技創新、開拓市場、改善中小企業發展環境等，另外，近幾年也開始做一些資本金投入方面的嘗試。從資金規模上看，財政扶持資金逐年加大。2010年中央財政安排了中小企業發展專項資金、科技型中小企業技術創新基金、中小企業國際市場開拓資金等8個扶持中小企業發展專項資金，共計122.7億元；據財政部統計，從2003年中央財政有針對中小企業的專項資金以來，累計到2010年年底已經達到433.1億元；在2009年、2010年中央預算內企業技術改造專項投資中，每年安排30億元用於支持工業中小企業特別是小企業的技術改造。各省級財政基本都設立了扶持中小企業發展的專項資金。如2010年遼寧省安排了中小企業發展專項資金8,800萬元；2008—2010年廣東省財政每年安排1.8億元中小企業發展專項資金，用於中小企業技術創新、改造、融資和擔保補助及服務體系建設等；2009年、2010年，江蘇省級財政共安排了4.2億元的中小企業發展專項資金。

與此同時，近年來，從中央到地方，各級政府也積極減輕中小企業的稅費負擔。為促進中小企業的發展，尤其是為應對國際金融危機，中國出抬了針對小型微利企業、高新技術企業及中小企業信用擔保機構減免稅的政策。對小型微利企業，2010年1月1日至2010年12月31日，對年應納稅所得額低於3萬元（含3萬元）的小型微利企業，其所得減按50%計入應納稅所得額，減按20%徵收企業所得稅；小規模納稅人增值稅率下調至3%；困難企業職工社會保險實施「五緩、四減、三補、兩協商」等。[①]

從這些統計數據來看，中國當前關於小微企業的各項政策法律措施基本得到了落實，並且出現了扶持力度越來越大的良好局面。

# 第二節 中國小微企業制度環境存在的問題

近年來，在黨中央、國務院和各地方、各部門的高度重視下，中國促進小微企業發展的政策法律法規體系框架基本確立，並且建立了較完善的組織管理

---

① 國務院發展研究中心課題組.中小企業發展：新環境·新問題·新對策 [M]. 北京：中國發展出版社，2011：49.

體系，在實施方面取得了較大成績，但還存在一些不足，有待進一步完善，具體表現在以下幾個方面：

## 一、對小微企業地位和作用的認識程度不高

小微企業是國民經濟和社會發展的重要基礎，是創業富民的重要渠道，在擴大就業、增加收入、改善民生、促進穩定、國家稅收、市場經濟等方面具有舉足輕重的作用。小微企業是緩解就業壓力、保持社會穩定的基礎力量。小微企業創業及管理成本低，市場的應變能力強，具有大企業無可比擬的優勢。同時科技型小微企業蓬勃發展，是經濟增長與社會進步的不竭動力。近年來，科技型小微企業悄然興起並迅速發展，成為技術進步中最活躍的創新主體。改革開放以來尤其是黨的十九大的召開，中國的小微企業發展迅速，在國民經濟和社會發展中的地位和作用日益增強。

不可否認的是，受傳統「抓大放小」思想的影響，以及現行體制、機制的制約，中國各級政府一向偏好大企業、國有大中型企業、三資企業的支持發展，各地方、各部門對中小企業還存有規模歧視，直接影響了相關政策的執行及其效果，導致對中小企業發展的重視仍然不夠，對小微企業棄之不管，任其自生自滅。更有甚者，在許多時候，中小企業的發展還會受到某種程度的限制，在經營範圍、市場准入、市場競爭等方面都處於不利地位。雖然近些年來，中國政府開始重視小微企業發展，出抬了大量政策法律法規加以扶持，但是受傳統意識與思維慣性的影響，國家和政府仍然把大中型企業作為重點發展對象，對小微企業只是出於一種政策應付的心態，沒能真正讓小微企業取得平等的發展機會。

## 二、小微企業基本法仍然存在諸多不足

中國 2002 年頒布了《中華人民共和國中小企業促進法》，並於 2017 年 9 月進行了修訂。作為中小企業（包括微型企業）發展的基本法，該法在改善中小企業經營環境、保障中小企業公平參與市場競爭、維護中小企業合法權益、支持中小企業創業創新等方面發揮出了重要作用。但是不可否認，該法在保護與支撐小微企業發展方面還存在著諸多問題。

第一，立法對象界定範圍上，把中型企業納入該法律，勢必擠壓了小微企業扶持的效果。當時諸多代表希望能夠更精準地瞄準小微企業，解決小微企業的問題，建議將本法改為《小微企業促進法》或《小微企業法》。同時，在附則裡面加上一句，「中型企業可以參照小微企業的促進辦法來執行」。但是這

些建議最後都沒有被採納。

第二，立法設定的措施方面，《中小企業促進法》的大量篇幅在扶持措施上，如專設章節規定財政資金政策、稅收優惠政策、公共服務扶持政策等。而面對新形勢，很多中小企業反應與其給扶持、給項目，不如給政策、給公平的保護。該法提出了政府扶持，但是對小微企業權益保護不夠。例如，該法在修改時，有代表提出，政府和大型國企拖欠款項是中小企業發展的長期問題，草案雖然對此有所關注，但保護力度不夠，還有待加強。中小企業在政策溝通和權益維護中處於弱勢。

第三，《中小企業促進法》中存在部分條款可操作性不強的問題，只有促進鼓勵的條款而沒有問責條款。法律規定中許多「國家支持」「國家鼓勵」都是「軟性法律」，虛規定太多，在實踐中企業很難感受得到，政府不做或做不到並不需要負責，更不會受到懲罰。因此，該法雖然對保護中小企業起到了一定作用，但對違反規定的行為卻沒有設置任何法律責任，特別是對於中小企業遇到亂收費、亂罰款、亂攤派甚至拖欠等不公平待遇時，沒有賦予其基本的法律訴訟權，使得中小企業在合法權益受到損害時，或其職工在合法權益受到企業侵害時，沒有明確的法律途徑獲得救濟。

### 三、小微企業政策法規的系統性和針對性不足

雖然中國已經基本建立起了以《中小企業促進法》為基本法律的小微企業發展政策法律體系，但不可否認的是，現有小微企業政策法規體系的科學性、系統性在一定程度上存在不足，缺乏中長期、系統性的規劃。首先，目前的政策法規缺乏相關的配套政策法規，如《中小企業促進法》雖然起到了基礎性法律的作用，但法律條文只做了原則規定，配套性法規尚不健全，許多條款在執行中難以把握，操作上有較大難度。同樣，在政策制定方面，《關於鼓勵支持和引導個體私營等非公有制經濟發展的若干意見》和《關於進一步促進中小企業發展的若干意見》，總體上來說是比較原則的綱領性的政策文件，要確保國家政策真正落到實處，還需要制定各領域的細化的法規政策。其次，現有政策法規的針對性也有所不足。例如，按照現行劃型標準，中國企業的構成中大部分是小企業，但各項政策在實際操作中對中小企業進行扶持時，政策受益者往往是資產和盈利能力明顯占優的中型企業，更需要資助的小型、微型企業由於自身實力不足及政府的不重視則受益很少。

### 四、小微企業各項配套制度仍不完善

一是中小企業統計監測制度仍不完善。國務院《關於進一步促進中小企

業發展的若干意見》提出，要「建立中小企業統計監測制度」，但與中小企業日益發展壯大的情況相脫節的是，目前中國尚未形成統一的中小企業統計體系，有關部門也未建立中小企業統計監測系統。當前，中國對小微企業的統計監測政出多門，缺乏統一完善的統計體系，對小微企業的總體結構、績效等情況缺乏相對完整準確的數據。而且，所有部門在小微企業的統計監測中存在一個共性問題，即缺乏對小微企業在科技創新、技術成果轉化方面的統計監測。

二是中國政府部門缺乏針對小微企業政策落實的追蹤考核機制。從國際經驗來看，美國利用政府機關和國會間的制衡關係來保證小企業政策實施效果，同時美國中小企業管理局在各自的政策領域都設定了目標和績效，並進行評價；日本對政策進行事前和事後評估，並通過提高政策制定和實施過程的透明度來提高政策的實施效果；歐洲各國對政策實施效果的評定已進入常規化；歐盟1999年建立了外部評價機制，利用第三方機構實現對政策的客觀性評價。中國在這方面則存在明顯欠缺。

三是針對小微企業的政策法規宣傳力度有待進一步加強。我們在調研中發現，相當多的中小企業對國家出抬的各類優惠政策並不清楚，未能申請進而享受相關扶持，只有少數企業長期享受優惠政策。這其中既有中小企業能力不足的原因，更重要的原因是政府部門對法律法規政策宣傳力度不夠、服務不到位。

四是缺乏小微企業區域差異化政策法律制度。中國地域遼闊，經濟社會發展極不平衡的問題突出，但小微企業政策缺乏地域的差別性。而其他國家往往有這方面的法律法規與政策，如韓國的《地區均衡發展和促進地區中小企業法》和《地區擔保基金》，就通過促進地區性中小企業的發展，達到區域之間的均衡發展，值得我們學習借鑑。

五是缺乏規範大型企業與小微企業公平競爭制度。大企業實力雄厚，競爭力強，在市場競爭中往往容易通過市場壟斷來打壓、限制小微企業的發展。在發達國家，如日本就有專門限制大企業壓制小企業發展的一些法律，包括為確保超市周圍的中小商業經營活動能夠正常發展而制定的《關於調整大規模零售店事業活動的法律》（俗稱《大店法》）等，以此規範大企業與中小企業的關係，促進公平競爭。

**五、現有政府管理體系有待進一步理順**

中國當前小微企業政府管理面臨著許多困境，主要表現為「政策下不去，信息上不來，問題難解決」。政府在小微企業管理上的不足，制約了各項政策

作用的發揮。雖然近些年來國家對中小企業政府管理體制進行了頻繁的改革，但大多只是名頭的改變，迄今為止還沒有實質性改革，其中中小企業政府管理中「分割」問題、政出多門等問題仍然存在：有關部委之間在中小企業管理上的條塊分割、地方中小企業政府部門之間的條塊分割、中央與地方在中小企業管理上的分割。在2008年的政府機構改革中，中小企業司歸屬工業和信息化部。作為一個司局級單位，中小企業司向上無法充分協調比它高一級別的發改委、商務部等與中小企業發展密切相關的中央部委，向下沒有直接隸屬關係的地方管理網絡，造成中小企業司在中小企業管理上處境尷尬。現有的中小企業管理體制下，農業部的鄉鎮企業局管理鄉鎮企業，商務部管理出口型中小企業，科技部管理科技型中小企業，國家工商總局管理個體私營中小企業，在宏觀管理上還涉及發改委、中國人民銀行、國家稅務總局等部門。

這種管理體制的弊端表現為：一方面無法覆蓋全部類型的中小企業，另一方面重複交叉管理現象嚴重。例如，有的中小企業是鄉鎮企業、科技型企業、出口型企業、個體私營四者兼而有之，則需要受到四個部門的重複管理。而不屬於這四類的眾多中小企業則屬於政府服務的邊緣群體，得到的公共服務十分有限。對小微企業宏觀管理有重要影響的主要行政管理權力分散於國家發展和改革委員會、商務部等部委，各個部委對自身又有不同的定位，對於中小企業政府管理上整體定位模糊，甚至相互抵觸。中小企業政府管理政出多門，呈現出行政體系龐大、組織鬆散的狀況，造成了小微企業政府服務中的公共產品短缺，不能滿足小微企業在快速發展中對於政府服務的渴求。[①]

## 第三節　中國小微企業制度環境優化對策

近年來，中國小微企業政策法律環境有了很大的改善。2016年6月，工業和信息化部正式發布《促進中小企業發展規劃（2016—2020年）》，明確了以提質增效為中心、以提升創業創新能力為主線、推動供給側結構性改革、優化發展環境、促進中小企業發展的指導思想，從創業興業、創新驅動、優化結構、推進改革等方面提出了基本原則，為小微企業政策法律環境優化提供了思路。本書結合黨的十八大以來中國小微企業發展變化的新情況，提出中國小微

---

[①] 林漢川，李安渝. 中國中小企業發展研究報告（2011）[M]. 北京：企業管理出版社，2012：94.

企業政策法律環境優化的幾點對策。

**一、建立健全小微企業成長的法律制度**

國外針對小微企業的發展已經建立了一套較為完善的政策法律制度體系。美國、日本等發達國家在長期的發展過程中，已經對小企業發展總結出了一套完備的適合本國的中小企業成文法，為本國的小企業發展奠定了一定的法律政策基礎。儘管美國、日本、歐盟等國家和地區對小企業的探索過程不同，對小企業的支持力度和保護措施也有差別，但是在各自發展歷程中都把立法作為保護和幫扶小企業發展的制度保障和基礎。因此，中國應在《中小企業促進法》的基礎上，加快立法步伐，擴大立法範圍，拓寬立法層面，系統、科學地制定出適合小微企業成長的法律制度，使小微企業的各項發展促進措施都能通過立法的形式固定下來。

（一）加緊出抬小微企業基本法

中國需要在進一步提高對中小企業重要地位和作用認識的基礎上，盡早制定《中小企業基本法》，明確中小企業的立法宗旨是充分保護中小企業的合法權益，為中小企業發展創造一個自由進退、公平競爭的環境，促進中小企業的健康發展，使中小企業適應不斷變化的運行環境、取得更好的經濟效益和社會效益。各級地方政府要進一步轉變思想觀念和政府職能，切實為小微企業服務，從片面追求地區生產總值總量向以人為本的科學發展觀轉變，從減員增效向擴大就業和再就業轉變，從重視大企業發展戰略向大中小企業發展戰略並重轉變，從控制和管理向服務和支持轉變。

中國當前實施的《中小企業促進法》所涉及的保護對象（中型企業、小型企業和微型企業三種）針對性不強、重點不突出的，不利於小微企業的成長。因此，制定《中小企業基本法》時首先需要對中型企業、小型企業、微型企業單獨分章節進行規定。中國也可以根據小微企業成長規律、針對小微企業不同成長階段對其分別制定相應法律措施，使處於不同發展階段的小微企業都能獲得法律的惠及，真正推動小微企業的持續、穩定和健康發展。需明確規定小微企業法規實施監督機制。最後，建議在《中小企業基本法》中明確規定設立直接對國務院負責的小企業局，統籌工業、商業、科技等各部門現有的涉及中小企業的管理職能，更好地促進中小企業發展。建議加入要求政府部門向人大立法機構就中小企業工作進行報告的內容，包括報告期間小微企業發展狀況、創造就業機會成果、促進小微企業發展及其服務體系的統計數據等。

（二）健全小微企業配套法律保護體系

與美國、日本等發達國家制定的多種扶持小企業的法律法規及健全配套的

小企業法律實施支持體系相比，中國在小微企業法律建設方面還存在著嚴重不足。應該盡快制定較為長遠、系統、科學、穩定的中小企業發展規劃，進一步完善《中小企業促進法》的配套法律法規，進一步推進制定各領域促進中小企業發展的細化的法規政策，彌補現有政策存在的不足。

現行的《中小企業促進法》在許多方面仍然對小微企業所面臨的問題沒有真正厘清，也無法對具體問題做出明確的規定和說明，並且缺乏完善的相關配套法律制度。因此，有關部門需要在《中小企業基本法》的基礎上，根據實際情況，尤其是各地方的情況，制定完善的配套法律制度，提高立法效力層次，健全法律保護體系和層次，在財政、金融、創新、信息和市場、經營管理等方面給小微企業成長提供更大的扶持力度，為政府在制定決策和政策時，提供具有強制力的法律遵循。我們建議中國制定出抬小微企業區域法律政策，盡快出抬創造公平競爭環境的准入、融資、信貸等領域的競爭政策和規制壟斷政策、基礎設施和壟斷領域公私合營特許經營（PPP）法律。

（三）加強小微企業的知識產權制度

小微企業技術創新具有較強的技術溢出效益，這是小微企業在激烈的市場競爭中脫穎而出、戰勝大企業的不二法門。當前世界諸多小企業最後成長為超級大企業，都是以其具有核心技術及知識產權作為基礎的。因此，政府必須加大知識產權保護力度，注重知識產權立法，保護小微企業創新利益，這不僅是完善市場經濟體制、促進企業自主創新的需要，也是參與國際市場競爭、開展國際經濟合作的需要。各級政府部門應加大知識產權保護的實施與監督力度，真正使創新成為提升小微企業持續競爭力和實現持續成長的重要措施，激發小微企業開展創新的積極性和主動性。

與發達國家相比較，中國小微企業創新能力明顯不足，同時知識產權管理水準不高也是科技型小微企業急需解決的問題。加強中國小微企業的知識產權建設，是加快科技型小微企業發展、提升科技創新能力、增強市場競爭力的重要舉措，也是提升中國自主創新能力、增強國家核心競爭能力的有效途徑。一是要增強商標權意識，加強商標權保護，及時將自己的商標進行註冊，以保證自己的商標權；充分利用公開的商標文獻和檢索工具，進行各種信息收集，對發現各種商標侵權問題及時採取補救措施。二是加強專利權保護。小微企業，尤其是科技型小微企業在對開發項目進行預研究時，應開展專利檢索，防止重複研究開發。對檢索到的最新技術進行消化、吸收並改進創新，開發具有自主知識產權的產品和技術。三是積極構建科技型小微企業知識產權服務平臺。知識產權服務平臺集知識產權代理、評估、擔保、營運、處置、流轉、孵化投資

等業務為一體，形成投保貸一體化的運作模式，減少各中間服務機構的協作成本和時間成本，專注於知識產權的營運和管理，有利於人才集聚，減少服務成本，從而提高效率、降低風險。

（四）建立健全小微企業統計監測制度

要建立和完善對小微企業的分類統計、監測、分析和發布制度，加強對規模以下企業的統計分析工作，及時、準確、全面地反應中小企業發展動態，為領導決策和社會發展提供科學依據。建立跨部門小微企業運行動態監測體系。建議國務院進行協調，建立跨部門的有效信息共享和聯動協作機制，制定各部門信息記錄的數據標準、接口標準、格式標準等，打破信息孤島，推動工商、商務、稅務、海關、質檢、環保、交通、社保等部門的信息相互開放、互聯互通、即時交換。統一小微企業公共服務平臺，解決當前普遍存在的條塊分割、各自為政問題，建立公共服務平臺之間的互通互聯機制。[①] 整合完善小微企業監測指標，統計監測指標與小微企業對社會的貢獻相匹配，通過小微企業營運結果、過程與信心、政策的惠及度及預期三個維度進行統計監測，全面、客觀地統計小微企業的現有營運狀況、未來的穩定性及可持續性，為政策的制定提供決策依據。

## 二、進一步優化政府組織管理體系

（一）加強和完善小微企業政府管理體制

在各級政府關注民生、關注就業、關注穩定的新形勢下，理順中小企業政府管理體制、健全工作機制、確保中小企業穩定健康發展顯得尤為重要。中國政府的中小企業管理部門應具備一定的權威性（包括中小企業全面政策制定和歸口、向中央財政提交中小企業發展資金的匯總平衡預算草案、執行中央財政對中小企業發展預算的帳戶、支持建立國家中小企業發展基金）；對中小企業事務和中小企業發展具有跨部門、跨行業、跨所有制的協調和管理職能，成為促進中小企業發展的協調和融合服務平臺；對中小企業事務和中小企業發展採取分類指導（指各類所有制中小企業）、分級管理（指中小微型企業及個體工商戶）、分業統籌（指各行各業中小企業）、分區側重（指不同區域和區域經濟帶）的原則；按中型企業、小型企業及微型企業實施差異化管理。為此，建議按照進一步明確職責、改善協調機制、強化基礎的原則，加強和完善小微

---

① 國務院發展研究中心課題組. 中小企業發展：新環境·新問題·新對策 [M]. 北京：中國發展出版社，2011：116.

企業政府管理體制，建立協調順暢的工作機制。

我們具體提出三點建議：一是在現行管理體制架構下，充分發揮「促進小微企業發展工作領導小組」的領導作用，在各部門「三定方案」的基礎上進一步明確和細化各自職責，重點加強和完善部門間的協調機制。二是在借鑑國際經驗和考慮中國中小企業量大面廣國情的基礎上，將現有中小企業管理機構升格，增加編製，充實力量，加強小微企業管理工作。三是時機成熟時，可考慮設立高規格、有權威的專門機構，專司全國中小企業的管理和協調工作，並引導推動各地理順中小企業的政府管理體制，從而建立起國家、省、市、縣上下統一、協調一致、運轉高效的中小企業管理體系。①

(二) 成立國家中小企業局

進一步加強和完善小微企業管理體制。美國、日本等國家都在有限的政府機構中設立中小企業主管部門，這是發達的市場經濟國家的通行做法。《中小企業促進法》規定「國務院負責企業工作的部門組織實施國家中小企業政策和規劃」。在實踐中，主要由工業和信息化部的中小企業司負責以工業為主的中小企業管理職能，並負責對全國中小企業工作進行綜合協調、指導和服務。但由於這一部門級別較低，協調工作難度大。此外，中小商貿流通等服務業的中小企業工作由商務部商貿流通司負責，科技部還負責中小科技企業的發展工作。雖然在國務院層面上成立了國務院促進中小企業發展工作領導小組，但涉及十幾個部委的協調，難度大、效率低。這不僅增加了政策間協調的難度，難以發揮政策的功效，而且容易造成這些相互獨立的管理機構政策上的局限性與片面性，難以顧全大局。

從國際經驗來看，各國政府為加強對中小企業的宏觀管理和服務，都紛紛設立了中小企業的專門管理機構，統籌規劃中小企業的發展。如美國專門通過《小企業法》設立了小企業管理局，局長由總統直接任命，明確規定小企業管理局由總統直接指導和監督，與聯邦政府的其他機構或部門無隸屬關係。並且小企業局設立首席律師，重點審查其他聯邦政府機構的有關政策是否侵犯了小企業利益，審核和評估小企業管理局自身政策和活動對小企業發展的影響。

加強小微企業工作統籌協調力度，建立國家層面的小企業局，替代目前非常設機構的部際協調領導小組，切實把發展小微企業作為實現全面脫貧目標、全面建成小康社會、促進社會公平的重要抓手，把發展小微企業作為社會經濟

---

① 國務院發展研究中心課題組. 中小企業發展：新環境・新問題・新對策 [M]. 北京：中國發展出版社，2011：58.

轉型成功、擴大就業、實現富民的根本之道，把發展小微企業作為實現「穩增長、調結構」的主要手段和催生經濟發展新動力的重要措施。借鑒發達國家統籌協調小企業政策、實現政策協同效果的經驗，在此基礎上完善中小企業的綜合統計體系，協調各部門涉及小微企業發展的政策和行政規範，維護中小企業合法權益。建議國家小企業局的職責主要應包括：加強宣傳力度，讓廣大幹部更加充分認識到扶持小微企業發展和促進「大眾創業、萬眾創新」的重要意義，認識到小微企業發展的客觀規律，自覺將扶持小微企業發展放在優先位置，改變過去「抓大放小、擇強扶優」的政策思路；適應經濟社會轉型發展要求，重在改進企業發展環境、制定普惠性政策，以激發全社會的創造活力；加強政策引導培訓，充分發揮有關行業協會、商會等仲介組織的作用，推廣扶持小微企業發展的先進經驗，提高中小企業的社會責任意識，促進中小企業環保綠色轉型發展、可持續發展。①

### 三、進一步優化政策服務體系

除了完善小微企業法律制度建設外，還需要相關的政策作為保障，才能使得小微企業在風險萬變的激烈市場競爭中存活下來。在發達國家和地區，尤其是美國、日本、歐盟等國家和地區均已建立起了比較系統的小微企業扶持政策體系，包括財政、金融、科研、稅收等多方面的政策支持措施。

（一）出抬小微企業差異化社保政策，著實為小微企業減負

隨著各省對養老保險、醫療保險等的收繳比例提高，全國層面上普遍已達到40%以上，這對於小微企業存活是一種巨大的壓力。調查反應，小微企業的成本中五險一金等社保費率在人工成本中占比過高，已成為小微企業進一步擴大經營的瓶頸。尤其是，隨著生態環保要求的提高，以及近幾年以來經濟形勢的嚴峻，民間投資的大幅下滑，小微企業已經掙扎於生死存亡線上，降成本成為當前最為迫切的要求。人力資源和社會保障部回應2015年中央經濟工作會議提出的降成本要求，出抬了政策，將社保收繳比例降低了1個百分點。

建議對小微企業實施差異化社保繳費政策，給予其更大的降費比例，而不是與大企業一刀切地實施同樣的繳費比例。一是小微企業本身處於發展的初級階段，各方面實力都很弱。同樣的社保繳費比例，其繳費額度占比及衍生出來的經辦管理人員的財務成本，對大企業來講占經營成本比例較低，但對小微企

---

① 國務院發展研究中心課題組．中小企業發展：新環境・新問題・新對策 [M]．北京：中國發展出版社，2011：111-120.

業來說占比卻很高，尤其是以高技術人才為主的科技型中小企業和主要以人工成本為主的服務業企業。二是在各種大型工程招投標以及政府採購方面，小微企業由於在資金保障、人員實力、技術儲備、品牌等多方面不完善，也不具備大企業所具有的資質，因此，承擔的社保費用義務應該與大企業有所差異。三是對於社保基金的收支壓力來說，由於大企業社保繳費占整體收入比例很高，大企業降費1個百分點，對大企業的經營成本改善雖然有限，但對社保基金收入的影響較大；而小微企業社保繳費比例大幅度降低，對社保基金收入來說影響不那麼大，但涉及的企業面卻很廣，對小微企業降成本的改善效果也非常明顯。因此，建議根據企業的規模確定差異化的社保繳費政策。①

（二）進一步完善財稅扶持政策，改善普惠性減稅效果

財稅政策是國家進行宏觀調控的重要槓桿，政府通過這只有形的手對市場進行調節，經常具有立竿見影的作用。

一是要進一步擴大普惠性減稅的覆蓋面。擴大稅收優惠的範圍，如將小微企業免徵增值稅的標準提高至「月銷售額不超過5萬元」；區域性股權市場投資者建議參照新三板做法執行投資納稅規定；改進不利於創新的稅制規定，如對知識產權入股實行延遲納稅，應在實際發生股權兌現或分紅收益時再同步實行納稅，而不是統一規定為一個固定年限如5年，以鼓勵科技成果轉化；加大行業協會減稅力度。

二是要以減稅措施為抓手建立中小企業申報統計庫，既提高中小企業的納稅人意識，也能夠保證相關統計數據的完整性。

三是要將小微企業的免稅起徵點改為免徵額。對月銷售額未達到起徵點的不予徵稅，對月銷售額達到起徵點的僅對超過部分予以徵稅，增加優惠政策普及面，減少徵納成本。

四是要建立並完善稅銀聯動徵信系統。將企業的納稅情況與貸款額度結合起來，有利於銀行、擔保、保險公司等金融仲介及民間資本更好地識別優質小微企業，有利於降低小微企業參與市場融資的門檻，減少融資成本。

（三）加強監管，有效降低小微企業進入和退出門檻

一是堅持放管並重，重點解決監管不到位的問題。建立部門間的同步聯動監管機制。工商部門應將已領照未辦證的企業信息及時、精準地推送告知給衛生、食藥監、質檢、消防等後置許可審批監管部門，各監管部門要根據工商信

---

① 國務院發展研究中心課題組. 中小企業發展：新環境·新問題·新對策 [M]. 北京：中國發展出版社，2011：114.

息加強上門服務、在線溝通,提醒和輔導新企業及時辦證,改變過去「有證才監管」的工作思路,做到經營全覆蓋。明確「先照後證」的取證週期。繼續修訂相關法律。盡快按「誰審批誰監管」「誰主管誰監管」的原則調整相關法律,如《互聯網上網服務營業場所管理條例》,明確各部門的監管職責,避免部門之間互相推諉。建立符合「寬進嚴管」的新型市場監管體系。

二是深化簡政放權,進一步降低市場准入門檻。把清理後置審批事項作為深化簡政放權的重點。從中央到地方都要對後置審批事項進行系統梳理,形成後置審批事項清單,明確審批條件、時限等要求,並向社會公布;對確實需保留的許可審批事項要優化流程、提高辦證效率。繼續縮減工商登記前置審批事項。加快推進市場准入負面清單制度。

三是寬容接納最能體現、最適合大眾創業、萬眾創新的平臺型公司業態。以自然人形態參與市場的個人創業者網店,雖然按照傳統定義不算中小企業範疇,但從理論上來說,個體開展經營活動來謀生是一種天然的權利,不一定必須通過行政註冊手續、繳驗註冊資本金、年審等才能謀生。工商登記制度、行業監管、稅收制度要去適應個體謀生活動形勢的變化,而不應該為了管理和收稅的便利性而剝奪個體謀生的經營權利。新的創新業態下,法律制度存在空檔期,要明確法無禁止則行,積極去適應中小企業創新發展實踐。因此要完善工商登記註冊制度,適應信息經濟下的市場主體運行規律。稅收體系上也需要盡快由間接稅改向直接稅、由生產型增值稅改向消費型增值稅。

四是加強商事制度改革的宣傳、溝通,著力解決不配套問題。「三證合一」「一照一碼」改革給企業帶來了極大便利,還要處理好「新舊合一」過渡期出現的各種不配套問題。

五是加快開展簡易註銷試點工作。擴大試點地區,盡早發現和解決簡易註銷中的問題與障礙。

六是完善小微企業破產法律規範,實現企業的有序退出。逐步增強破產制度的社會接受度、建立健全失信懲戒機制、積極探索破產程序類型多樣化。既要有適用於所有企業破產的「普通程序」,又要有適用於中小企業的「簡易程序」,還要有適用於極少數情況下的「特別程序」。對簡單破產案件,可通過指定個人管理人、改進債權人會議制度和表決方式、加快審理進度等簡化破產程序,實現社會資源的重新分配。①

---

① 國務院發展研究中心企業研究所. 中國企業發展報告 (2016) [M]. 北京:中國發展出版社, 2016: 119-120.

（四）進一步實施政府信息披露制度，落實政府相關管理責任

一是落實並完善《政府信息公開條例》，建立政府部門及財政資助部門的信息公示清單制度，以公開為原則、不公開為例外，促進政府有關部門信息公開的常態化、制度化，切實落實政府信息公開。規定相關部門在信息公開方面的責任義務，對小微企業註冊登記、行政執法、行政審批、享受扶持政策及政策實施等相關信息都應公開。

二是對政府信息披露情況開展第三方評估，防止少數機構以各種理由拖延信息公開。有序擴大政府涉企信息對社會的開放，促使政府相關部門、金融機構及其他社會組織之間信息的整合和有效利用，促進中國人民銀行徵信體系、稅務、工商等信用信息系統向商業銀行、保險、徵信機構等開放和共享，優化信用調查、信用評級和信用管理等行業的發展環境。推動徵信行業相關管理規範的制定和出抬，規範徵信機構的行為，提升徵信機構的公信力。

三是積極培育社會徵信機構和評級機構，鼓勵和支持第三方徵信發展，拓寬具備個人徵信業務資格的商業機構經營範圍，促進第三方信用服務。

四是建立健全小微企業政策執行追蹤考核機制。借鑑國際經驗，建立相應的政策執行追蹤考核機制，加大對政策執行和反饋的監督力度，切實為小微企業的發展營造良好環境。此外，有關部門應加強法規政策的宣傳力度，積極向廣大小微企業免費發放信息，明確告知廣大小微企業可享受哪些優惠政策和服務，並明確告知申請流程和方式方法，並可設置專門機構或專人加以輔導。

# 第四章　中國小微企業成長金融生態環境及其優化

將生態系統理論和觀念應用於金融領域，並創造性地提出「金融生態」概念，是近年來的事。這一概念的提出，為目前處在困境中的中國金融體系的完善和重構在戰略、手段和方法上指明了一條切實可行的改革方向。也就是說，中國金融體系的重構，不僅要著眼於金融系統內部在政策、制度和管理方面的改革和完善，更要重視和加強金融體系賴以健康和有效運行的外部環境的健全和建設。所謂金融生態環境，是依照仿生學原理來建立和發展金融體系的良性運作發展模式。廣義上的金融生態環境是指與金融業生存、發展具有互動關係的社會、自然因素的總和，包括政治、經濟、文化、地理、人口等一切與金融業相互影響、相互作用的方面，主要強調金融運行的外部環境，是金融運行的一些基礎條件。狹義上的金融生態環境包括法律制度、行政管理體制、社會誠信狀況、會計與審計準則、仲介服務體系、企業的發展狀況及銀企關係等方面。在金融生態鏈條中，法治環境是根本，制度環境是保障，信用環境是基礎，三者缺一不可。從仿生學的角度來看，金融生態環境為小微企業提供的是其賴以生存的溫度和濕度等氣候條件，只有適宜的氣候條件和生態環境才能有助於小微企業的健康成長。

## 第一節　中國小微企業金融環境現狀與問題

如果說政策法律制度是小微企業成長的骨架，那麼金融則是小微企業成長的血液。金融生態環境作為小微企業賴以存在的外部環境，在小微企業的成長歷程中起著舉足輕重的作用。和諧健康的金融生態環境可以在很大程度上促進小微企業的發展。但是在競爭激烈的金融市場中，處於弱勢的小微企業幾乎沒有生存的優勢，處處都是關卡，小微企業的融資基本都是被拒之門外。經過近

幾年的努力，中國小微企業的金融環境得到了一定程度的改善，但是小微企業融資難、融資貴的狀況沒有得到根本改變。

**一、中國小微企業融資環境現狀**

近年來，由於黨和國家對小微企業的重視程度越來越高，對小微企業的金融服務不斷完善。小微企業的金融環境得到了很大改善，為小微企業成長奠定了基礎。

（一）商業銀行對小微企業扶持力度增強

根據中國銀監會的統計，2010 年小微企業貸款餘額達到了 7.5 萬億元，分別比 2008 年和 2009 年增加了 1.7 萬億元和 3.1 萬億元，小微企業貸款增速明顯高於全部貸款平均增速，所占比重也有大幅度增加。其中主要商業銀行對中小企業貸款餘額的平均增速達 35.53%，小微企業貸款餘額平均增速達 58.84%。截至 2018 年一季度末，全國小微企業貸款餘額已經達到 31.76 萬億，2018 年一季度新增了 0.96 萬億，小微企業貸款戶數已經達到 1,545 萬戶，涉農貸款餘額也接近 32 萬億，比年初增長了 1.1 萬億。[①]

一是普惠金融的機構體系在加快建設和不斷地豐富完善。金融服務覆蓋面不斷擴大。現在各主要商業銀行都已經成立了普惠金融事業部，此外，1,600 多家村鎮銀行和 17 家民營銀行相繼獲準設立，它們主要為「三農」和小微企業服務，是推動普惠金融的重要力量。截至 2017 年年末，全部銀行業金融機構營業網點 22.86 萬個，網點的鄉鎮覆蓋率和基礎金融服務行政村覆蓋率都超過了 90%。農業保險鄉村服務網點已達 36 萬個，協保員 45 萬人，網點鄉鎮覆蓋率達到 95%，村級覆蓋率超過 50%。普惠金融機構服務體系已經初步建立，覆蓋面在不斷地提升。

二是不斷建立和完善相應的激勵考核機制。在銀行內部，要設立專門的部門，要有專門的信貸計劃，要有針對性的考核指標，要相應地降低內部資金成本，同時也對基層的工作人員給予特別的激勵，做到盡職免責。監管方面也採取了一系列的差異化政策，包括在每年對銀行的監管評價中，專門將普惠金融作為一項重要內容，實行針對性的考核。對小微企業、「三農」貸款的風險權重也實行差別化，對不良貸款率也有一定的容忍度，以促使銀行更積極性做好普惠金融。另外也有一些外部激勵政策。在所得稅、增值稅方面，對小微企業、「三農」都給予了特別的優惠支持，央行對致力於推動普惠金融、發放小

---

① 童芬芬. 一季度末小微企業貸款餘額 32 萬億 [N]. 中華工商時報，2018-05-04（1）.

微企業、三農貸款的銀行有針對性地給予再貸款支持，實行有差別的存款準備金制度。

三是融資成本得到合理控制。銀監會要求商業銀行除了貸款利率以外，盡量減免各種收費項目，以降低融資成本。銀行業全年比上年多減費讓利440億元。針對小微企業貸款，禁止銀行收取承諾費、資金管理費，嚴格限制收取財務顧問費、諮詢費。貸款利率總體控制在合理區間，穩中有降。特別是國有大型銀行，對小微企業、「三農」的貸款利率大大低於地方金融機構和其他小型金融機構的貸款利率水準，在緩解小微企業和「三農」融資貴方面發揮了重要作用。同時鼓勵有條件的銀行業金融機構在市場上發行專項金融債，擴大為小微企業提供服務的資金來源，也鼓勵大型商業銀行和政策性銀行更多向中小金融機構提供長期穩定低成本資金，以推動小微企業融資成本的降低。

（二）小企業在直接融資領域獲得了一席之地

外源融資包括直接融資和間接融資兩個方面。其中，直接融資主要指不借助銀行等金融機構，直接與資本所有者協商融通資金的融資方式。根據各發達國家的經驗，創業板市場、風險投資市場、私募股權基金和天使投資是中小企業在直接融資中最重要的幾種直接融資方式。

2004年5月，經國務院批准，中國證監會批覆同意深圳證券交易所在主板市場內設立中小企業板塊。中小企業板的建立是構築多層次資本市場的重要舉措，也是創業板的前奏，中小企業板所肩負的歷史使命必然使得這個板塊在未來的制度創新中顯示出越來越蓬勃的生命力。中小板企業多數是一些在各自細分行業處於龍頭地位的小公司，擁有自主專利技術的接近90%，部分公司被列為國家火炬計劃重點高新技術企業和國家科技部認定的全國重點高新技術企業。中小板企業大多位於東南沿海等經濟發達的地區，在50家企業中，浙江、廣東、江蘇三省共31家，占62%。沿海區域的經濟發展為中小企業的發展提供了巨大的空間。

中小企業板塊的進入門檻較高，上市條件較為嚴格，接近於現有主板市場。為此，中國又建立了創業板市場，進一步降低進入門檻，上市條件較為寬鬆。中國創業板市場是專門協助高成長的新興創新公司特別是高科技公司籌資並進行資本運作的市場。創業板市場為中小企業提供了新的直接融資渠道，同時也為風險投資提供了退出渠道，促進風險投資的發展。中國創業板市場起始於2009年10月30日，至2011年上市中小企業數量達到200家，募集資金總額超過10,000億元。

中小板與創業板企業首次發行股票籌資2,991億元，構成了2010年資本

市場首次發行股票融資主體。股份報價轉讓系統目前掛牌企業共 83 家，總股本 29 億元。另外，截至 2010 年年底，中小微企業通過發行短期融資券、中小企業集合票據等債務融資工具累計募集資金 64.77 億元。① 小企業的融資渠道有所拓寬。

（三）政策性金融為小微企業開闢融資渠道

政策性金融，是指在一國政府支持下，以國家信用為基礎，運用各種特殊的融資手段，嚴格按照國家法規限定的業務範圍、經營對象，以優惠性存貸利率，直接或間接地為貫徹、配合國家特定的經濟和社會發展政策，而進行的一種特殊性資金融通行為。它是一切規範意義上的政策性貸款，一切帶有特定政策性意向的存款、投資、擔保、貼現、信用保險、存款保險、利息補貼等特殊性資金融通行為的總稱。雖然政策性金融同其他資金融通形式一樣具有融資性和有償性，但其更重要的特徵卻是政策性、金融性和優惠性。政策性金融內涵的界定主要有以下本質特徵：①政策性，主要是政府為了實現特定的政策目標而實施的手段；②金融性，是一種在一定期限內以讓渡資金的使用權為特徵的資金融通行為；③優惠性，即其在利率、貸款期限、擔保條件等方面比商業銀行貸款更加優惠。這三個本質的特徵充分顯示了政策性金融同財政和商業金融的區別。

中國對小微企業提供的政策性金融主要體現在稅收與專項資金上，加大對小微企業的政策傾斜和支持力度。國務院總理李克強在 2017 年 9 月 27 日主持召開的國務院常務會議上提出，從 2017 年 12 月 1 日到 2019 年 12 月 31 日，將金融機構利息收入免徵增值稅政策範圍由農戶擴大到小微企業、個體工商戶，享受免稅的貸款額度上限從單戶授信 10 萬元擴大到 100 萬元。2017 年，財政部、國家稅務總局印發的《關於支持小微企業融資有關稅收政策的通知》中規定，自 2017 年 12 月 1 日至 2019 年 12 月 31 日，對金融機構向農戶、小型企業、微型企業及個體工商戶發放小額貸款取得的利息收入，免徵增值稅。並將金融機構利息收入免徵增值稅政策範圍由農戶擴大到小微企業、個體工商戶，進一步加大對小微企業的扶持力度，有效緩解小微企業融資煩、融資難、融資貴問題。

中小企業發展專項資金（以下簡稱「專項資金」），是指中央財政預算安排，用於支持中小企業特別是小微企業科技創新、改善中小企業融資環境、完善中小企業服務體系、加強國際合作等方面的資金。專項資金綜合運用無償資

---

① 張承惠. 中小企業融資現狀與原因問題分析 [J]. 理論學刊，2011（11）：37-39.

助、股權投資、業務補助或獎勵、代償補償、購買服務等支持方式，鼓勵創業投資機構、擔保機構、公共服務機構等支持中小企業，充分發揮財政資金的引導和促進作用。2004 年，中央設立中小企業發展專項資金，專項資金主要用於支持和鼓勵科技型中小企業研究開發具有良好市場前景的前沿核心關鍵技術，借助創業投資機制促進中小企業科技創新。支持中小企業圍繞電子信息、光機電一體化、資源與環境、新能源與高效節能、新材料、生物醫藥、現代農業及高技術服務等領域開展科技創新活動。

中小企業發展專項資金是根據《中華人民共和國中小企業促進法》，由國家發改委、工業和信息化部和財政部發布，中央財政預算安排，主要用於支持中小企業專業化發展、與大企業協作配套、技術進步和改善中小企業發展環境等方面的專項資金（不含科技型中小企業技術創新基金）。專項資金的管理和使用應當符合國家宏觀經濟政策、產業政策和區域發展政策。2011 年中央財政安排中小企業專項資金 128.7 億元，2012 年專項資金總規模擴大至 141.7 億元。2012 年依法設立國家中小企業發展基金，中央財政安排資金 150 億元，重點用於支持中小企業特別是小型微型企業發展，分 5 年到位，2012 年安排 30 億元。國家用於扶持中小微企業的專項資金投資力度不斷加大。政策性銀行在保持對小微企業貸款穩定增長的同時，利用各自的特點，加強了對小微企業的引導和扶持。

2015 年 7 月，財政部發布《中小企業發展專項資金管理暫行辦法》，對於中小企業發展專項資金的運行管理，專門作出規定。

（四）金融政策環境日趨完善

自 2011 年起，國家相繼出抬了一系列扶持小微企業的發展政策，不斷優化小微企業成長金融環境，為小微企業輸入新鮮血液，以實現小微企業健康、良好的發展。

1. 提升對小微企業的貸款額度方面

2011 年，國務院出抬九項金融財稅政策措施支持小型和微型企業發展。加大對小微型企業的信貸支持政策如下：銀行業金融機構對小型微型企業貸款的增速不低於全部貸款平均增速，增量要高於上年同期水準，對達到要求的小金融機構繼續執行較低存款準備金率，商業銀行重點加大對單戶授信 500 萬元以下小型微型企業的信貸支持。

2011 年，銀監會印發《關於支持商業銀行進一步改進小企業金融服務的通知》，引導商業銀行繼續深化六項機制（利率的風險定價機制、獨立核算機制、高效的貸款審批機制、激勵約束機制、專業化的人員培訓機制、違約信

通報機制），按照四單原則（小企業專營機構單列信貸計劃、單獨配置人力和財務資源、單獨客戶認定與信貸評審、單獨會計核算），進一步加大對小企業業務條線的管理建設及資源配置力度，滿足符合條件的小企業的貸款需求，努力實現小企業信貸投放增速不低於全部貸款平均增速。

2013年，銀監會發布了《關於進一步做好小微企業金融服務工作的指導意見》，明確要求各銀行業金融機構應在商業可持續和有效控制風險的前提下，單列年度小微企業信貸計劃，充分發揮信貸資產流轉、證券化對小微企業融資的支持作用，將盤活的資金主要用於小微企業貸款，力爭實現「兩個不低於」目標，即小微企業貸款增速不低於各項貸款平均增速，增量不低於上年同期。相關部門要對小微企業貸款增長情況按月監測、按季考核，確保各地區實現「兩個不低於」目標。

2015年3月銀監會發布《關於2015年小微企業金融服務工作的指導意見》，將2015年銀行業小微企業金融服務工作目標由以往單純側重貸款增速和增量的「兩個不低於」調整為「三個不低於」，從增速、戶數、申貸獲得率三個維度更加全面地考查小微企業貸款增長情況，即：在有效提高貸款增量的基礎上，努力實現小微企業貸款增速不低於各項貸款平均增速，小微企業貸款戶數不低於上年同期戶數，小微企業申貸獲得率不低於上年同期水準。

2. 降低小微企業融資成本方面

2011年，國務院出抬九項金融財稅政策措施支持小型和微型企業發展。降低小微企業融資成本措施如下：清理糾正金融服務不合理收費、切實降低企業融資的實際成本。除銀團貸款外，禁止商業銀行對小型微型企業貸款收取承諾費、資金管理費。嚴格限制商業銀行向小型微型企業收取財務顧問費、諮詢費等費用。

2013年，銀監會發布了《關於進一步做好小微企業金融服務工作的指導意見》，要求銀行業金融機構建立科學合理的小微企業信貸風險定價機制，進一步規範小微企業金融服務收費。

2014年，國務院出抬《關於多措並舉著力緩解企業融資成本高問題的指導意見》，優化商業銀行對小微企業貸款的管理，通過提前進行續貸審批、設立循環貸款、實行年度審核制度等措施減少企業高息「過橋」融資。

2015年3月，銀監會發布《關於2015年小微企業金融服務工作的指導意見》，其中對規範服務收費、切實降低融資成本的意見如下：商業銀行要及時清理收費項目，進一步規範對小微企業的服務收費。要在建立科學合理的小微企業貸款風險定價機制基礎上，努力履行社會責任，對誠實守信、經營穩健的

優質小微企業減費讓利。要縮短融資鏈條,清理各類融資「通道」業務,減少搭橋融資行為。

3. 拓寬小微企業融資渠道方面

2011年,國務院出抬九項金融財稅政策措施支持小型和微型企業發展。其中拓寬小型微型企業融資渠道的措施如下:逐步擴大小型微型企業集合票據、集合債券、短期融資券發行規模,積極穩妥發展私募股權投資和創業投資等融資工具。進一步推動交易所市場和場外市場建設,改善小型微型企業股權質押融資環境。在規範管理、防範風險的基礎上促進民間借貸健康發展。嚴格監管,禁止金融從業人員參與民間借貸。

2011年,銀監會印發《關於支持商業銀行進一步改進小企業金融服務的通知》,鼓勵商業銀行先行先試,積極探索,進行小企業貸款模式、產品和服務創新,根據小企業融資需求特點,加強對新型融資模式、服務手段、信貸產品及抵(質)押方式的研發和推廣。

2013年,國家發改委發布了《關於加強小微企業融資服務 支持小微企業發展的指導意見》,首次提出支持金融企業發行企業債券。

2013年,銀監會發布《關於進一步做好小微企業金融服務工作的指導意見》,指出充分利用互聯網等新技術、新工具,研究發展網絡融資平臺,不斷創新網絡金融服務模式等。

2014年,國務院出抬《關於多措並舉著力緩解企業融資成本高問題的指導意見》,強調支持中小微企業依託全國中小企業股份轉讓系統開展融資;繼續擴大中小企業各類非金融企業債務融資工具及集合債、私募債發行規模;降低商業銀行發行小微企業金融債的門檻,簡化審批流程,擴大發行規模;大力發展相關保險產品,支持小微企業、個體工商戶等主體獲得短期小額貸款。

2014年,近年來快速發展的保理業務迎來第一個具有規章效力的監管文件——《商業銀行保理業務管理暫行辦法》,其作為服務小微企業融資的一個重要方式,為銀行與小微企業自覺發起的金融創新從法律層面予以規範和指導。

2014年,國務院印發《關於扶持小型微型企業健康發展的意見》,鼓勵各級政府設立創業投資引導基金,積極支持小型微型企業;積極引導創業投資基金、天使基金、種子基金投資小型微型企業;引導銀行業金融機構針對小型微型企業創新產品和服務,單列小型微型企業信貸計劃。

4. 增設金融服務機構方面

2011年,國務院出抬九項金融財稅政策措施支持小型和微型企業發展,

強化小金融機構重點服務小型微型企業、社區、居民和「三農」的市場定位。在審慎監管的基礎上促進農村新型金融機構組建工作，引導小金融機構增加服務網點，向轄內縣域和鄉鎮地區延伸。

2011 年，銀監會印發《關於支持商業銀行進一步改進小企業金融服務的通知》，對連續兩年實現小企業貸款投放增速不低於全部貸款平均增速且風險管控良好的商業銀行，在滿足審慎監管要求的條件下，積極支持其增設分支機構。同時鼓勵小企業專營機構延伸服務網點，對於小企業貸款餘額占企業貸款餘額達到一定比例的商業銀行，支持其在機構規劃內籌建多家專營機構網點。鼓勵商業銀行將部分分支行改造為專門從事小企業金融服務的專業分支行或特色分支行。

2014 年，國務院印發《關於扶持小型微型企業健康發展的意見》，鼓勵大型銀行充分利用機構和網點優勢，加大小型微型企業金融服務專營機構建設力度；引導中小型銀行重點支持小型微型企業和區域經濟發展；大力推進具備條件的民間資本依法發起設立中小型銀行等金融機構。

2015 年 3 月銀監會發布《關於 2015 年小微企業金融服務工作的指導意見》，要求加大小微企業專營機構的建設力度，增設扎根基層、服務小微的社區支行、小微支行，提高小微企業金融服務的批量化、規模化、標準化水準；地方法人銀行要堅持立足當地、服務小微的市場定位，向縣域和鄉鎮等小微企業集中的地區延伸網點和業務；進一步豐富小微企業金融服務機構種類，支持在小微企業集中的地區設立村鎮銀行、貸款公司等小型金融機構。

5. 完善融資擔保體系方面

2013 年，銀監會發布了《關於進一步做好小微企業金融服務工作的指導意見》，指出要充分發揮融資性擔保機構對小微企業融資的增信作用，銀行業金融機構要牢固樹立以客戶為中心的經營理念，持續豐富和創新小微企業金融服務方式；要針對不同類型、不同發展階段小微企業的特點，為其量身定做特色產品，並全面提供開戶、結算、貸款、理財、諮詢等基礎性、綜合性金融服務；大力發展產業鏈融資、商業圈融資和企業群融資。

2014 年，國務院出台《關於多措並舉著力緩解企業融資成本高問題的指導意見》，強調進一步完善小微企業融資擔保政策，加大財政支持力度。大力發展政府支持的擔保機構，引導其提高小微企業擔保業務規模，合理確定擔保費用。

2014 年，國務院印發《關於扶持小型微型企業健康發展的意見》，提出要進一步加大對小型微型企業融資擔保的財政支持力度，綜合運用業務補助、增

量業務獎勵、資本投入、代償補償、創新獎勵等方式，引導擔保、金融和外貿綜合服務企業等為小型微型企業提供融資服務。

2015年，由保監會、工業和信息化部、商務部、中國人民銀行、銀監會聯合發布《關於大力發展信用保證保險服務和支持小微企業的指導意見》，鼓勵保險公司與銀行合作，針對小微企業的還貸方式，提供更靈活的貸款保證保險產品；並鼓勵保險公司針對自主品牌、自主知識產權、戰略性新興產業等小微企業，細化企業在經營借貸、貿易賒銷、預付帳款、合約履行等方面的風險合約種類，創新開發個性化、定制化的信用保證保險產品。

2015年3月銀監會發布《關於2015年小微企業金融服務工作的指導意見》，提出建立健全主要為小微企業服務的融資擔保體系，積極發展政府支持的融資擔保和再擔保機構。

6. 加大對小微企業稅收優惠力度方面

（1）企業所得稅優惠政策。2008年起實施的《中華人民共和國企業所得稅法》，就將小型微利企業納入了優惠範圍，減按20%的稅率徵收企業所得稅，比正常稅率低5個百分點，相當於減輕稅負20%。2010年起，小型微利企業所得稅減半徵收政策生效，年應納稅所得額低於3萬元（含3萬元）的小型微利企業，其所得減按50%計入應納稅所得額，按20%的稅率繳納所得稅。2012年起，小型微利企業所得稅減半徵收的年應納稅所得額提高至6萬元。2014年起，減半徵收的應納稅所得額再次調高至10萬元，並將核定徵收企業納入優惠範圍。2015年1月1日起，小型微利企業減半徵收企業所得稅的標準由年應納稅所得額10萬元以下擴大到20萬元以下，小微企業稅收優惠力度進一步加大。2015年10月1日起到2017年年底，減半徵收企業所得稅的標準擴大到30萬元以下。

（2）增值稅優惠政策。自2017年12月1日至2019年12月31日，對金融機構向農戶、小型企業、微型企業及個體工商戶發放小額貸款取得的利息收入，免徵增值稅。另外，為支持小微企業發展，自2018年1月1日至2020年12月31日，繼續對月銷售額2萬元（含本數）至3萬元的增值稅小規模納稅人，免徵增值稅。

（3）印花稅等稅收優惠政策。自2011年國務院出抬九項金融財稅政策措施支持小型和微型企業的發展起，對金融機構向小型微型企業貸款合同三年內免徵印花稅。自2014年11月1日至2017年12月31日，對金融機構與小型、微型企業簽訂的借款合同免徵印花稅。自2015年1月1日起至2017年12月31日，對按月納稅的月銷售額或營業額不超過3萬元（含3萬元），以及按季

納稅的季度銷售額或營業額不超過 9 萬元（含 9 萬元）的繳納義務人，免徵教育費附加、地方教育附加、水利建設基金、文化事業建設費。

## 二、中國小微企業融資環境存在的問題[①]

小微企業融資難是一個具有普遍性的世界難題。從目前中國小微企業發展來看，其所遇到的最大問題就是資金問題。即使在西方發達國家，小微企業的融資條件也明顯劣於大型企業，許多小微企業融資需求得不到很好地滿足。在中國，近幾年來黨和國家非常重視小微企業的發展，出抬了一系列支持小微企業健康發展的政策措施，加大力度建設中小企業金融支持體系，初步建立了多種融資渠道，小微企業的融資需求得到了一定程度的滿足。但中國小微企業融資難問題並沒有得到根本解決。總結中國小微企業融資現狀，可以發現有如下幾個方面的困境：

（一）小微企業融資結構性矛盾突出

目前，中國小微企業主要融資方式是內源融資，外源融資嚴重不足。中國商務部數據統計顯示，中國 65%左右的中小企業發展資金主要來源於自有資金，25%左右的中小企業發展資金來源於銀行貸款，10%左右的中小企業發展資金來源於民間集資，有 2/3 的中小企業普遍感到發展資金不足。[②] 對於小微企業而言，在不同的生命週期內其融資的難度又有較大差別。研究顯示，處於創業和生存階段的企業主要融資來源是業主投資、民間借貸和商業信用，內源融資依賴度高。生命週期各階段融資情況可以參見表 4.1。[③]

表 4.1　　　　　　　　生命週期各階段融資情況表

| 融資方式 | | 創業期 | 生存期 | 成功期 | 擴張期 | 成熟期 |
|---|---|---|---|---|---|---|
| 內源融資 | 業主投資 | 主要來源 | 主要來源 | 次要地位 | 很少 | 極少 |
| | 留存收益 | 沒有 | 很少 | 主要來源 | 主要來源 | 主要來源 |

---

[①] 本節部分相關內容筆者曾發表在《人民論壇》（2013 年 29 期），標題為《小微企業的融資困境與出路》。

[②] 路曉靜. 中小企業融資探討：基於 OTSW 分析法 [J]. 中國商貿，2011（23）：115-116.

[③] 何長見，何毅. 中國中小企業發展的系統性障礙與制度創新 [M]. 北京：中國大地出版社，2007.

表4.1(續)

| 融資方式 | | 創業期 | 生存期 | 成功期 | 擴張期 | 成熟期 |
|---|---|---|---|---|---|---|
| 外源融資 | 銀行貸款 | 很難獲得 | 開始少量短期貸款 | 短期和中期貸款 | 較多中長期貸款 | 中長期貸款，但比重有所下降 |
| | 發行證券 | 不能 | 不能 | 不能，作用漸弱 | 開始發行股票 | 較多發行股票 |
| | 民間借貸 | 主要來源 | 主要來源 | 作用漸弱 | 次要地位 | 作用很小 |
| | 商業信用 | 主要來源 | 主要來源 | 作用漸弱 | 次要地位 | 作用很小 |
| 融資限制 | | 融資渠道單一，資金成本高 | 融資渠道單一，資金成本高 | 中長期貸款數量少 | 融資競爭力大、發行證券障礙較高 | 融資競爭力大、發行證券障礙較高 |
| 常用融資策略 | | 1+5+6 | 1+5+6 | 2+6 | 2+3 | 2+3 |

　　梅耶斯的最優融資順序理論認為，企業內源融資是首選，其次是債券融資，最後是股票融資。從表4.1可以看出，中國小微企業在總體上融資處境艱難，融資渠道比較單一，證券與股票都受到很大程度的限制，尤其是在創業期、生存期，基本上都是依賴業主自己投資，融資比例嚴重失調。

　　儘管中國大量的小微企業為中國經濟增長貢獻率約60%，但其貸款總額卻達不到正規金融機構貸款總額的20%。反觀中國國有大中型企業，其對國家經濟增長貢獻率約40%，但是金融機構對其貸款總額達80%。[①] 中國銀行業金融機構普遍認為，給小微企業融資風險大、成本高、收益低，因此都不太情願冒風險給小微企業貸款。有學者通過對浙江省臺州市小微企業信貸研究表明，小微企業在存在貸款需求的前提下，銀行信貸抑制平均值達到81.4%，信貸抑制較為嚴重。[②] 世界銀行2000年《世界商業環境調查報告》顯示，在東亞國家（中國、馬來西亞、新加坡、泰國）中，中國中小企業融資困難的比例最高。對於小企業而言，這一現象更為嚴重，具體難度系數見表4.2、表4.3的比較[③]。

---

　　① 楊再平，閆冰竹，嚴曉燕. 破解小微企業融資難最佳實踐導論 [M]. 北京：中國金融出版社，2012：88-117.
　　② 楊再平，閆冰竹，嚴曉燕. 破解小微企業融資難最佳實踐導論 [M]. 北京：中國金融出版社，2012：88-117.
　　③ 蔣正華，張俊喜，馬鈞，等. 中國中小企業發展報告No.1 [M]. 北京：社會科學文獻出版社，2005.

表 4.2　　　　　　　中小企業發展融資障礙程度比對表

|  | 無障礙 | 微小障礙 | 中等障礙 | 嚴重障礙 |
| --- | --- | --- | --- | --- |
| 中國 | 10.7 | 8 | 12 | 69.3 |
| 馬來西亞 | 28.2 | 26.9 | 19.2 | 25.6 |
| 新加坡 | 44.1 | 14.7 | 29.4 | 11.8 |
| 泰國 | 4.3 | 18.1 | 33.5 | 44.1 |

表 4.3　　　　　　　小企業發展融資障礙程度比對表

|  | 無障礙 | 微小障礙 | 中等障礙 | 嚴重障礙 |
| --- | --- | --- | --- | --- |
| 中國 | 6.7 | 11.1 | 6.7 | 75.6 |
| 馬來西亞 | 18.4 | 26.5 | 22.4 | 32.7 |
| 新加坡 | 23.1 | 17.9 | 46.2 | 12.8 |
| 泰國 | 4.9 | 15.4 | 35.8 | 43.9 |

(二) 小微企業融資成本高

2011年以來，隨著國家宏觀調控政策的實施，在外部運行環境總體偏緊的情況下，小微企業融資成本增加，進一步加大了小微企業的融資難度。小微企業規模小，貸款數額一般不高，但銀行提出的利率相對上浮，加大了小微企業的融資成本。2011年受宏觀因素影響，銀行對中小企業的貸款利率上浮基本上都在30%左右，年利率達到8%左右，貼現率提高到4%至5%，小企業融資成本進一步提升。據《2011年中國工業經濟運行秋季報告》，2011年1—8月小微企業利息支出同比增長36.1%，增幅比同期規模以上的工業高出3.7個百分點。受銀行利率提高的影響，民間借貸利率也隨之不斷攀升，一般折合年率為15%以上，有的過橋貸款利率高達30%以上。[①]

根據北京大學國家發展研究院2011年發布的《浙江省小企業經營和融資困境調研報告》，浙江的民間借貸利率多為2分/月~3分/月（年息24%~36%），較高的則達4~5分（年息48%~60%）。如此高的利率，壓榨小微企業利潤，是小微企業不能承受之重，最終可能導致小企業因無力償還而倒閉。

不同企業主體的融資成本差異明顯。約85%的符合國家產業政策的大型企

---

[①] 楊再平，閆冰竹，嚴曉燕. 破解小微企業融資難最佳實踐導論 [M]. 北京：中國金融出版社，2012：88-117.

業能以基準利率或基準利率上浮 5%~10% 獲得銀行貸款。但是中小企業能以基準利率或基準利率上浮 5%~10% 的利率水準獲得貸款的比例不到 20%，而且主要集中在中小企業中的規模較大的企業。小微企業的銀行貸款利率通常上浮 30% 以上；如果沒有合適抵押物和擔保，貸款利率可上浮 200%。

小微企業的融資成本主要包括三個部分：一是貸款利息費用。其通常由金融機構在貸款基準利率（或貸款基礎利率）和市場基準利率基礎上，綜合評估企業風險狀況浮動加點確定。上浮點數與企業所在行業及企業自身特點緊密關聯。二是與融資相關的服務收費。這部分費用主要來源於三個方面：①行政部門收費，包括抵押資產（以商地、房產為主）登記費、公證費、環評費、產品設備質檢費等；②仲介機構收費，包括抵（質）物評估費、動產資產評估費、財務報告審計費、律師費等；③金融機構收費，主要是與融資相關的各類金融業務收費，包括票據、承諾、財務顧問、保函、保理、信用證、諮詢、保薦承銷、登記託管、兌付等服務收費。三是企業改制成本。這是指在融資過程中，因機構或市場准入條件限制，企業為獲得融資在財務、法人治理、稅務等方面實施規範化改制而付出的交易成本和機會成本。此類成本屬於企業融資的隱性成本，雖然難以準確計量，但是可能會對企業的融資決策產生重大影響。①

（三）小微企業融資門檻高

當前小微企業普遍選擇傳統融資方式進行融資，主要原因就是存在融資門檻過高的問題。在直接融資方面，資本市場中的股權市場和債券市場都對企業發行具體的證券品種設置了較高的發行條件，對於絕大多數的小微企業而言依然很高。小微企業對滬深證券交易所、全國中小企業代辦股份轉讓系統的上市要求難以企及。區域股權市場雖然降低了企業的掛牌要求，但由於市場交投清淡而使大多數小微企業難以滿足融資需求。而通過發行債券的形式籌資的限制性條款也較為嚴格，為了保護債券發行中債權人的利益，往往會規定很多限定性的條款，這些條款比長期借款和融資租賃要嚴格得多，也使小微企業的投融資活動受到較多的限制。

在銀行貸款融資方面，根據銀監會測算，目前中國大企業貸款覆蓋率為 100%，中型企業為 90%，小企業僅為 20%。由於小微企業中大多數處於行業發展的初創期，與商業銀行所要求的貸款條件存在較大差距，究其原因主要是

---

① 封北麟. 中國企業融資成本分析及降成本的對策：基於廣東、浙江、江蘇三省企業調查數據 [J]. 南方金融, 2016 (12): 82.

部分小微企業存在詐欺行為，影響了小微企業整體的信用形象，商業銀行從降低風險目的出發對小微企業貸款普遍設置了高標準、嚴要求的貸款審批門檻。

（四）小微企業融資環境不容樂觀

融資環境對企業融資具有決定性影響。小微企業由於自身發展規模、管理等方面的問題，受融資環境的制約性更大。近幾年來，中國小微企業融資環境趨於惡化，越來越不利於小微企業融資。首先，國家金融環境惡化不利於小微企業融資。2008年以來，由美國次貸危機引發的金融風暴快速席捲整個國際金融市場，最後演變成全球性金融危機。世界經濟出現明顯下滑，整體陷入衰退。受其影響，中國對外出口連續下滑，對出口型小微企業造成了重大影響。其次，國內經濟發展環境不利於小微企業融資。為維持中國經濟可持續性發展，中國採取了財政緊縮政策，適當減緩經濟發展，這也加大了小微企業的融資難度。再次，中國金融市場環境不利於小微企業融資。受計劃經濟體制的影響，中國金融市場受國家干預頗大，許多金融機構為避免金融風險不願意對小微企業進行融資。最後，中國小微企業信用環境、法律制度環境等，對小微企業的融資也構成了許多不利影響。

### 三、中國小微企業融資困境的原因探析

造成小微企業融資困境的原因很多，許多學者對此進行了研究。我們主要從小微企業自身障礙、信息不對稱及資本偏好產生的「麥克米倫缺口」等五個方面對此問題進行探討。

（一）小微企業自身障礙

小微企業的自身特點是影響金融機構不願意為其融資的重要原因。小微企業規模小、人員少、資產有限，經營穩定性差，抗風險能力差，易受內外環境的影響。因此，小微企業普遍壽命不長，自身經營和發展面臨極大的不確定性。據統計，中國中小企業平均壽命為3.7年，小微企業的平均壽命則更短，為2.9年。①

首先，小微企業管理相對落後。由於規模小、人員少，小微企業一般採用家族式管理模式，所有權與經營權高度統一，很難採用現代企業制度。這種管理模式的優勢在於能凝聚所有人的力量為企業發展盡心盡力，但是劣勢也非常明顯，如領導權過於集中、越權行事、監控不嚴、信息封閉等。小微企業融資

---

① 楊再平，閆冰竹，嚴曉燕. 破解小微企業融資難最佳實踐導論 [M]. 北京：中國金融出版社，2012：88-117.

規模小，經濟效益不佳，單位融資成本比較高，造成小微企業信用等級低、資信相對較差。此外，小微企業資產少，甚至沒有獨立的資產可以用作貸款抵押。這些都是金融機構不願意為小微企業融資的原因。

其次，小微企業融資條件缺乏。小微企業生命週期短，壽命低，且自身擁有的廠房、大型機器設備等固定資產偏少，導致其在申請金融機構的融資服務時遇到的最大障礙是無法提供合格、有效的抵押品，也無法尋找到合適的擔保人、信用擔保公司提供擔保，無法滿足金融機構嚴格的融資條件，導致小微企業融資具有融資條件缺乏、融資效率較低、融資渠道單一、融資複雜性較大等特徵，從而使小微企業在經營發展過程中難以獲得金融機構的信貸資金，面臨著融資約束難題。而大中型企業的資產實力較強，往往可以提供廠房、大型機器設備、原材料等合格的抵押品或者尋求有實力的信用擔保公司或其他企業來進行擔保，從而具備金融機構所要求的融資條件，因此能夠便捷地獲得所需的融資服務。

再次，小微企業產權界限不清晰。小微企業大多數屬於合夥企業、個人獨資企業、個體工商戶等，這些企業大多屬於家族式經營，個人財產與公司財產之間沒有做出明確的區分，有些甚至處於混同狀態，導致個人財產與公司財產界限模糊，金融機構很難針對公司進行融資。

最後，小微企業仍存在不守信行為。許多小微企業的從業人員素質偏低，在經營管理過程中存在許多不規範的行為，不懂得企業的經營管理和市場運作，也沒有專業的會計人員管理會計帳目，先進的管理經驗和管理思想嚴重缺乏，造成了許多小微企業的生產經營存在盲目性。由於小微企業在管理等方面多數採用家族式管理模式，一些不法分子甚至通過註冊公司的行為，騙取銀行等金融機構的貸款，嚴重影響了小微企業的形象，導致諸多金融機構不願意冒風險給小微企業進行融資。

(二) 小微企業與金融機構之間信息不對稱

信息不對稱是造成小微企業融資難的一大重要原因。小微企業信息不夠透明，降低了其融資效率。小微企業由於自身經營的特點和競爭需要，往往對企業的經營狀況、技術、資金流向等方面的信息實施不公開政策。目前中國小微企業大多數是勞動密集型企業，企業擁有的競爭優勢主要取決於專有技術、與大中型企業之間的供貨關係、與客戶的關係等，而這些競爭優勢所依託的技術、資本門檻較低，導致企業進入門檻較低，企業之間的競爭很激烈，一旦公布其信息，很容易導致企業的技術、產品被其競爭對手模仿或者複製。小微企業信息不透明，無法讓銀行準確地掌握企業真正的盈利、現金流等情況，導致

銀企之間信息不對稱，銀行不願意為小微企業提供融資服務，加劇了小微企業融資難度。而大中型企業的財務報告、企業資金投向、主要管理人員調動等信息都是面向社會公開的，企業與金融機構之間信息相對對稱，因此其很容易獲得融資[1]。

由於小微企業一般實行家族式管理模式，大多數內部信息處於封閉狀態，外界很難知曉。小微企業在信貸市場上信息不對稱主要表現在以下三個方面：①投資風險認識不對稱。小微企業認為可行的項目，金融機構等出資者可能認為風險太高。②盈利與虧損負擔的不對稱。小微企業可以借用財務槓桿為公司賺取更多的財富，但一旦虧損，則可能需要出資者埋單。③經營能力的不對稱。[2] 小微企業在決策能力、行銷能力等方面都無法與金融機構相對稱。

由於信息不對稱，小微企業對自己生產經營情況比較清楚，但是銀行等金融機構則對小微企業的經營風險、發展狀況和發展前景等不甚瞭解。這樣就造成了即使銀行有錢、小微企業發展看好，但是由於信息不對稱，銀行業也無法及時對小微企業進行貸款融資。信息不對稱甚至可能誘發小微企業融資過程中的詐欺行為，通過隱瞞不利於自己的信息進行融資。銀行業金融機構作為資金的供給者，為防範可能產生的金融風險，就會惜貸或要求更高的風險補償，造成了小微企業融資成本的增加和效益的減少。

(三) 資本偏好產生的「麥克米倫缺口」

1929 年，歷史上第一次席捲整個資本主義世界的經濟危機爆發，英國政府為了制定擺脫危機的措施，指派以麥克米倫爵士為首的金融產業委員會調查英國金融業和工商業。1931 年，該委員會提出報告，即《麥克米倫報告》，建議政府採取一系列拯救危機的措施。該報告還指出，在英國金融制度中，中小企業在籌措必需的長期資金時，存在融資困難。自此，理論研究中常把金融制度中存在的對中小企業融資的壁壘現象稱為「麥克米倫缺口」（Macmillan Gap）。[3]

資本的趨利性決定了小微企業很難從現有商業銀行獲得間接融資。銀行信貸資本不僅要面對小微企業經營差、不確定性強、利潤低等風險因素，還需要配置更多的人力、物力來完成利潤相對更低的業務，因此銀行缺乏動力去調整

---

[1] 羅荷花，李明賢. 中國小微企業融資約束問題研究 [M]. 北京：經濟管理出版社，2016：25.

[2] 楊再平，閆冰竹，嚴曉燕. 破解小微企業融資難最佳實踐導論 [M]. 北京：中國金融出版社，2012：88-117.

[3] 陳永奎. 民族地區中小企業融資研究 [M]. 北京：民族出版社，2009：71.

信貸方向。銀行等金融機構為降低成本，提升利潤，勢必會把這種小微企業的融資問題放在次要的位置。

資本的風險性偏好也決定了小微企業很難從資本市場上直接融資。預防風險是銀行等金融機構首先需要考慮的第一原則。由於小微企業資質不夠、徵信體系不完善、信息不對稱等問題，資本市場的參與者，包括證券公司、風險投資基金、創業投資，都不敢貿然為小微企業進行股票和債券融資。

（四）金融政策的操作存在執行真空

2011年10月國家出台了加大對小微企業信貸支持、降低企業融資實際成本等六條支持小微企業發展的金融措施，2013年8月繼續出台了《關於金融支持小微企業發展的實施意見》。這些政策傳遞了兩個重要的信號：一是政策更加明確地指向「小微企業」，為未來出台一系列相關政策打下基礎；二是小微企業信貸「兩個不低於」或將成為未來商業銀行資產結構調整的重要方向。在風險總體可控的前提下，確保小微企業貸款增速不低於各項貸款平均水準、增量不低於上年同期水準。這些政策要求雖然明確了方向，但由於沒有面向小微企業的專屬金融平臺，各種措施的具體落實還缺少可操作性，小微企業仍無法擺脫融資難的尷尬局面。研究結果表明，這些政府政策支持對小微企業融資的金融政策效果並不顯著。

在政府頂層設計的過程中，沒有充分考慮到小微企業的融資需求，沒有切實保護好小微企業的發展利益，使小微企業融資受到嚴重限制。如何突破這種瓶頸，改善小微企業的融資環境，制定切實可行的扶持政策，是現階段政府應著力解決的問題。

目前金融法治不完善，小微企業貸款出現市場性風險或信用風險時，法律執行環境差，「法律白條」大量存在，對銀行債券的保護能力比較低，小微企業逃廢銀行債務現象難以完全杜絕。民間借貸法律化進程緩慢。有關小微企業信用擔保和風險基金等相關法律尚屬空缺，這些與小微企業融資相關的配套法律制度缺乏，都對小微企業的融資產業造成了不利影響。

（五）資本市場不成熟

經過近幾十年的努力，中國金融發展取得了很大成就，已經基本建成了種類齊全、分工合理、功能完善、高效安全的金融服務體系。但不可否認的是，中國金融服務體系，尤其是針對小微企業的金融服務體系仍然「發展不足」，沒有專門針對小微企業的融資平臺，不能適應小微企業的融資需求。小微企業「短、頻、快」的融資特點，對金融市場及其服務要求頗高。沒有反應靈敏、服務到位的金融市場，小微企業的融資就很難得到滿足。

受中國經濟體制的影響，中國銀行業金融體系與國有大中型企業有著難分難解的利益關係，一旦國有大中型企業出現經營困難，政府和銀行都會採取多種措施進行資助，且商業銀行承擔的風險較小。因此，相對小微企業而言，銀行業金融機構信貸資金更青睞國有大中型企業。而小微企業能提供的抵押資產少，經營前景不確定，多數銀行業金融機構為規避風險更願意追大放小，不去選擇小微企業進行放貸。

資本市場的形成有一個不斷發展的過程，一般情況下企業融資關係的形成第一步是私募，第二步是 ESOP 和資產證券化等，第三步是產業基金、信託基金等，第四步才是一級市場、二級市場、三板市場等。中國的資本市場幾乎是一步就跨到了第四步。由於第四種方式融資門檻很高，對於初步發展的小微企業來講融資成本巨大，使得資本市場在對小微企業的金融資源配置方面存在嚴重的畸形。

## 第二節　中國小微企業融資模式及其選擇

融資模式對企業具有十分重要的意義。這關係到企業資金是否充足、渠道是否豐富的問題。近年來，隨著改革開放的深入和經濟的快速發展及資本市場的逐步開放與完善，企業融資環境逐漸寬鬆，融資方式也更加多元化。企業融資模式種類繁多。按照性質可以將企業融資模式分為債權融資、股權融資、內部融資和貿易融資、項目融資、政策融資；按照來源可以將企業融資模式分為內源融資和外源融資；按照有無仲介可以將企業融資模式分為直接融資和間接融資；按照企業性質可以將企業融資模式分為科技型企業融資、商業連鎖業融資、互聯網企業融資、服務業融資等。

### 一、小微企業內源融資模式

內源融資是指經濟主體通過一定的方式在自身內部進行的資金融通，如企業通過自身的利潤留成和折舊進行的融資。內源融資是小微企業初期啓動時最主要的融資模式。小微企業在創立之初走的是原始累積的道路，但隨著企業規模的擴大，技術更新週期的縮短，小微企業單純依靠自我累積無法滿足持續發展的生產對資金的需求，而只有通過外部融得足夠的資金才能保證持續發展。在小微企業的持續經營中，內源融資雖然比例逐漸減少，但是仍然起著不可忽視的作用。從財務理論上看，內源融資由於減少了企業的對外融資費用，也不

用對外支付利息、股利等，所以不會影響企業的現金流出，緩解了企業的現金流壓力，對小微企業來說是非常重要的。但是內源融資方式也有其缺陷性，最關鍵的制約因素是數量受限制，中小企業的性質決定了這一點，所以必須從外部進行融資，滿足企業不斷發展壯大的需要。在當前小微企業外源融資難的社會背景下，小微企業融資要立足自身的經營規模，充分挖掘內部潛力，增強盈利能力，拓展內源融資渠道。

（一）內部集資模式

吸收員工入股，一方面可以緩解資金的不足，解決企業融資難的問題；另一方面將公司的利益和員工的利益結合起來，職工可以通過持股參與企業的決策、管理、監督，有利於企業的民主管理，增加企業的經營收益。有的小微企業以借款的形式向員工或股東集資借款，並按雙方約定支付固定利息。這類融資的企業往往資金異常緊張，員工集資款主要用於日常經營，集資員工很可能不能如期收回集資款。這種集資方式在早期的國有企業出現得比較多，而現在，這種情況往往出現在小微企業，而這些企業只能依靠自身的努力而存在，員工集資款項存在風險。一旦企業經營惡化到一定程度，企業的經營狀況會因為內部員工的不穩定而迅速惡化，而且會因此走向極端。

（二）留存盈餘模式

企業稅後利潤的處理可以劃分為兩種用途：一是以分紅派息的形式發放給股東，使股東能夠從對企業的投資中獲得投資回報；二是以留存收益的形式保留在企業當中，以滿足企業進一步經營發展的需要。後者融資的模式稱為留存盈餘融資模式。留存盈餘融資主要源自企業內部正常經營形成的現金流，是企業內源融資傳統的重要模式，而且融資成本低、風險小、方便自主，其主要的表現形式是向股東配股。從企業的發展階段來看，留存盈餘融資是企業成長階段的首選融資方式。企業在創業期間規模較小，贏利較少甚至為負，獲取銀行等外部融資渠道的資金比較困難。所以，只有通過留存盈餘融資才可以得到方便自主、風險小的資金。特別是那些前景看好的高新技術企業，股東也會為獲得長期的利益而願意放棄股利分紅或者少拿股利分紅而繼續增加資本金。

（三）固定資產折舊模式

固定資產折舊融資其實是一種企業自身對機會成本和對折舊方式造成的前期差價的利用。折舊具有「稅收抵擋」的作用，被稱為「非債務稅盾」，但其作用在中國中小企業中的運用還不充分，企業的融資決策常常與資產折舊因素無關。在金融危機這樣特殊的經濟背景下，小微企業獲得融資的渠道狹窄。如果小微企業可以利用折舊的抵稅效應獲得內源融資，就可以在一定程度上減輕

資金壓力，從而更有利於小微企業的發展。中國應提高小微企業的資產折舊率，並按照行業或地區為小微企業設定不同的資產折舊率。例如，從事高新技術研發的中小企業的資產折舊率應高於其他行業，這樣可以提高這些企業進行研發的積極性和自身累積能力，並通過「非債務稅盾」緩解企業研發資金不足的問題；中西部地區小微企業的資產折舊率應高於東部地區，這樣可以提高西部地區招商引資的能力，從而促進西部地區經濟社會的發展。

（四）納稅籌劃融資模式

目前中國中小企業的稅負也較高，不能享受到實在的稅收優惠，無法利用稅收籌劃增強內源融資能力。因而，中小企業納稅籌劃獲得的稅收利益就顯得更為重要。稅務籌劃在給小微企業帶來稅收利益的同時，也存在著相應的風險。小微企業要加強對稅收法律法規的理解，及時掌握稅收政策的調整，重視企業相關制度，科學準確判斷經濟環境和行業發展，防範納稅籌劃風險。小微企業要合法合理地運用各種納稅籌劃技術進行增值稅的納稅籌劃，並運用概率統計方法對納稅籌劃的可靠性進行計量，估計納稅籌劃風險，在戰略上把握納稅籌劃策略的風險程度，使企業能針對變化及早採取應對措施。經營戰略決定納稅籌劃的邊界，但有時又必須根據納稅籌劃的需要進行調整，這樣才能使企業盡可能地享受稅法提供的優惠政策，獲得最大經濟利益。

（五）現金與應收帳款管理模式

現金管理的核心是加速資金的週轉速度，敦促客戶及時付款甚至提前付款。小微企業要提高現金的使用效果，加速現金週轉，應盡快加速收款。企業加速收款的任務就是要使顧客盡量早付款，並盡快將這些付款轉化為現金。小微企業應設法減少客戶付款的郵寄時間，減少企業收到客戶支票及兌付的時間，減少資金存入自己結算銀行的時間，具體可以採用集中銀行、鎖箱系統等措施。小微企業在現金支出時要合理運用現金「浮遊量」，可以適當減少現金數量，節約現金，為企業內部提供現金流。

（六）存貨質押融資模式

存貨質押融資主要包括就地倉儲融資、信託收據融資和質押單存貨融資三種形式：一是就地倉儲融資，銀行根據協定雇用第三方（通常稱為就地倉儲公司）充當存貨控制人（銀行）的代理人來管理存貨。二是信託收據融資，借款人將貨物存入公開倉庫，或就地保存但無須第三者參與貨物保管，當貨物銷售後，借款人當天應將銷售收入轉到貸款者帳戶。三是質押單存貨融資，是近年來國外銀行普遍開展的存貨質押貸款業務。存貨質押融資適用於質押、倉儲方式可實現轉移佔有的貿易流通類企業，可滿足中小型商業和貿易企業的融

資需要。

（七）出售或盤活資產融資模式

小微企業在急需資金時，通過變賣多餘和低效的資產，可以籌集到必要的資金，同時還可以改變企業的經營結構和方向，提高企業的資本營運效率。出售資產融資可讓小微企業憑藉本身的資產來滿足其短期或中長期的集資需要，能使企業充分運用資產，使資產與負債互相配合，並滿足有關流動資金的需求。對不存在實體形態的資產，如專利權、經營權，都可以通過資產出售或盤活進行融資，從而實現對企業資產價值的充分利用。隨著金融市場和技術的發展，盤活資產融資可容易實現。比如，某企業擁有汽車這一實物資產，它以前只能通過變賣汽車獲取資金，現在可以以汽車營運產生的現金流為基礎來融資。這種新思路、新融資技術推動資產融資進一步標準化、資產證券化。資產證券化作為資產融資的高級形態，帶來了整個融資技術的提高。

（八）股權出讓融資模式

股權出讓融資是指企業出讓部分股權，以籌集企業所需要的資金。企業進行股權出讓融資，實際上是吸引直接投資、引入新的合作者的過程，但這將對企業的發展目標、經營管理方式產生重大的影響。按出讓企業股權比例劃分，小微企業的股權出讓融資可以劃分為出讓企業全部股權、出讓企業大部分股權和出讓企業少部分股權。這三種融資方式的關鍵在於是否通過融資而使企業的控制權轉移，企業的發展模式和經營管理是否得到加強，企業的技術優勢是否得以保存。因此，股權出讓對象的選擇必須十分慎重而周密；否則，企業就可能失去控制權而處於被動局面。

（九）內部資本市場融資模式

已頗具規模或已上市的小微企業可以通過股權聯結建立內部資本市場。聯合方通過相互（環形或交叉）持股形成企業集團，則可以建立內部資本市場。企業集團一方面可以利用各成員企業的現金流互補盤活存量資金；另一方面可以利用集合優勢，通過集中融資或在集團規劃下分散融資，從外部資本市場獲取更多的資金。在內部資本市場中，企業總部與各部門同屬一個大家庭，獲取的信息更真實，並且所花的費用也較少。公司經理和部門經理可以獲得充分廉價的信息，而且總部可以協調各部門集體合作。內部資本市場有利於更好地重新配置企業資產。企業經過兼併、重組建立內部資本市場後，總部可以有效地發揮內部資源配置方面的優勢，優化資源配置。[1]

---

[1] 吳慶念. 中小企業內源融資的渠道和模式 [J]. 企業經濟，2012（1）：155-157.

## 二、小微企業外源融資模式

外源融資是指資金短缺者通過一定方式向其他的資金盈餘者籌措資金的融資方式，如，向銀行借款、發行債券或股票向公眾或特定機構籌措資金。此外，企業之間的商業信用、融資租賃在一定意義上說也屬於外源融資的範圍。隨著企業生產規模的擴大，單純依靠內源融資已很難滿足企業的資金需求，外源融資已逐漸成為企業獲得資金的重要方式。

（一）債務融資模式

債務融資是指通過銀行或非銀行金融機構貸款或發行債券等方式融入資金。從現有的融資渠道看，債務性融資主要包括三種方式：銀行貸款融資、民間借貸和發行債券融資。

1. 銀行貸款融資

從銀行借款是企業最常用的融資渠道。從貸款方式來看，銀行貸款可以分為三類：①信用貸款方式，指單憑藉款人的信用，無須提供擔保而發放貸款的貸款方式。這種貸款方式沒有現實的經濟保證，貸款的償還保證建立在借款人的信用承諾基礎上，因而，貸款風險較大。②擔保貸款方式，指借款人或保證人以一定財產作抵押（質押），或憑保證人的信用承諾而發放貸款的貸款方式。這種貸款方式具有現實的經濟保證，貸款的償還建立在抵押（質押）物及保證人的信用承諾基礎上。③貼現貸款方式，指借款人在急需資金時，以未到期的票據向銀行融通資金的一種貸款方式。這種貸款方式中，銀行直接貸款給持票人，間接貸款給付款人，貸款的償還保證建立在票據到期付款人能夠足額付款的基礎上。

總體上看，銀行貸款方式對於創業者來說門檻較高。出於資金安全考慮，銀行往往在貸款評估時非常嚴格。因為借款對企業獲得的利潤沒有要求權，只是要求按期支付利息，到期歸還本金，因此銀行往往更追求資金的安全性。實力雄厚、收益或現金流穩定的企業是銀行歡迎的貸款對象。對於創業者來說，由於經營風險較高，銀行一般不願冒太大的風險借款，即使企業可能在未來擁有非常強勁的成長趨勢。不僅如此，銀行在向創業者提供貸款時往往要求創業者必須提供抵押或擔保，貸款發放額度也要根據具體擔保方式決定。這些抵押方式都提高了創業者融資的門檻。同時，出於對資金安全的考慮，銀行往往會監督資金的使用，它不允許企業將資金投入那些高風險的項目中，因此，即使成功貸款的企業在資金使用方面也常常受到掣肘。因為這些特點，對於新創企業來說，通過銀行解決企業發展所需要的全部資金是比較困難的，尤其是對於

準備創立或剛剛創立的企業而言。

2. 民間借貸

在債務類融資方式中，民間借貸是一種相當古老的借貸方式。近幾年來，隨著銀行儲蓄利率的下調和儲蓄利息稅的開徵，民間借貸在很多地方又活躍起來。由於將資金存儲在銀行的收益不高，那麼將資金轉借給他人開辦企業或者從事商業貿易活動，則更能夠獲得較高的資金收益。從經濟發達的浙江到欠發達的甘肅，從福建到新疆，民間借貸按照最原始的市場原則形成自己的價格。

從法律意義上講，民間借貸是指自然人之間、自然人與企業（包括其他組織）之間，一方將一定數量的金錢轉移給另一方，另一方到期返還借款並按約定支付利息的民事行為。因此，民間借貸的資金往往來源於個人自有的閒散資金，這一特定來源決定了民間借貸具有自由性和廣泛性的特徵，民間借貸的雙方可以自由決定資金借貸和償還方式。民間借貸的方式主要有口頭協議、打借條的信用借貸和第三人擔保或財產抵押的擔保借貸三種方式。隨著人們的法律意識、風險意識逐步增強，民間借貸也正朝著成熟、規範的方向發展。在民間借貸市場上，供求是借貸利率的決定要素。在經濟發達的江浙地區，民間借貸因資金充裕而尤為活躍；而在經濟欠發達的中西部省份，資金供給不足使借貸利率趨高。在資金面吃緊的時候，尤其是在央行接連提升法定存款準備金率後，民間借貸利率也隨著公開市場利率上漲。當然，在民間借貸市場中，借貸人的親疏遠近、投資方向的風險大小也對利率的高低有影響。

民間借貸對於創業者短期困難的解決有很大幫助。一方面，民間借貸手續靈活、方便，利率通過協商決定，借貸雙方都能接受，因此民間借貸對於資金供給方與需求方都有好處。但是另一方面，民間借貸的風險非常大，這主要是它的不規範性所引起的。在借貸時，如果是找親戚朋友借錢，往往缺少一份正式、規範的借貸合同，這樣，一旦借貸雙方出現問題，很容易造成糾紛，難以保證雙方的利益。

3. 發行債券融資

在債務性融資方面還有一種方式是發行債券融資。債券融資與股票融資一樣，同屬於直接融資。在發行債券融資方式中，企業需要直接到市場上融資，其融資的效果與企業的資信程度密切相關。顯然，在各類債券中，政府債券的資信度通常最高，也最容易融得到資金，大企業、大金融機構也具有較高的資信度，而剛剛創立的中小企業的資信度一般較差。

從中國金融市場的發展現狀來看，中小企業或者新創企業採用發行債券的方式進行融資的操作空間較小，往往是政府部門、大型企業、大金融機構具備

得天獨厚的優勢。但是同時也應當看到，隨著政策的逐步放開和調整，企業債務市場也會逐漸成為中小企業融資的重要渠道。創業者也應當做好準備，積極面對未來可能的融資機遇。

(二) 股權融資模式

所謂股權融資是指企業的股東願意讓出部分企業所有權，通過企業增資的方式引進新的股東的融資方式。股權融資所獲得的資金，企業無須還本付息，但新股東將與老股東同樣分享企業的贏利與增長。股權融資的特點決定了其用途的廣泛性，既可以充實企業的營運資金，也可以用於企業的投資活動；債權融資是指企業通過借錢的方式進行融資，債權融資所獲得的資金，企業首先要承擔資金的利息，另外在借款到期後要向債權人償還資金的本金。債權融資的特點決定了其用途主要是解決企業營運資金短缺的問題，而不是用於資本項下的開支。按融資的渠道來劃分，股權融資主要包括私募發售、公開市場發售等。

1. 私募發售融資

所謂私募發售，是指企業自行尋找特定的投資人，吸引其通過增資入股企業的融資方式。因為絕大多數股票市場對於申請發行股票的企業都有一定的條件要求，例如《首次公開發行股票並上市管理辦法》要求公司上市前股本總額不少於 3,000 萬元，因此對大多數中小企業來說，較難達到上市發行股票的門檻，私募成為民營中小企業進行股權融資的主要方式。

私募發售在當前的環境下，是所有融資方式中，民營企業比國有企業占優勢的融資方式。其產權關係簡單，無須進行國有資產評估，沒有國有資產管理部門和上級主管部門的監管，大大降低了民營企業通過私募進行股權融資的交易成本，並且提高了融資效率。私募成為近幾年來經濟活動最活躍的領域。對於企業，私募融資不僅僅意味著獲取資金，同時，新股東的進入也意味著新合作夥伴的進入。新股東能否成為一個理想的合作夥伴，對企業來說，無論是當前還是未來，其影響都是積極而深遠的。在私募領域，不同類型的投資者對企業的影響是不同的，在中國有以下幾類的投資者：個人投資者、風險投資機構、產業投資機構和上市公司。

個人投資者，雖然投資的金額不大，一般幾萬元到幾十萬元，但在大多數民營企業的初創階段起了至關重要的資金支持作用，這類投資人很複雜，有的人直接參與企業的日常經營管理，也有的人只是作為股東關注企業的重大經營決策。這類投資者往往與企業的創始人有密切的私人關係，隨著企業的發展，在獲得相應的回報後，一般會淡出對企業的影響。

風險投資機構，是20世紀90年代後期在中國發展最快的投資力量，其涉足的領域主要與高技術相關。在2000年互聯網狂潮中，幾乎每一家互聯網公司都有風險投資資金的參與。國外如IDG、Softbank、ING等，國內如上海聯創、北京科投、廣州科投等都屬於典型的風險投資機構。它們能為企業提供幾百萬元乃至上千萬元的股權融資。風險投資機構追求資本增值的最大化，它們的最終目的是通過上市、轉讓或併購的方式，在資本市場退出，特別是通過企業上市退出是它們追求的最理想方式。

2. 公開市場發售

所謂公開市場發售就是通過股票市場向公眾投資者發行企業的股票來募集資金，包括我們常說的企業的上市、上市企業的增發和配股都是利用公開市場進行股權融資的具體形式。

通過公開市場發售的方式來進行融資是大多數民營企業夢寐以求的融資方式。企業上市一方面會為企業募集到巨額的資金，另一方面，資本市場將給企業一個市場化的定價，使民營企業的價值為市場所認可，為民營企業的股東帶來巨額財富。與其他融資方式相比，企業通過上市來募集資金有如下突出的優點：①募集資金的數量巨大；②原股東的股權和控制權稀釋得較少；③有利於提高企業的知名度；④有利於利用資本市場進行後續的融資。但由於公開市場發售要求的門檻較高，只有發展到一定階段，有了較大規模和較好贏利的民營企業才有可能考慮這種方式。

與銀行貸款類似，小微企業上市在國內的資本市場難度非常大，也面臨不公正的對待。由於小微企業自身的性質和特點，小微企業很難以普通股票融資的形式籌集到發展所需要的資金。從私募股權的發展歷程看，一般只有小微企業採取PIPE交易進行融資。

(三) 融資租賃模式

融資租賃是指出租人根據承租人對租賃物件的特定要求和對供貨人的選擇，出資向供貨人購買租賃物件，並租給承租人使用，承租人則分期向出租人支付租金，在租賃期內租賃物件的所有權屬於出租人所有，承租人擁有租賃物件的使用權。租期屆滿，租金支付完畢並且承租人根據融資租賃合同的規定履行完全部義務後，對租賃物的歸屬沒有約定的或者約定不明的，可以協議補充；不能達成補充協議的，按照合同有關條款或者交易習慣確定；仍然不能確定的，租賃物件所有權歸出租人所有。

融資租賃是集融資與融物、貿易與技術更新於一體的新型金融產業。由於其融資與融物相結合的特點，出現問題時租賃公司可以回收、處理租賃物，因

而在辦理融資時對企業資信和擔保的要求不高，所以非常適合中小企業融資。

中國的融資租賃是改革開放政策的產物。改革開放後，為擴大國際經濟技術合作與交流、開闢利用外資的新渠道、吸收和引進國外的先進技術和設備，1980年中國國際信託投資公司引進租賃方式。1981年4月第一家合資租賃公司中國東方租賃有限公司成立，同年7月，中國租賃公司成立。這些公司的成立，標誌著中國融資租賃業的誕生。發展到今天的融資租賃，形成了多種形式，主要有如下幾種：

（1）簡單融資租賃。簡單融資租賃的特點：①由承租人選擇需要購買的租賃物件，出租人通過對租賃項目風險評估後出租租賃物件給承租人使用；②在整個租賃期間承租人沒有所有權但享有使用權，並負責維修和保養租賃物件；③出租人對租賃物件的好壞不負任何責任，設備折舊在承租人一方。

（2）回租融資租賃。回租租賃是指設備的所有者先將設備按市場價格賣給出租人，然後又以租賃的方式租回原來設備的一種方式。回租租賃的優點在於：一是承租人既擁有原來設備的使用權，又能獲得一筆資金；二是由於所有權不歸承租人，租賃期滿後根據需要決定續租還是停租，從而提高承租人對市場的應變能力；三是回租租賃後，使用權沒有改變，承租人的設備操作人員、維修人員和技術管理人員對設備很熟悉，可以節省時間和培訓費用。設備所有者可將出售設備的資金大部分用於其他投資，把資金用活，而少部分用於繳納租金。回租租賃業務主要用於已使用過的設備。

（3）槓桿融資租賃。槓桿租賃的做法類似銀團貸款，是一種專門做大型租賃項目的有稅收好處的融資租賃，主要是由一家租賃公司牽頭作為主幹公司，為一個超大型的租賃項目融資。

（4）委託融資租賃。一種方式是擁有資金或設備的人委託非銀行金融機構從事融資租賃，第一出租人同時是委託人，第二出租人同時是受託人。這種委託租賃的一大特點就是讓沒有租賃經營權的企業，可以「借權」經營。電子商務租賃即依靠委託租賃作為商務租賃平臺。第二種方式是出租人委託承租人或第三人購買租賃物，出租人根據合同支付貨款，又稱委託購買融資租賃。

（5）項目融資租賃。承租人以項目自身的財產和效益為保證，與出租人簽訂項目融資租賃合同，出租人對承租人項目以外的財產和收益無追索權，租金的收取也只能以項目的現金流量和效益來確定。出賣人（即租賃物品生產商）通過自己控股的租賃公司採取這種方式推銷產品，擴大市場份額。通信設備、大型醫療設備、運輸設備甚至高速公路經營權都可以採用這種方法。其他還包括返還式租賃（又稱售後租回融資租賃）、融資轉租賃（又稱轉融資租

賃）等。

（6）經營性租賃。在融資租賃的基礎上計算租金時留有超過10%以上的餘值，租期結束時，承租人對租賃物件可以選擇續租、退租、留購。出租人對租賃物件可以提供維修保養，也可以不提供，會計上由出租人對租賃物件提取折舊。

（7）國際融資轉租賃。租賃公司若從其他租賃公司融資租入的租賃物件，再轉租給下一個承租人，這種業務方式叫作融資轉租賃，一般在國家之間進行。此時業務做法同簡單融資租賃無太大區別。

融資租賃模式對小微企業來說負擔不大，較為可取，但是也存在融資方向太單一的問題，企業只能融入機器設備一類的固定資產，而企業想籌措用於科研開發、市場拓展的資金就有些無能為力了。

（四）其他渠道模式

其他渠道融資包括典當融資等，這些方式在小微企業融資中都會起到一定的作用，但是不可能長期、穩定、大量地為企業提供資金支持。

典當融資，指中小企業在短期資金需求中利用典當行救急的特點，以質押或抵押的方式，從典當行獲得資金的一種快速、便捷的融資方式。與銀行貸款相比，典當貸款成本高、貸款規模小，但典當也有銀行貸款所無法比擬的優勢。首先，典當行對客戶的信用要求比較低，典當行只注重典當物品是否貨真價實，動產與不動產質押均可受理。其次，到典當行典當物品的起點低，千元、百元的物品都可以當。再次，與銀行貸款手續繁雜、審批週期長相比，典當貸款手續十分簡便，大多立等可取，即使是不動產抵押，也比銀行要便捷許多。最後，客戶向銀行借款時，貸款的用途不能超越銀行指定的範圍，而典當行則不問貸款的用途，錢使用起來十分自由。

### 三、小微企業融資模式的選擇

（一）融資順序理論選擇

融資順序理論（Pecking Financial Order Theory）由Mayers（1984）提出。融資順序理論認為，公司根據成本最小化的原則依次選擇不同的融資方式，即首先選擇無交易成本的內部融資，其次選擇交易成本較低的債務融資，而對於信息約束條件最嚴、並可能導致企業價值被低估的股權融資則被排在企業融資順序的末位。該理論解釋了在特定的制度約束條件下企業對增量資金的融資行為，但是沒有揭示出企業成長過程中資本結構的動態變化規律。金融成長週期理論正好彌補了這一缺陷。

(二) 金融成長週期理論選擇

金融成長週期理論認為，伴隨著企業成長週期而發生的信息約束條件、企業規模和資金需求的變化，企業融資結構也會發生相應的變化。在小微企業創業初期，企業的信息基本上是封閉的，由於缺乏業務記錄和財務審計，它主要依靠內源性融資和非正式的資本融資市場融資；當企業進入成長階段，隨著規模的擴大、信息透明度的逐步提高以及業務記錄和財務審計的不斷規範，企業的內源性融資難以滿足全部資金需求，這時企業開始選擇外源性融資；在進入穩定增長的成熟階段後，企業的業務記錄和財務狀況趨於完備，逐漸具備進入資本市場發行有價證券的條件。隨著來自資本市場可持續融資渠道的打通，企業債務融資的比重下降，股權融資的比重上升，部分優秀的小微企業逐步發展成為大企業。

金融成長週期理論表明，在企業成長的不同階段，隨著信息、資產規模等約束條件的變化，其融資渠道和融資結構也將隨之發生變化。其一般規律是：在企業發展的早期，外源性融資的約束較緊，主要以內源性融資為主；在企業發展的成熟期，外源性融資的約束較鬆，此時以外源性融資為主。由此看來，小微企業要順利發展，就需要有一個多層次的金融體系來支持其不同成長階段的融資需求（如圖4.1所示）。

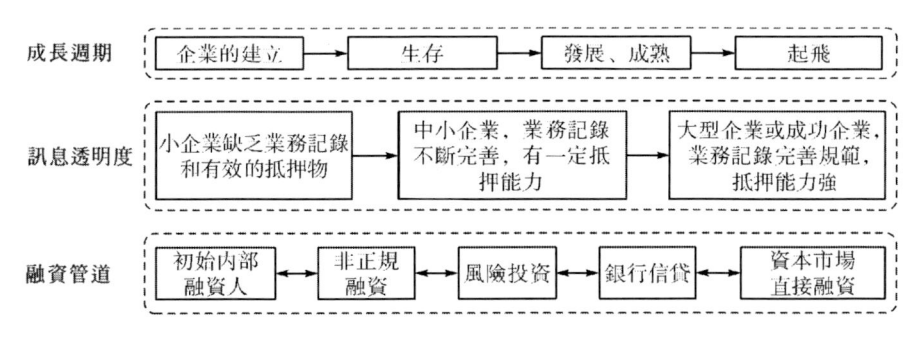

| 成長週期 | 企業的建立 → 生存 → 發展、成熟 → 起飛 |
|---|---|
| 訊息透明度 | 小企業缺乏業務記錄和有效的抵押物 → 中小企業，業務記錄不斷完善，有一定抵押能力 → 大型企業或成功企業，業務記錄完善規範，抵押能力強 |
| 融資管道 | 初始內部融資人 ↔ 非正規融資 ↔ 風險投資 ↔ 銀行信貸 ↔ 資本市場直接融資 |

**圖4.1　中小企業成長週期與融資來源**

尤其是在企業的早期成長階段，非正規資本市場如民間資本市場對企業的外部融資發揮著重要作用。因為相對於公開市場上的標準化合約而言，民間資本市場上具有較大靈活性和關係性特徵的合約具備更強的解決非對稱信息問題的機制，因而能降低融資壁壘，較好地滿足那些具有高成長潛力的中小企業的融資需求。

由圖4.1可以看出，現代企業制度下，中小企業（大企業也是這樣）融資的高級形式是通過資本市場進行直接融資，包括股權融資和企業債券融資，

這是資金需求者與資金供給者以資本市場為媒介進行直接交易的方式。由於交易是直接的，資金提供者必須親自對資金使用者的狀況進行瞭解和判斷，並且這種瞭解和判斷過程的成本高昂，一般情況下，作為個人的資金提供者是無法完成這一任務的。這就要求資金使用者通過信息披露及公正的會計、審計等第三者監督的方式來提高經營狀況的透明度，由此資金的使用者必然是規模較大的中型或大型企業。這主要是因為，不管企業的規模是大是小，企業為達到較高的透明度所需支付的成本費用差別都不大，但由於大企業需要的外部融資規模較大，其單位外部資金所需支付的成本費用較中小企業來說要小得多，也就是說同大企業相比，中小企業單位融資的交易成本非常高。這樣，融資的高成本、資金規模和信息的劣勢必然將中國多數中小企業排除在直接融資市場之外。[1]

## 第三節　中國小微企業融資生態環境優化對策

近年來，中國在扶持小微企業融資方面做出了很大的努力，取得了一定的成績，但是不可否認，這些付出與其欲達到的效果還是有很大差距。當前國家在扶持小微企業成長、優化小微企業金融生態環境過程中，首先需要考慮的是政策法律制度，需要從重視資金支持轉型到注重制度安排的轉變，為小微企業提供一個穩定、持久、可持續發展的金融生態環境。其次，金融機構、小微企業自身等也需要積極配合，協同進化，共同推進小微企業的金融生態環境不斷優化。

### 一、優化小微企業金融制度環境

(一) 完善小微企業融資風險補償機制

小微企業融資風險補償機制是改善小微企業融資環境的重要舉措。面對小微企業的融資困局，國務院、工業和信息化部、銀監會等先後出抬政策，鼓勵各地建立小企業貸款風險補償基金，部分地區也已經建立了中小企業貸款風險補償資金、貸款貼息、貸款擔保風險補償等制度。2005年，浙江省在國內率先開展了小企業貸款風險補償工作，探索推行由政府專項扶持資金對銀行業金

---

[1] 李偉，成金華. 中小企業外源融資過程中的資金需求和供給 [J]. 經濟評論，2006 (1)：47-51.

融機構當年新增小企業貸款而產生的風險進行補償。此後，江蘇、福建、青海海西、廣東東莞等地相繼出抬各類辦法及計劃，由地方財政出資，為轄內銀行業金融機構按本年度小企業貸款餘額淨增額設定一定的百分比給予風險補償，其設定的比例在0.5%~5%不等，差距較大。總體而言，中國建立小微企業貸款風險補償機制的起步時間較晚，覆蓋範圍有限，在已經建立或正嘗試建立中小企業貸款風險補償制度的地區中，地方政府試圖利用各自的區域優勢為支持當地中小企業發展提供貸款風險補償保障，並取得了一定的效果，但從整體的中小企業貸款風險補償機制方面看，仍存在一些問題需要解決。

首先，健全有關貸款風險補償機制的管理制度和管理機構。任何良好機制的完善都需要有完備的管理制度和組織架構作為依託。加快和細化與中小企業相關的法律、法規建設，修改和清除對中小企業不利的歧視政策和法規條例，並對政策性中小企業融資機構、擔保機構、基金等進行專門立法，規範其職責、服務對象、支付方式和補貼方式等，使得建立完善小微企業貸款風險補償機制有法可依，有制度可循。同時，還應在組織架構方面建立健全小微企業管理機構，設立由中央人民政府主導參與的明確的小微企業管理服務機構，強化該機構對於支持中小企業發展各項工作的管理、引導和服務職能，為中小企業貸款風險補償機制的建立及運行提供多樣服務和有效監管。

其次，規範資金來源和補充機制，建立多層次的中小企業貸款風險補償專項基金。應建立完善國家層面和地方層面的小微企業貸款風險補償基金機制。在資金來源和補充方面，應以「中央財政出資為主、地方財政出資為輔，社會性資金為有益補充」為原則。中央財政應每年安排一定比例的預算資金用於充實該項基金，在確保財政資金占主導地位後適當實現動態發展。小微企業的良好發展，能夠為地方政府增加稅收並穩定和增加就業，而地方政府作為小微企業貸款風險補償機制的主要受益者，有責任和理由在中央的引導下依靠地方財政注入貸款風險補償資金。各類金融機構及各類民間資本作為小微企業貸款風險補償機制的潛在受益者，可以被引導和吸引成為基金的補充來源。

最後，規範貸款規劃和全程監控機制。政府管理部門需要加強管理，嚴控貸款用途，確保風險補償合法合理。銀行可以通過網絡、第三方等渠道收集企業的基本信息，制定詳細的面談工作提綱，為進行實地踏查做準備。銀行不僅要重視對公司性質、主要經營渠道、供貨商以及客戶、還款能力、貸款擔保方式等財務信息的瞭解，還要注重對企業非財務信息的收集。銀行應該堅持「以證辦貸」的經營理念，通過對信息資料的收集，為前臺調查人員提供分析評估的證據，也為後臺審查人員提供判斷依據。在貸款審查環節中，銀行應該

對公司的財務因素與非財務因素進行綜合分析。

(二) 完善小微企業金融信貸組織體系

1. 改革國有銀行組織機構

目前,中國國有大型銀行的改革與發展已經取得了重大突破,深刻地改變了中國銀行業的面貌。但是,改革任務依然艱鉅。眾多的國際經驗表明,在體制改革基本完成之後,銀行急需建立審慎經營的有效激勵約束機制,實現運行機制的科學轉換,以確保收益對成本和風險的覆蓋。中國大型銀行也不例外。銀行組織架構如同銀行運行的血脈,正如管理學家麥克爾·A. 希特所言,組織架構是一家企業(銀行)配置機制、程序機制、監督治理機制和授權、決策的過程。可以說,銀行組織架構在很大程度上影響著銀行利益相關者的行為和利益分配格局,也決定了銀行運行機制的效率和整體競爭力。中國大型銀行傳統的組織架構模式存在較大的弊端,特別在股份制改革完成之後,這種弊端表現得越來越明顯:一是信息傳遞效率較低,交易費用和委託代理成本較高;二是業務經營專業化程度不夠,資產結構單一,經營方式粗放,難以實現科學發展。因此,大型銀行組織架構的改革顯得日益迫切。

中國當前國有銀行組織結構更是讓小微企業融資處於不利地位。眾所周知,在未來相當長的一段時間內,國有商業銀行依然將在銀行體系中占據著絕對的壟斷地位。因而國有商業銀行對於解決小型和微型企業的信貸融資困境至關重要。中國國有商業銀行基本上是按行政級別分層設置,它的管理是通過層層的委託—代理關係來實現的,從銀行的總行到省、市、縣或鄉鎮的分行、支行,管理層次過多、管理手續繁瑣、代理問題嚴重,使貸款的小微企業貸款變得不經濟,權力上收造成信貸人員對信息資源的浪費,權力下放會導致貸款人員追求自身利益而濫用職權,從而造成巨大的損失。經過反覆的權力分配,小型和微型企業控制風險和信貸支持一直很難獲得一個很好的平衡,為了改變這種狀況,需要對國有商業銀行的組織和結構改革進行戰略性調整。

國有商業銀行,應當將整個改革的思路和解決方案與國有商業銀行機構臃腫、效率低下的現實狀況結合起來進行有效的設計,重點應是地市級銀行和縣分行體制的改革。對於小型和微型企業占主導地位的城市,可以單獨地設市級分公司或聯合重組,或通過收購各國銀行重組為國有商業銀行,持有或增持大量企業、居民等民營資本股的股份制商業銀行,兼併和重組其管轄的縣級分支。對於一些經濟比較發達、占存款總額較大的縣,銀行縣支行可以被改組為國家的共同所有權,股份制商業銀行吸收民間資本股在大的城市和大中型企業占主導地位的城市中心保留其國有銀行分支機構,應該在維護中國的大銀行的

強度不會受到影響的條件下進行。國有商業銀行向城市轉移，也有利於充分利用現有國有商業銀行的人力和業務資源，減少財政資源的浪費，為小微企業提供更多的服務。

2. 設立專門為小微企業提供融資支持的政策性銀行

政策性銀行是指由政府創立，以貫徹政府的經濟政策為目標，在特定領域開展金融業務的不以營利為目的的專業性金融機構。實行政策性金融與商業性金融相分離，組建政策性銀行，承擔嚴格界定的政策性業務，同時實現專業銀行商業化，發展商業銀行，大力發展商業金融服務以適應市場經濟的需要，是中國金融體制改革的一項重要內容。政策性銀行不以營利為目的，專門為貫徹、配合政府社會經濟政策或意圖，在特定的業務領域內，直接或間接地從事政策性融資活動，充當政府發展經濟、促進社會進步、進行宏觀經濟管理的工具。1994年中國政府設立了國家開發銀行、中國進出口銀行、中國農業發展銀行三大政策性銀行，均直屬國務院領導。2015年3月，國務院明確國家開發銀行的定位為開發性金融機構，從政策銀行序列中剝離。

由於在市場條件下小微企業信貸遭遇到了難以克服的瓶頸，這就需要政府之有形之手對市場進行一定程度的干預，通過設立小微企業信貸的政策性銀行，向小微企業發放利率比商業銀行低1%~3%的長短期貸款，開展適宜小微企業的信貸、國內結算、商業融資等金融服務，並以此作為小微企業融資的示範和典型，彌補商業銀行對小微企業的信貸支持空白。

3. 大力發展民營小銀行

推動小銀行的健康發展，首先要放鬆銀行業進入管制，鼓勵和支持民間資本進入銀行業。中國小企業絕大部分是民營企業，發展民營小銀行是民營經濟的一種客觀需要，可以為進入新的發展階段的民營經濟提供一種新的金融的支持，促進民營經濟的發展。因此，中國政府應該在督促現有城市商業銀行做好績優的基礎上，積極研究城市社區金融發展狀況，總結城市信用社發展中的經驗教訓，制定社區銀行發展及監管規範。

與大銀行相比，小銀行對小微企業融資具有獨特的優勢。首先，小銀行規模小，實力不強，沒有實力為大公司提供融資，也很難與大銀行競爭，但小微企業貸款具有時間短、數量大、覆蓋面廣的特點。不能把所有的雞蛋都裝在同一籃子的風險分散原則有利於控制銀行風險。其次，小銀行一般與對象關聯，其潛在的小微企業貸款對象屬於一個社會社區，容易瞭解企業的經營狀況。最後，小銀行的組織結構簡單，層次較少，決策者容易獲得第一手資料，信息損失少，利用率比較高。因為小銀行的小微企業貸款一般在小微企業的貸款總額

中的比例是比較大的，這在實踐中也已證實。中國城市商業銀行、農村信用社和其他本地金融機構，在小微企業貸款中占全貸款本金的主體。因此，鼓勵企業、居民開辦社區合作型銀行，使有足夠量的小銀行貼身式地為小微企業提供金融服務，成為小微企業貸款的主力軍，縮小小微企業的信貸融資缺口。要盡快建立存款保險制度，提高小銀行抵禦風險的能力。[①]

（三）健全小微企業信用擔保體系

信用擔保是由專業擔保機構提供擔保，以有效降低或消除企業的信用風險，使銀行等金融機構向企業提供貸款，在企業出現信用風險不能償還貸款、造成償還貸款合同違約時代為償付的一種信用服務體系。它是在市場經濟條件下，為克服企業，尤其是小微企業融資困難，化解銀行風險，而產生的一種金融服務手段。由於銀行對小微企業進行貸款時，存在嚴重的信息非均衡、風險等級的不一致和契約不完善、小微企業管理不善等所造成的貸款風險較大的情況，使得銀行不得不在資產安全性的考慮下，對小微企業的貸款持審慎的態度，甚至出現大量的信貸配給。為了有效地降低銀行貸款的風險，可靠的質押擔保或第三方擔保就顯得尤為重要。近年來，信用擔保計劃為小微企業的信貸融資渠道帶來了延伸，為越來越多的人所重視。小型和微型企業，由於貸款風險信息不透明，它們無法提供足夠的合格抵押品，銀行一般不願意提供貸款給小型和微型企業。擔保機構的參與，有效緩解了銀行和企業的信息不對稱，使銀行與擔保機構風險共擔，進而從整體上提高銀行小微企業信貸規模。

地方擔保機構的信用擔保試點開始於1998年，經過這些年的發展已經有了一定規模，是比較成功的。中國當前共有三種性質的擔保機構：一是同意政策性信用擔保機構，屬於政府間接支持小企業而建立的政策支持機構，不以營利為目的；二是小企業自願出資，以會員為服務對象建立互助合作性質的擔保機構，不以營利為目的；三是以營利為目的的商業性擔保機構。這對於緩解小微企業的融資困難起到了一定的作用，但同時也暴露出不少問題。例如，擔保機構規模小，實力弱，對小型和微型企業的支持非常有限；缺乏風險分散和補償機制，可持續發展能力弱；部分屬於單一的基於政策性的而不是相互合作為基礎的擔保機構等。

一是要加快立法，依法經營管理。《中華人民共和國擔保法》有相關規定的是銀行與企業、企業與企業之間的擔保行為，不能完全適用這個特定的仲介組織的擔保機構。目前，要有效地改變這種管理和擔保機構沒有法律可以依據

---

[①] 高曉燕. 小微企業融資機制創新研究 [M]. 北京：經濟日報出版社，2015：63.

的狀況，明確擔保機構經營目標方向，應提供風險分擔機制、激勵機制等，需要經過主體承諾，以確保擔保機構快速、健康、正常發展。

二是要建立再擔保機構，完善風險分散機制。中國現在擔保機構的規模相對較小，風險偏好相對較弱。如果沒有再擔保機構分散風險，這些安全機構的抗風險能力會比較差，不利於安全機構的生存和發展，也很難獲得銀行的信任。因此，應積極推動建立以省級或城市為單位的區域性再擔保機構，為該區域的擔保機構提供再擔保服務，並及時設立國家擔保機構的最終擔保人。

三是繼續推進國家政策性信用擔保機構的大發展。從國家發展的情況來看，政策性金融機構在小型和微型企業擔保體系內都占據重要地位，也是政府支持小型和微型企業發展的主要途徑。小型和微型企業的擔保，因為風險比較大，合作互助性擔保機構和商業性擔保機構還不是很發達，所以政府必須保證政策性機構的進一步投入。建立一個有效的經濟補償機制，使政策性擔保機構發揮更大的作用。

四是要積極促進民間互助合作型擔保機構、商業性擔保機構的發展。中國信用擔保體系的迅速發展得益於政策性擔保機構的迅速發展。但是，政府財力畢竟有限，難以滿足小微企業巨大的擔保需求，因此需要積極發展其他形式的擔保機構。要促進互助合作性擔保機構的發展，小微企業可根據自願原則，自發組建擔保機構，自我出資、自我服務、自擔風險，不以營利為目的。

（四）完善小微企業社會徵信體系建設

「徵信」源於左傳：「君子之言，信而有徵，故怨遠於其身；小人之言，僭而無徵，故怨咎及。」其中提到的「信而有徵」，即可徵驗其為信實也。徵信通過對信用資源的系統性收集、集中匯總和開放型開發利用，成為實現信息充分共享、提升信用管理水準的最有效的制度安排，達到了提供決策參考、降低交易風險的目的。在發達國家中，普遍存在專門從事徵信業務的社會仲介機構，根據市場需求搜集、加工和生產信用信息產品，提供資信信息服務，並形成了一整套與之相關的法律和政策體系，以及技術標準和行業規範，一般稱之為社會徵信體系。

加強徵信體系建設是社會信用體系建設的核心。市場經濟是信用經濟。建設信用經濟的本質是健全社會信用體系，而社會信用體系建設的核心則是徵信體系建設。信息不對稱是影響小微企業信貸的重要的因素之一，為了減少信息不對稱，需要一系列的政府和市場機制的約束，最重要的是建立覆蓋整個社會的信用體系。

我們的信用體系是由國務院批准、在中國人民銀行主持下開始建設的，已

經有了初步發展，但仍遠遠不能滿足商業銀行和各界對徵信服務的要求。因此，我們必須進一步加快信用體系建設，以適應社會和經濟發展需要。

一是加快徵信立法和制度建設。在發達國家，徵信法律體系一般由十幾部甚至幾十部法律組成。以美國為例，與徵信相關的法律大約有 17 部之多，都以不同的方式規範徵信活動。從中國來看，專門的徵信法律規定或與徵信直接相關的法律規定並不多，但與徵信業有或多或少相關的法律規定又很龐雜。關於信息主體權益保護的法律規範主要是《中華人民共和國憲法》和《中華人民共和國民法通則》等有關法律中的間接原則規定，有關徵信業務的法律規範主要以地方性規章和部門規章為主，徵信監督管理制度基本上是空白。因此，政府應結合中國徵信體系建設的實際情況和徵信市場供需狀況，抓緊制定徵信管理條例及相關配套制度和實施細則，制定信用信息標準和技術規範，建立異議處理、投訴辦理和侵權責任追究制度。對徵信機構的信用信息徵集行為進行明確規定，在充分保護企業和個人信用信息權益的基礎上，發揮徵信體系的促進和懲戒功能，從而實現信用信息徵集中各方主體利益的最大化。

二是建立涵蓋每個小微企業的信息數據庫。小微企業信息數據數據庫是採集小微企業融資信息的基礎，也是小微企業社會徵信體系建設的基礎。小微企業的全方位評估涉及業主的個人、稅務、行業和海關等方面的信息，必須要在加強和完善銀行信貸登記和諮詢系統數據庫的基礎上逐步建立和改善其他數據庫，如：個人信用數據庫、登記數據庫、業務普查信息數據庫、法院訴訟數據庫等。

三是加強監管，完善信用服務市場體系。政府要根據法律對不講信用的責任人和小微企業進行懲處；教育全民在對失信責任人的懲罰期內不要對其進行任何形式的授信；制定信用服務機構基本行為準則，嚴格徵信機構及其從業人員准入標準，依法規範並查處提供虛假信息、侵犯商業秘密和個人隱私等行為，政府工商註冊部門不允許有嚴重違約記錄的企業法人和主要責任人註冊新企業；允許信用服務公司在法定期限內，長期保存並傳播失信人的原始不良記錄；對有違規行為的信用服務公司進行監督和處罰。規範發展信用服務機構和評級機構，有序推進信用服務產品創新，從而保護徵信當事人的合法權益，維護徵信市場公平競爭，促進徵信業健康發展。

四是加強政務誠信建設。政府是社會誠信建設的實踐者、引領者，是社會最具公信力的組織。政府必須以高度的清醒和自覺，率先示範，把誠實求信的要求貫徹到一切政務活動的全過程，堅持依法行政，推進政務公開，提高決策透明度，自覺接受社會監督。鼓勵公民和企事業等法人、新聞媒體依法對政府

及政府工作人員進行實質有效的監督；對於政府及政府人員誠信方面的失誤，尤其是腐敗、欺騙群眾等現象進行揭露；保護舉報者的合法權益，嚴懲打擊報復舉報者的政府工作者，讓政府行為暴露在陽光之下，用千萬雙眼睛監督政務誠信的建設與實施，不斷提升政府的公信力，以政務誠信引領行業誠信、商務誠信、個人誠信，帶動和影響整個社會的誠信，進而促進社會的和諧。

**二、創新小微企業融資模式**

黨的十九大報告提出，深化金融體制改革，增強金融服務實體經濟能力，提高直接融資比重，促進多層次資本市場健康發展。因此，要將小微企業金融服務放在更加重要的位置。大數據為我們創新小微企業融資模式提供了諸多有利條件。互聯網的迅速發展，對整個社會的影響巨大，給中國經濟中的各種產業與經濟實體提供了多種可供選擇的發展渠道。當前互聯網與傳統產業的融合已經開始，並必將是整個經濟社會發展的必然。小微企業的融資模式在「互聯網+」大背景下，面臨著前所未有的機遇與挑戰。因此，要解決和回答如何抓住機遇和更好地迎接挑戰的問題，創新小微企業融資模式，對於整個金融市場，乃至整個經濟發展都具有重要意義。在大數據的環境下，要創新小微企業融資的機制和模式，著力打通金融活水流向小微企業的「最後一公里」。

（一）P2P 融資模式

P2P（Peer to Peer）融資是「互聯網+金融」創新出來的借貸模式，指的是點對點即個人對個人的借貸。P2P 起源於發達國家，雖然在中國的發展時間較短，但已是中國小微企業的主要融資方式之一。

P2P 融資模式指借助於互聯網技術，利用電子商務金融網絡平臺達成雙方的借貸關係並使相關交易手續正規化、法制化。通常貸款人將自己的融資項目在 P2P 融資平臺上公布，並提供企業的詳細信息，金融平臺經審核通過後進行公布，出資人通過平臺瞭解對方的相關信息及有效抵押物，自願決定提供資金的多少與期限並獲得相應投資回報。資金的募集通過競標的形式進行，雙方自願平等，資金的提供者往往由多人組成，分擔了融資的風險，金融平臺收取相應的佣金，實現三方共贏。這種融資模式的形式主要有一對一、一對多、多對一、多對多等，一對多、多對多這種模式最為常見，兩者能在一定範圍內分擔投資人的風險，更容易被投資者選擇。

P2P 最早出現在 2005 年的英國，2007 年中國在上海成立了第一家 P2P 網絡借貸平臺——拍拍貸以來，P2P 網絡借貸行業在中國發展迅猛，據 P2P 網貸行業門戶機構代表網貸之家統計，2013 年 P2P 行業已有 800 多家網站平臺，

總成交量達5,018億元。《中國P2P網貸行業市場前瞻與投資分析報告》數據顯示，截至2017年7月底，P2P網貸行業歷史累計成交量達到了50,781.99億元，突破5萬億元大關，從2013年到2017年成交量翻了10番。自2015年以來，平臺同期增長數量呈明顯下降趨勢。一方面是由於各個網貸公司良莠不齊，存在優勝劣汰的狀況，使得中國P2P營運平臺增長數量不斷減少；另一方面由於中國政府對P2P網貸公司進行整頓和規範化，也將使中國P2P行業走上量少質優的道路。

  P2P網絡借貸作為互聯網金融的一種業務模式，與第三方支付、阿里金融、眾籌等其他業務模式相比，與互聯網金融這種去仲介化的理想效果最吻合。與傳統融資相比，P2P有很大優勢，例如，沒有地域、時間、金額的限制，對借款人的審核更貼近事實，資金配置的效率更高，時效性更好，最重要的是借款人門檻較低。對於小微企業來說，銀行信貸門檻過高，而且需要第三方擔保，P2P則很好地解決了這個問題，而且能使投資人的收益更高。P2P網絡借貸提高了閒散資金的利用率，大大降低了融資成本，為個人融資提供便利，完善了現有銀行體系。在小微企業長期處於融資困境的背景下，P2P網絡借貸還可以顯著降低小微企業的融資成本，為小微企業融資提供新的出路。

  P2P網絡平臺的網絡借貸過程基本可以概括為三步：①借款人在網絡平臺上發布個人信息，包括借款金額、用途、期限和利率等；②出借人在瞭解借款人的各項信息後選擇是否借出及借出的額度與利率；③借貸雙方達成交易，電子借貸合同成立，借入者根據合同要求按月還款。圖4.2列示了P2P網絡借貸的基本過程。

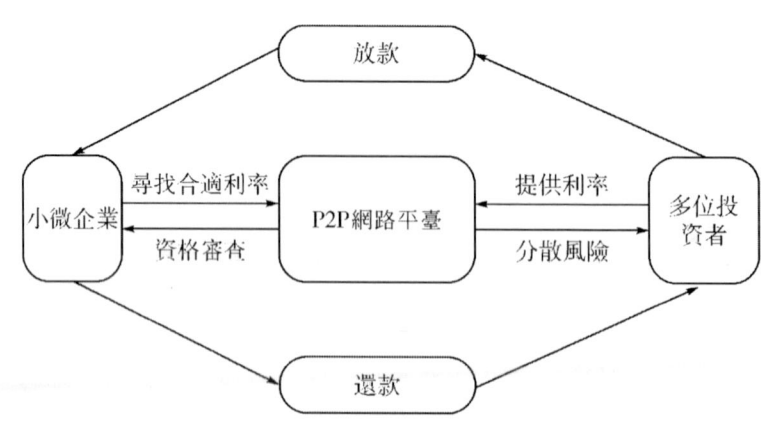

圖4.2　P2P網絡借貸基本過程

在 P2P 網絡借貸過程中，平臺不直接參與交易，只提供審核信息、匹配和撮合交易等服務，貸款者所需資金直接來自出借者，資金償付也直接面向出借者。網絡借貸平臺充當信息平臺，賺取服務費。對於貸款者而言，資金成本主要來自借貸雙方達成的競爭性利率和平臺為抵補成本而收取的服務費。相對於商業銀行，網絡借貸平臺的營運成本能夠被控制在其一半以內。網絡借貸中信息審核時間短、借貸交易達成快。在網絡借貸中，貸款者只需要填寫一些表格，經相關部門審核後，就可以上線。貸款資金直接從出借者手中流向貸款者手中，不會在網絡平臺發生滯留；借貸參與者比較分散，在同等條件下小額貸款需求更容易獲得滿足。綜上所述，網絡借貸能夠突破傳統融資在時間、空間和地域等方面的限制，使資金融通變得更快速、便捷和靈活，為小微企業融資提供了新平臺。

（二）眾籌融資模式

眾籌融資（Crowdfunding）被視為是眾包（Crowdsourcing）和微型金融（Micro-finance）結合衍生出的產物。眾籌融資堅持眾包兩個前提條件，即以公開的方式和面向眾多的網絡潛在受眾，採用微型金融的通常作法，即小額無抵押出資，完成企業或個人外包融資任務。簡單地說，眾籌融資是指若干人通過互聯網為某一項目或創意提供小額資金支持的科技融資創新方式。眾籌融資在一定程度上取代了銀行、天使投資和風險投資，不僅加速了金融脫媒，也助推了金融民主化和金融市場化進程。眾籌融資作為繼第三方支付、P2P 網貸之後的又一互聯網金融創新，對傳統融資模式形成了深刻衝擊。

眾籌融資作為一種商業模式，起源於美國。早在 2001 年，眾籌先鋒平臺美國 ArtistShare 公司就已誕生，在該平臺獲得資助的音樂人多次獲得格萊美獎。2006 年，美國學者邁克爾·薩利文致力於建立一個名為 Fundavlog 的融資平臺，第一次用眾籌（Crowdfunding）一詞解釋了 Fundavlog 的核心理念。該平臺允許發起人採用播放視頻的方式在互聯網上吸引潛在投資者進行項目融資。2009 年 4 月，世界上最負盛名的同時也是最大的眾籌平臺——Kickstarter 網站正式上線。網站創立不久就為入駐的創意項目成功募集到資金。

眾籌融資在中國興起於 2011 年，在 2015 年達到了發展的高潮，共有 283 家，籌資達 114.24 億元。2016 年 3 月 25 日中國互聯網金融協會成立，標誌著股權眾籌進入規範發展的新階段。近年來，中國眾籌逐漸往規模化和規範化發展，互聯網股權融資專委會的成立，建立起監管部門、行業組織和從業企業之間對話的重要橋樑，有利於監管自律部門集思廣益，做好頂層設計和制定完善相關監管自律規制，同時有利於股權眾籌行業的自律管理，促進行業規範健康

發展。中國 2017 年的眾籌平臺的融資金額如圖 4.3 所示，平臺融資金額較大的月份主要是 5 月和 8 月，超過了 3 個億。①

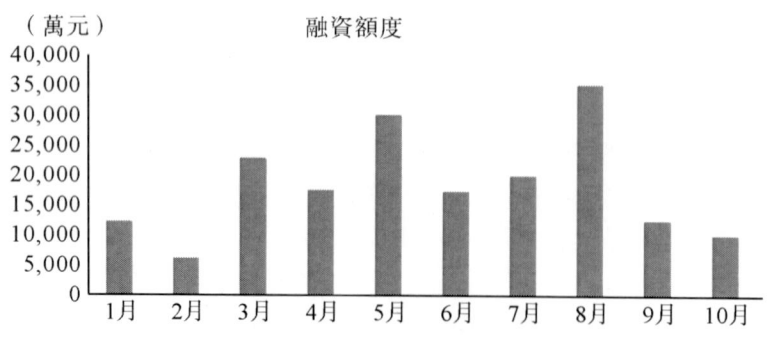

圖 4.3　2017 年中國眾籌融資情況

眾籌融資大致可分為捐贈眾籌、回報眾籌、債權眾籌和股權眾籌四種類型。除捐贈眾籌屬於公益性的融資外，其他幾種眾籌融資途徑都可以作為小微企業融資方式。眾籌融資相對於小微企業傳統的融資模式，具有以下幾個特點：一是低門檻，不論身分、地位和職業，只要有創造能力都可以發起項目；二是眾籌方向多樣性，在國內的眾籌網站上項目類別五花八門，包括音樂、食品、動漫、遊戲等；三是草根力量強勁，支持者一般都是草根群眾，而非公司或風險投資人；四是注重創意，發起人必須先將自己的創意展示出來，同時需要通過平臺的審核，而不是單單一個想法，需要有實際操作性。

眾籌融資過程主要涉及項目發起人（小微企業）、眾籌平臺、項目支持者（社會公眾）三方。項目發起人一般是那些缺乏資金支持但富有創新意識的小微企業或個人，他們借助眾籌平臺向社會公眾展示融資項目、發布融資需求。眾籌平臺，是連接小微企業與網絡投資者的紐帶，是同時為投融資雙方服務的仲介。眾籌平臺在審核項目融資申請的同時，也充當著小微企業向投資者融資的媒介。項目的支持者即投資者，他們借助互聯網眾籌平臺來瞭解融資項目信息、評估融資項目，繼而決定是否為該項目提供資金或實物支持。在具體的融資實踐中，小微企業、眾籌平臺和投資者分別扮演著各自角色，整合各自資源，各展其長，以滿足小微企業對資金的需求。

（三）電商平臺融資模式

電商平臺融資模式是指根據小微企業在電商平臺上的日常交易信息量，以小微企業客戶評價、歷史交易數據和信用記錄為基礎，通過互聯網雲計算的強

---

① 李秋霞. 大數據背景下小微企業融資模式創新之道 [J]. 中國統計，2018（3）：38.

大功能，形成小微企業的信用評級系統，以此為根本評價小微企業的還款能力。在電商網絡融資發展初期，其業務類型帶有明顯的銀行線下針對小微企業業務的特點，例如最初的阿里巴巴與建行合作的「E聯通」，又稱網絡聯保貸款，就是借鑑了孟加拉鄉村銀行的小額信貸業務模式。目前建行善融商務平臺的多個融資業務的操作模式及流程仍與線下的中小企業貸相似，這是因為銀行管理上的制度限制了其在業務設計方面的創新。不同的電子商務平臺融資業務具有各個平臺經營內容的特點。隨著各個電商平臺紛紛加入電商網絡融資服務，各電商平臺的融資業務逐漸發展出帶有平臺特點的融資模式。

目前，網絡融資已經成為中國大型電商平臺的重要組成部分。阿里巴巴、京東商城、蘇寧雲商、百度、騰訊、金銀島、網盛生意寶、阿里—達通、敦煌網及慧聰網等均在平臺內開啓了融資業務，提供的資金不僅能解決中小企業融資難的困境，對於電商平臺而言，也有著促進平臺與商戶忠誠度、加強平臺與商戶的黏合度的效果。

根據電商網絡融資的業務特點，可以將其分為電商網絡信用融資模式與網絡供應鏈模式兩大類。電商網絡信用融資模式一般以企業網上行為參數為基礎，結合信用評價模型，確定網商潛在信用並借此進行綜合授信的一種融資模式。電子商務交易平臺掌握了電商企業資金流、商品流及信息流相關資料，借助一系列分析模型，計算出電商企業的潛在信用，並將其運用到平臺上的融資產品，提升了銀行授信審核效率，降低了企業融資難度。目前，作為評價電商企業信用狀況的指標主要包括經營年限、銷售狀況、在平臺上的資金流狀況、用戶評價等信息。網絡信用融資模式的主要貸款對象一般是電商平臺的優質會員，其歷史經營狀況良好，產品評價較高，由它們提出無抵押、無擔保的貸款申請，電商平臺自動審核後決定是否發放貸款，信貸風險由銀行和貸款企業共同承擔。網絡信用融資模式在很大程度上消除了傳統融資中信息不對稱的問題。電商網絡融資通過信息優勢，包括靜態及動態信息優勢，尤其是與企業即時交易相關的動態信息優勢，大大提高了銀行貸前審核與監管貸後資金安全的能力，降低了相關的成本。電商網絡融資流程如圖4.4所示。

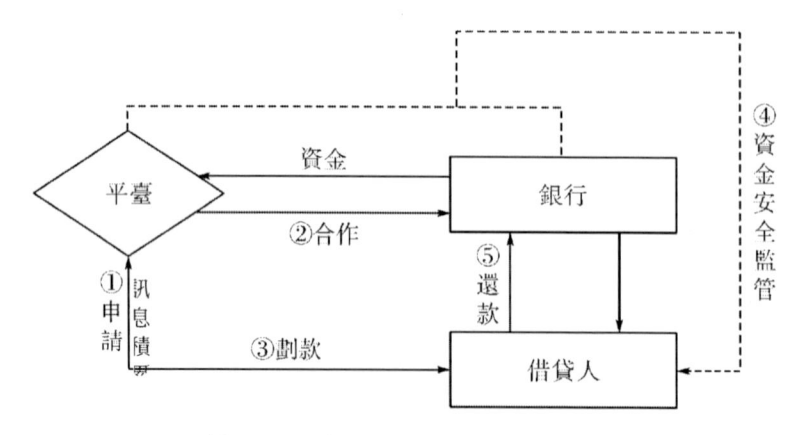

圖4.4 電商網路信用融資模式流程圖

　　網絡供應鏈融資模式是基於網絡交易供應鏈基礎上的融資模式，它通過整合各方資源，為交易各方、平臺、流動性提供一個良性生態圈和一個不過分約束的夥伴關係，解決供應鏈上下游的資金流週轉問題。在網絡交易中，企業往往缺乏生產設備、半成品、原材料等有價值的抵押物，銀行對其融資申請往往不予受理。銀行從可信第三方支付的角度切入，使得交易平臺具有虛擬供應鏈和績效評估的功能，有效地提升融資業務利益相關者的綜合經濟收益，融資技術與核心企業自身能力等方面會不斷得到累積和鞏固，整體收益的增長開始變得明顯。網絡供應鏈模式包含了針對上游銷售商的訂單貸款以及針對下游採購商的倉單質押貸款等業務。

　　總之，大數據為小微企業融資模式創新提供了新途徑，小微企業獲得的資金渠道變多。但是由於網絡是一個新事物，如何保障投資人的資金安全仍然存在需要不斷進行改進的地方。例如眾籌融資模式，這種融資模式依賴網絡，同時項目的投資人由於專業的限制等原因對於項目的具體實施不是很瞭解，項目的發起人若將資金挪作他用，出資人將無法得到相應的報酬。這需要監管部門組建專業性較高的融資項目評定組織，對於項目的真實性和合法性進行評估，同時，將評估的結果透明化，緩解出資方和融資項目之間的信息不對稱問題。對於小微企業而言，雖然大數據可以在某種程度上緩解其融資難的問題，企業可以借助互聯網金融實現短期資金需求，但仍然不能忽視傳統金融機構在其中起的作用。在融資過程中，基礎金融服務和最終的結算平臺仍需要銀行來實現。小微企業在大數據網絡中誠實守信、遵紀守法、保障融資安全，仍然是網絡金融發展及小微企業大數據時代融資模式創新的前提條件。

# 第五章　中國小微企業創新環境及其優化

黨的十八大明確提出，科技創新是提高社會生產力和綜合國力的戰略支撐，必須擺在國家發展全局的核心位置，強調要堅持走中國特色自主創新道路、實施創新驅動發展戰略。中共中央、國務院發布了《關於深化體制機制改革加快實施創新驅動發展戰略的若干意見》（以下簡稱《意見》），要求營造激勵創新的公平競爭環境，發揮市場競爭激勵創新的根本性作用，營造公平、開放、透明的市場環境，強化競爭政策和產業政策對創新的引導，促進優勝劣汰；增強市場主體創新動力，實行嚴格的知識產權保護制度，打破制約創新的行業壟斷和市場分割，改進新技術新產品新商業模式的准入管理，健全產業技術政策和管理制度，形成要素價格倒逼創新機制。該《意見》指出，到2020年，基本形成適應創新驅動發展要求的制度環境和政策法律體系，為進入創新型國家行列提供有力保障。小微企業作為市場經濟發展的最活躍的主體，同時也是創新的主體，在創新驅動戰略中具有舉足輕重的作用。在當前，中國小微企業創新不足，與其所在的創新環境有著較大關係，因此，需要在深入分析中國小微企業創新環境現狀與問題的基礎上，提出優化創新環境對策。

## 第一節　小微企業創新環境基本理論

### 一、小微企業創新環境的含義

「創新」一語，是近年來中國運用頻率相當高的用語。最早提出「創新」一詞，並從經濟學角度進行分析的當屬經濟學家約瑟夫・熊彼特。熊彼特以「創新理論」解釋資本主義的本質特徵，解釋資本主義發生、發展和趨於滅亡的結局，從而聞名於經濟學界，影響頗大。他在1912年出版的名著《經濟發

展理論》一書中，首先提出創新概念，並論證了創新在經濟發展過程中的重要作用。

美國學者吉福德·平肖指出：「創新」的含義在於創新既是創造新技術、新產品、新服務、新市場構想、新系統及新的運行方式，同時又是想方設法把它們投入有利可圖的實踐中。① 奧地利經濟學家熊彼特認為，創新是生產手段的新組合，包括五種情況：①產品創新，採用一種新的產品——也就是消費者還不熟悉的產品——或一種產品的一種新的特性。②技術創新，採用一種新的生產方法，也就是在有關的製造部門中尚未通過經驗的方法，這種新的方法並不一定需要建立在科學上新的發現的基礎之上，它也可以存在於商業上處理一種產品的新的方式之中。③市場創新，開闢一個新的市場，也就是有關國家的某一製造部門以前不曾進入的市場，不管這個市場以前是否存在過。④資源配置創新，掠取或控制原材料或半製成品的一種新的供應來源，無論這種來源是已經存在的，還是第一次創造出來的。⑤組織創新，實現任何一種工業的新的組織，比如造成一種壟斷地位（例如通過「托拉斯化」），或打破一種壟斷地位。而這裡的「組織創新」也可以看作部分的制度創新。此後，吉福德又相繼在《經濟週期》和《資本主義、社會主義和民主主義》兩本書中加以運用和發揮，形成了以「創新理論」為基礎的獨特的理論體系。「創新理論」的最大特色，就是強調生產技術的革新和生產方法的變革在經濟發展過程中的至高無上的作用。創新的定義，眾說紛紜，總的來講，大致包含下述情況：

（1）創造性地開發一種新事物的過程。霍特（Holt）即是從此種意義上定義創新的。他認為，創新是運用知識或相關信息創造和引進某種有用的新的事物的過程。例如，運用最新科學知識、技術，對某一產品生產工藝流程進行革新改造的過程即為此種意義上的創新。

（2）出現並被認定是一種新事物。扎特曼即是從此種意義上定義創新的，他認為，被相關使用部門認定的任何一種新的思想、新的實踐和新的製造物都叫創新。諾格也持有類似的觀點：被個人或其他使用部門所認為的一種新的思想、新的實踐和新的物品。

（3）採用新事物的過程。熊彼特明確表示，採用一種新產品、採用一種新的生產方式均是創新。創新在奈特那裡被定義為「對一個組織或相關環境的新的變化的接受。」就是說，組織接受、採納和運用新事物的過程也是一種

---

① 吉福德·平肖，羅恩·佩爾曼. 激活創新：內部創業在行動 [M]. 鄭奇峰，於慧玲，譯. 北京：中國財政經濟出版社，2006：140.

創新。例如，在中國企業的作業過程中，採用世界上最先進的技術和機器設備的運作過程；或者在企業管理工作中，接受人力資源是企業最重要的資產的新觀念，接受人力資源開發管理是現代企業管理核心的新理念，均系發生於企業內的創新，只是前者為技術創新，後者為管理創新。

一般而言，創新應該有狹義和廣義之分。狹義上的創新，僅就發明創造或創新結果而言，凡是首次問世且在當時具有唯一性的新事物，均為創新之物。古代火藥、印刷術、造紙術的出現，近現代蒸汽機、火車、飛機、火箭的發明，以及各種電器、電子計算機的出現，歷史上各種學科、學說、學派、思想的出現等，對於人類社會而言均系創新，具有第一性、唯一性。廣義的創新，除創新結果——新事物誕生之外，其發明創造過程，某一主體首次採用某一新事物的過程，以及新事物的進一步改造、變革過程及其結果，如產品升級換代、新品種面世；某一學說或學派思想的新發展；某一工作實踐的變革與新發展，例如被稱作現時代管理革命的企業再造工程、人力資源開發管理的變革等，都在創新之列。[①]

所謂企業創新，是指企業作為獨立的法人、實體，為保持企業活力、生存與發展，調動企業成員創造企業成功的因素，產生或採用新思想、新理論、新技術、新方法、新產品的過程或活動。這個定義具有如下特徵：

第一，企業創新主體是企業組織及其全體成員，它是企業及其成員增強企業活力，創造企業成功因素的自主活動與行為。所以，企業創新以企業為獨立法人和實體作為前提。沒有這一條件，難以有真正的企業創新。對於小微企業創新環境而言，其創新主體是指符合小微企業標準的企業及其全體成員。

第二，企業創新目標是保持企業活力、生存、成功與發展。企業的生存、成功與發展，關鍵在於保持和增強企業活力。其包含的三要素為：企業對社會環境的應變力；企業在市場上的競爭力；企業自我改造與發展的能力。

第三，企業創新實質，即創造企業活力和成功因素的過程或活動。其主要包括兩方面的創新活動：一是創造和產生新事物、新物品，例如企業經營管理的新思想、新理論、新方法、新技術、新產品，等等；二是在企業生產經營管理過程中，採用現代的新思想觀念、新理論、新方法、新技術、新產品等，以深刻變革舊的生產技術和經營管理理念與方法。

在理解企業創新含義過程中，要認清創新與變化的關係。首先，創新內含變化於其中。凡是發生創新的企業，必然改變企業原狀況，使企業發生變化。

---

[①] 黃錫明. 企業文化（上卷）[M]. 長春：吉林人民出版社，2002：438-439.

其次，變化不等於創新。變化可以是數量的、表面的、膚淺的、局部或部分的變動，不發生本質的、打破舊格局和舊平衡的變革。例如，企業在運用原技術、方法和舊的工藝流程的情況下，產量、產值增加或減少的狀態，即為企業的變化，然而不是企業創新。只有企業在新理念指導下，採用新技術、新方法，根本改造和變革舊格局，創造出全新事物或全新格局的景況或過程，方為企業創新。最後，變化是可以轉化為創新的。當表面的、膚淺的量變，通過新事物、新思想、新技術、新方法的採用，發生根本質變時，變化便成為創新。①

企業創新離不開創新環境。在某種程度上是創新環境決定了企業創新的動力和發展方向。關於企業創新環境的含義，諸多學者對此進行了研究，但是觀點差別較大。企業創新環境理論最早可以追溯到英國經濟學家馬歇爾的「創新氣氛說」。他認為，「在一個企業集聚區域，存在著濃鬱的創新氣氛，新工藝、新思想能很快地被接受、傳播」。② 馬歇爾所描述的產業區形成了一個創新環境，各個中小企業通過這個網絡進行有效競爭與合作交流，促進新技術、新思想的產生和傳播。可見，企業創新是由創新主體、創新網絡和創新文化共同構成的體系。

中國學者針對小微企業創新環境概念也提出了許多不同觀點，分別從創新網絡、創新區域、創新集群等角度對企業創新環境概念進行了研究。如，有學者認為，創新環境即創新網絡，是培育創新和創新型企業的場所，是在地方行為主體（政府、大學、科研院所、企業等機構與個人）之間長期正式或非正式的合作與交流的基礎上形成的相對穩定的系統。③ 有學者把創新環境分為靜態環境與動態環境兩種情況：靜態環境是指促進區域內企業等行為主體不斷創新的區域環境；動態環境是指為進一步促進區域內創新活動的發生和創新績效的提高，區域環境隨時進行的自我創新和改善的過程。④

綜上所述，我們認為，小微企業創新是指小微企業組織內部與外部的人或組織對企業管理、產品技術等方面做出了有利於企業發展的新改變、新創造。而企業創新環境則是為企業創新提供各種條件的系統，這一系統由市場、制度、人才、文化等若干要素構成。

---

① 黃錫明. 企業文化（上卷）[M]. 長春：吉林人民出版社，2002：439-440.
② 馬歇爾. 經濟學原理下卷 [M]. 陳良璧，譯. 北京：商務印書館，1965.
③ 王緝慈，等. 創新的空間：企業集群與區域發展 [M]. 北京：北京大學出版社，2001.
④ 蓋文啓. 創新網絡：區域經濟發展新思維 [M]. 北京：北京大學出版社，2002.

## 二、小微企業創新環境構成要素

關於企業創新環境的構成，不同學者提出了不同觀點，形成了兩要素說、三要素說、四要素說等多種觀點。

兩要素說認為小微企業創新環境主要由三大要素構成，在兩大要素下面還可以繼續劃分為下一級要素，例如，有學者將企業創新環境分為軟環境和硬環境兩大類，其中軟環境包括社會政治、經濟、文化和生活服務等環境；而硬環境包括基礎設施、自然地理位置、交通通信等環境。並且提出，在區域發展初期，人們往往重視硬環境的建設，隨著區域經濟的發展，區域軟環境建設顯得越來越重要。

三要素說認為小微企業創新環境主要由兩大要素構成，在兩大要素下面還可以繼續劃分為下一級要素，例如，有學者把企業環境劃分為文化環境、競爭環境、政策環境三種要素。文化環境是創新精神的孵化器，包括在員工中建立普遍的危機感、責任感和榮譽感；建立創新的信念；破除迷信，重視每一個創意；鼓勵嘗試、容忍失敗；從物質和精神方面獎勵成功的創新者，如有些公司採取利潤分享、設立「企業內部風險基金制度」、給予光榮稱號等多種手段鼓勵創新；營造適宜創新的組織環境等。競爭環境是創新的動力源。作為市場經濟的產物，創新是與開放、公平的競爭環境相伴相生的。政策環境是技術創新的催化劑。任何創新活動都存在著客觀上的不確定性，存在著失敗的風險。實踐證明，通過適當的政策激勵、引導和保護創新，往往能起到難以替代的效果。[1]

四要素說認為小微企業創新環境主要由四大要素構成，在四大要素下面還可以繼續劃分為下一級要素，例如，有學者把企業創新環境分為四個要素：基礎層次網絡系統、文化層次網絡系統、組織層次網絡系統和信息層次網絡系統。[2]

我們認為，上述對企業創新環境的要素分析都有一定道理，為小微企業創新環境提供了理論基礎，對從某一個角度深入分析小微企業創新提供了新的視角。基於本書對小微企業創新環境優化這一目標，建議把企業創新環境要素分為法律政策環境、政府行為環境、市場環境、融資環境、仲介服務環境、技術

---

[1] 黃錫明．企業文化（上卷）[M]．長春：吉林人民出版社，2002：453-454．
[2] 賈亞男．關於區域創新環境的理論初探 [J]．地域研究與開發，2001（1）：5-8．

環境、人才環境、企業文化環境和企業創新環境九大類，具體構成見圖5.1：①

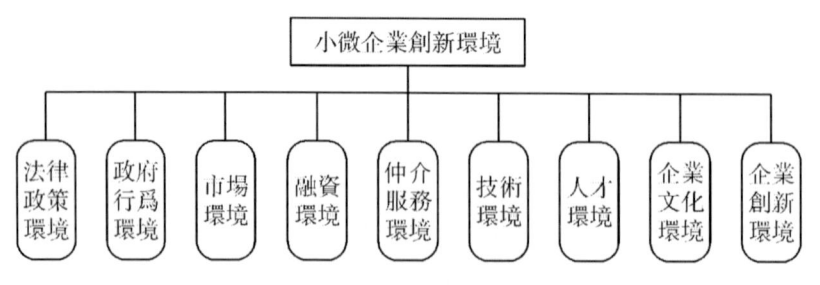

圖 5.1 小微企業創新環境

### 三、創新環境與小微企業創新作用機理

小微企業的創新總是發生在一定的環境之中的，需要一定的環境作為支撐。因此，營造一種濃厚的創新氛圍和有利於高新技術企業快速成長的良好環境，對一個地區乃至一個國家的企業創新、產業發展都具有至關重要的作用。那麼環境是如何影響或推動企業創新的呢？這是一個需要回答的重要的理論問題與實踐問題。

從要素屬性來看，創新環境要素對企業創新活動的影響表現為三種不同的作用關係。第一類要素主要為企業創新活動提供資源保障作用（保障效應要素），在資源供給充沛的發達國家或地區的相關研究中，這一點也是容易被忽視的；第二類要素主要通過增加企業創新帶來收益的預期而激勵企業開展創新活動（動力效應要素），在創新產出較低或創新貢獻不足的地區學者的研究中，這一要素往往占據更為重要的位置；第三類要素主要通過主體間各種網絡的傳導機制交換資源、傳遞信息，以影響企業創新活動（網絡效應要素），這部分要素也是發達地區學者更為關注的話題。

保障效應要素的影響主要表現為其對企業創新活動所需外部資源的滿足程度；動力效應要素的影響績效主要表現為其對企業創新的預期收益和風險的影響程度；而網絡效應要素的影響績效則不僅僅取決於網絡本身，它同時也受到各企業在網絡中連接關係、強度及嵌入性等特徵導致其獲取創新所需信息和資源能力差異的影響，如表5.1所示：

---

① 曹祎遐. 小微企業創新環境：理論前沿與政策研究［M］. 上海：上海人民出版社，2017：32.

表 5.1　　　　　創新環境中三種要素作用方式與途徑比較

| 要素維度 | 影響方式 | 擬解決的問題 | 理論依據 | 優化途徑 |
| --- | --- | --- | --- | --- |
| 保障效應 | 保障 | 企業創新所需要的內部資源不足問題 | 資源配置理論 資源共享理論 | 資源共享與交換；優化資源配置；提高資源利用效率 |
| 動力效應 | 動力 | 企業創新動力缺失或企業家的「風險規避」偏好問題 | 期望效用理論 前景理論 | 確定政府激勵及規制的時機與強度，並避免「高研發投入與低創新」發生 |
| 網絡效應 | 傳導 | 企業創新活動中的信息及資源獲取障礙問題 | 社會結構理論 社會網絡理論 | 提高網絡的規範性與開放性；優化網絡結構關係以提升傳導效率 |

企業的外部創新環境要素按作用方式主要可以分為三類要素，這些要素通過影響企業內部環境進而影響企業創新活動中的意願形成、決策制定和結果產出，最終達到提升創新收益的目的。關於創新環境與小微企業創新的作用機理，具體可以用圖 5.2 加以表示：[①]

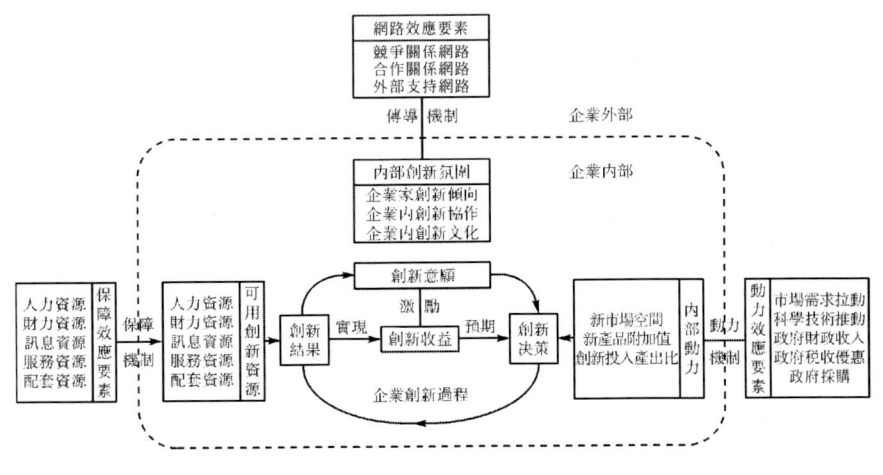

圖 5.2　創新環境與小微企業創新的作用機理

一般而言，企業為了發展，創新是其內在需求，而企業的外部環境則成了

---

[①] 朱建新、朱祎宏、魯若愚. 創新環境的要素構成及其影響機理 [J]. 中國科技論，2016 (3)：119-125.

推進或阻礙企業進行創新的關鍵因素。如果說企業是環境的產物，那麼企業的創新與發展就是企業內部與外部環境進行不斷交互的過程。影響企業創新發展的外部因素包括政策法律環境、市場環境、人力資源、仲介服務、教育環境、文化環境、基礎設施等。這些外部環境要素需要進入企業內部，滿足企業的創新需求，企業就會不斷進行創新。如果把企業外部環境作為創新供給層，將企業內部環境作為企業創新的需求層，那麼當外部創新環境滿足小微企業內部創新需求的情況下，整個小微企業創新環境體系就達到了「均衡」狀態。

任何企業為了自身發展，都有各種需求，如創新人才、創新產品、融資等，而企業創新外部環境包括人才、法律政策等多個要素。當企業內在創新需要得到外在環境的滿足時，整個小微企業創新環境達到「均衡」，小微企業創新就會得到推進。以創新人才為例，創新人才是小微企業創新的基礎條件，沒有人才，所謂創新就是無源之水、無本之木。但是小微企業的人才需求的滿足離不開人才環境。當人才環境中創新人才資源充裕，小微企業獲得創新人才的可能性相應就會提高，同時企業引進創新人才的成本也會相應降低。而良好的人才環境又與小微企業所在區域的人才培養能力、城市宜居程度、城市發展空間等有著密切關係。此外，法律政策環境與創新人才也有著直接關係，例如人才引進待遇、人才福利保障等，都與法律政策環境關係密切。

企業創新環境的「均衡」點是暫時的，或者說是一個動態過程。企業創新環境與小微企業之間存在著相互作用的動態關係。環境的不斷變化使小微企業做出反應，企業的反應行為既是對企業與環境相互作用關係的調適，又會造成環境的進一步變化。由此，小微企業創新與創新環境始終處於動態調適過程之中。而小微企業與環境之間相互作用、相互調適的機理，就是各種環境彼此影響的反應機理。因此，小微企業管理的核心，實質上是如何在企業與環境的動態變化之中進行調適的問題，由此推動小微企業的發展，即環境變化—管理調適—企業發展—環境變化。

創新環境會對小微企業的發展產生重要的影響，它通過直接、間接或迂迴的路徑，影響或決定企業的可選擇集、偏好、執行和反饋，因而中小企業要不斷適應環境。但是，小微企業也不只是被動地適應環境，或者說，外部環境對企業也並不總是正向傳遞（即從外部影響企業內部）或影響力的主從關係。小微企業對區域創新環境也具有反作用。企業通過管理的主動性和創新性對企業內部進行改造，可以影響或控制外部環境，或降低環境對企業不利影響的程度。

創新環境各組成要素是一種系統的網絡結構，它具有動態性、複雜性、紊亂性和非均衡性等特點。由於不同小微企業的內部環境存在著差異，同一外部

環境狀態下或不同企業的不同時期，環境各要素對企業的影響程度不同。不同企業或同一企業在不同時期，企業與環境之間的相互調適的重點也不相同。因此，小微企業不僅要分析外部環境各要素對企業的影響，而且要根據企業自身的情況和特點，分析企業內部與外部環境各要素變量之間的相互作用和相互影響，發現企業與環境之間的「高低端要素」及「作用力場重疊」部分和非均衡狀態及「凹凸程度」，從而抓住主要矛盾的主要方面，尋求調適的均衡點。[①]

## 第二節　中國小微企業創新環境現狀與問題

近年來，隨著中國改革開放的進程不斷推進，企業創新環境得到了很大改善，企業創新成效明顯。當前，中國企業創新活動重心正由知識創造向技術創新延伸。與 2013 年相比，中國除知識創造指標排名下降 1 位外，其他 4 項指標排名均有所提升，企業創新績效提升明顯。創新資源指標位居世界第 29 位，比 2015 年提升 1 位，主要得益於中國研究與開發（R&D）投入規模的增加和強度的持續上升。知識創造指標排名第 19 位，比 2015 年下降 1 位，主要緣於單位研究人員專利產出效率的下降。企業創新指標排名第 13 位，提升 2 位，原因在於中國企業創新投入和國際競爭能力的同步增加。創新績效指標排名第 11 位，提升 3 位，主要歸因於中國知識密集型產業的快速發展。創新環境指標排名第 13 位，提升 1 位，表現在中國知識產權保護和市場經濟政策取得了明顯成效。[②] 當然，不可否認中國企業創新環境還存在著許多問題，尤其對於小微企業而言，整個市場、社會與法律政策對小微企業創新仍然存在著諸多約束，創新環境處於一般水準，仍有很大提升空間，需要深入分析並探求其存在的根源，為小微企業創新環境優化提供對策。

中國企業家調查系統的研究結果顯示：對 2016 年創新動向指數的具體分析表明，企業創新投入得分較高，企業創新潛力和創新效果方面次之，創新戰略和創新環境的得分較低。2016 年中國企業具有較強的創新投入意願，且具有較高的創新潛力，但受限於外部創新環境和企業創新戰略水準，創新投入帶來的創新效果仍有待提高。進一步分析不同經濟類型企業的差別後我們發現，國有企業的創新動向指數高於非國有企業，兩者的差距較為明顯地體現在創

---

① 朱曉霞. 區域創新系統中中小企業角色定位與成長對策研究 [M]. 哈爾濱：哈爾濱工程大學出版社，2014：161.

② 韓春生，周濤. 企業創新方法與工具 [M]. 北京：知識產權出版社，2016：88.

潛力、創新投入和創新效果三個方面，國有企業在上述三個方面都表現較好。而在創新戰略方面，非國有企業的表現要好於國有企業。對比不同規模的企業，可以發現大型企業的創新動向指數明顯高於中小型企業。在創新動向指數組成部分中，中小型企業與大型企業的主要差距在於創新戰略、創新投入、創新潛力和創新效果，其中創新潛力差距最為明顯。大型企業的創新潛力明顯高於中小型企業的創新潛力。[1]

## 一、小微企業創新的市場環境現狀與問題

自 2008 年金融危機發生以來，世界主要經濟體均陷入「擠泡沫」與「修復資產負債表」的兩難境地，致使全球經濟復甦遲緩。全球經濟的持續低迷，以及其對新興經濟體的持續負面影響，從外部迫使中國經濟出現減速。當然，更為重要的是與中國經濟原有的粗放式增長方式不可持續有關，內部的結構性調整因素促使中國經濟必須減速運行。而這種減速又是我們適應這種新形勢主動採取調整政策的結果。

2014 年 5 月，習近平總書記考察河南時首次提出「新常態」的概念，之後多次提及並在同年 12 月 9 日中央經濟工作會議上作出中國經濟發展進入新常態的系統論述，指出「新常態」意味著發展新機遇和新增長，也意味著經濟發展會出現風險和挑戰。中國經濟進入「新常態」，經濟面臨增速降低和結構再平衡的新局面，企業創新面臨的環境不容樂觀。經濟新常態的大背景下，小微企業創新環境面臨諸多挑戰與問題。

一是經濟從高速增長轉為中高速增長，年均經濟增長速度放緩。與中國改革開放前 30 年年均增長 10%的高速增長階段相比較，年均增長速度大概回落 2~3 個百分點。但與世界其他國家或全球經濟增長速度相比，這一增長速度仍處於領跑狀態。根據國際貨幣基金組織（IMF）2014 年 10 月的最新預測，2014—2019 年世界經濟年均增長速度將為 3.9%，其中發達國家為 2.3%，新興經濟體為 5%。經濟發展速度放緩，在許多領域投資受限，首先受到擠壓的是小微企業，許多小微企業由於經濟發展萎縮已經開始關門歇業。

二是經濟結構不斷優化升級，破壞性、粗放型發展受限。吃資源飯、環境飯、子孫飯的舊發展方式正在讓位於以轉型升級、生產率提高、創新驅動為主要內容的科學、可持續、包容性發展。在中國經濟新常態下，經濟發展方式已

---

[1] 中國企業家調查系統. 中國企業創新動向指數：創新的環境、戰略與未來——2017·中國企業家成長與發展專題調查報告 [J]. 管理世界，2017（6）：37-50.

經由原來的被迫展開不顧資源短缺、竭澤而漁、破壞性開採的粗放型發展，忽視環境保護的污染性發展，透支人口紅利、社會保障體系建設滯後的透支性發展，正在逐步轉入遵循經濟規律的科學發展，遵循自然規律的可持續發展，遵循社會規律的包容性發展。發展的主要動力正在逐步轉向依靠轉型升級、生產率提升和開拓創新。中國中小企業包括小微企業，大多數還處於粗放型發展階段，資源消耗依賴性強、環境污染較為嚴重、工人保障體系欠缺。在經濟發展進入新常態之後，許多小微企業由於環保生態、工人社保等問題不得不停產停業，失去了生存的機會。

三是發展動力從要素驅動、投資驅動轉向創新驅動。生產結構中的農業和製造業比重明顯下降，服務業比重明顯上升，服務業取代工業成為經濟增長的主要動力。創新驅動發展將成為經濟發展的主要動力。但是目前中國企業還未成為創新驅動主體，知識創新轉化率低。在中國，資本豐裕後，卻未能給企業創新帶來優勢。金融要素扭曲對企業的研發投入和創新成果具有抑制作用。小微企業本是最具有創新潛力的群體，但目前普遍存在著自有資金不足的現象，難以進行不確定性大的創新活動。在內源融資不足的境況下，如不能轉向外源融資，別說是進行企業創新，維持生產經營都有可能成問題。國有大銀行的壟斷地位造成了加成率高企，影響小微企業正常融資；經濟增長降速，使得小微企業盈利狀況惡化，融資風險上升，難以獲得融資；銀行經過制度規範，進一步提高了風險管控意識，而銀行避險意識過高也進一步使企業融資變難。[1] 這些問題的存在使得小微企業創新雪上加霜。

四是創新從「低成本」創新向自主創新轉變。「低成本」創新是近幾十年來中國小微企業取得成功的重要經驗。也是中國企業獨有的創新模式，但這種模式現在難以為繼。以前鼓勵國內企業進行廉價成本的創新具有可行性。由於中國具有資本相對稀缺、勞動力相對豐富等特點，欠缺發達國家自主研發的要素享賦優勢，國內企業能夠進入的產業主要是勞動密集型產業，企業的產品如果需要更新換代，大多可以通過從發達國家引進技術的方式，或通過對世界前沿技術模仿的手段，或者通過在國內市場實踐中累積知識的方式，實現企業的「低成本」創新。為了實現「低成本」創新，現實中需要企業從發達國家購買專利或技術，也可進口高技術商品和設備。小微企業實現「低成本」創新還表現為「山寨」產品上。改革開放 40 年來，許多小微企業通過「山寨」產

---

[1] 王宇，鄭紅亮. 經濟新常態下企業創新環境的優化和改革 [J]. 當代經濟科學，2015 (6)：99-106.

品，創造了許多經濟發展奇跡。山寨企業依靠成本的優勢和信息不對稱，面對巨大的市場規模，通過仿製暢銷、知名產品，填補市場對產品的需求，在取得成功後又逐漸增添創新元素，最終可能獲得成功。但是，隨著全球化消費市場的進一步趨同，互聯網的普及，信息傳遞速度呈幾何級數上漲，利用信息不對稱在中國本土尋覓商機已經難上加難，山寨式創新成功概率還會減小。

**二、小微企業創新的人才環境現狀與問題**

創新人才是小微企業創新環境中的關鍵一環。創新的本質是人才的創新，沒有人才，創新就是無源之水。但是當前中國人力資本環境不利於小微企業創新，小微企業面臨人才緊張的嚴峻形勢已是不爭的事實，而且隨著中國人口老齡化的加速，用工成本越來越高，小微企業更加喘不過氣來。

首先，全國人口發展不利於小微企業創新人才的培養。近幾年來，中國人口增長速度放緩，老齡化加劇，人口紅利逐漸喪失，小微企業面臨的人力資源壓力越來越大。數據顯示，2016年全國勞動年齡人口（16週歲以上至60週歲以下，不含60週歲）為90,747萬人，佔總人口的比重為65.6%。這也意味著，全國勞動年齡人口比上一年減少了349萬人。中國勞動年齡人口自2012年已連續五年淨減少。和勞動年齡人口減少並存的，是老齡化程度的持續加深。根據統計，2016年60週歲及以上人口23,086萬人，佔總人口的16.7%，比上年增加了0.6個百分點；65週歲及以上人口15,003萬人，佔總人口的10.8%，比上年增加0.3個百分點。這就說明：一方面是勞動年齡人口連續五年淨減少，另一方面是老齡人口持續增加，這意味著企業在人力資源方面壓力趨增。從人口教育情況來看，中國勞動力教育水準目前已快速提高，據《國家中長期教育改革和發展規劃綱要》公布的數據顯示：2009—2020年高等教育在學總規模將從2,979萬上升到3,550萬，而到2015年的規模減少到3,350萬，未來高等教育在學規模增幅空間會越來越小。毛入學率方面，2009年高等教育為24.2%，2015年已達36.0%，到2020年僅是40%，後五年增幅僅為4%。可見，2009—2015年是中國高等教育總規模以及入學率增長最快的時段，而2015年以後降速非常明顯。再從高中階段教育、職業教育等指標看也會發現，中國勞動力高素質化教育增長快速增長期已過。人力資本累積速度的放緩，顯然會制約國內企業創新能力的提升。

其次，小微企業人才供需嚴重失衡。受到國內外市場環境和組織內部環境的影響，很多小微企業面臨招工難題，並且對於各個層次的員工需求都有很大缺口，現有員工不足。就基層崗位而言，在國內物價增長、用工環境差、政策

落實不到位等問題影響下，大量的技術員不願意進入小微企業工作，而更多選擇進入大企業尋求更有保證的工作，特別是對於剛畢業的學生，受到自身優越心理和社會期望壓力的影響，往往不願意選擇小微基層員工作為自己職業發展的開端，而選擇大企業就業。對於高層次員工來說，選擇小微企業作為自己職業的更少。據統計，中國小微企業當前平均規模只有 13 人，32%的企業表示技術人才、管理人才目前難以招聘。近六成的小微企業管理者認為，符合職位要求的應聘者太少。① 在小微企業初創過程中，受資金等條件的限制，有限的經營規模難以吸引足夠的人才；受企業盈利水準的影響，難以形成競爭性較強的薪酬福利，影響到人才隊伍的穩定性。上述兩方面的原因，導致了企業現有人才的匱乏，由於缺乏管理或者技術人才而影響其正常的營運，久而久之，形成了「企業人才的短缺—盈利水準下降—人才流失—盈利水準的進一步下降」的惡性循環，最終使企業人才匱乏，發展難以為繼。

再次，小微企業人才不穩定，流動性大，人才流失嚴重。小微企業由於其規模較小，企業人才的穩定性較差。其中的人才往往隨著自身能力的提高或者經驗的不斷累積而選擇「跳槽」，或者自主創業，或者進入大公司工作，這已經成為一個不爭的事實。人才隊伍的不穩定對小微企業的生產和管理產生了嚴重的影響，企業失去了進一步發展的強有力的核心人力資源的支撐，不僅使得企業的經營活動僅僅維持在簡單的再生產階段，而且也導致了企業有限的人力資本的損失。尤其在宏觀經濟快速發展的時期，小微企業的「用工荒」「人才荒」就會更加明顯，成為區域人才市場的一個普遍現象。例如，2011 小微企業調研報告顯示，在環渤海區域小微企業中，年銷售額 500 萬元~2,000 萬元的小微企業的員工數下降率高達 34%。在這些流失員工中，技術人才和管理人才兩類人才也占了相當大的比重。② 從現實來看，小微企業的人才集體流失主要表現為兩種形式：一是中高層管理人員和專業技術人員等中小微企業的核心人才帶領下屬員工集體跳槽至同行或同業競爭對手的企業；二是企業中高層管理人員和專業技術人員等核心人才的流失所造成的示範效應，引起更大範圍的人才流失。這種集體性的人才流失對於小微企業來說是非常危險的，尤其是在流失人才受雇於同行或同業競爭對手企業的情況下，人才流失對企業的影響甚至是致命的。

最後，小微企業在人才開發、管理與培訓方面缺乏能力支持，不注重員工

---

① 曹祎遐. 小微企業創新環境：理論前沿與政策研究 [M]. 上海：上海人民出版社，2017：95.
② 林軍. 樊超. 中國小微企業人才困境及其對策分析 [J]. 甘肅聯合大學學報（社會科學版），2013（5）：35-38.

培訓和職業生涯規劃。小微企業在創立初期，可供使用的資金和人力資源通常非常有限，出於市場擴張的需要，往往將大量人力、物力投入市場行銷，而忽視對員工的培訓和職業生涯規劃。員工在進入企業初期，往往會有過高預期或對於自身發展缺乏清晰的認識，而作為企業又沒有對員工的職業生涯發展進行設計、指導和規劃，這樣就容易導致新進人員因沒有實現最初期望而在一兩年內離開企業，同時員工由於沒有明確的發展目標，會對工作失去主動性和積極性。在職業培訓方面，有的企業缺乏培訓規劃，不願在培訓方面投入資源和資金；有些企業的培訓集中在技術方面，忽視員工的綜合素質和企業文化建設，這直接導致員工對企業的低忠誠度和高流失率，而過快的人員流動速度，又反過來會導致企業沒有投入培訓的動力，從而形成惡性循環。而一些設立有培訓制度的企業，又不注重培訓的效果，沒有很好地將培訓內容和企業未來發展方向相結合，僅為了追隨市場流行趨勢，而不過問企業的真實需要與發展方向。

### 三、小微企業創新的社會化服務環境現狀與問題

所謂小微企業社會服務體系，是指由政府和其他機構組織起來的為小微企業成長發展服務的資源組合。工業和信息化部在《關於加快推進中小企業服務體系建設的指導意見（徵求意見稿）》中將中小企業服務體系定義為：「由國家、省、市、縣不同層級政府扶持建立的服務機構、協會（商會）、社會仲介服務機構等服務提供主體，與信息、資金、技術、人才、市場等若干重點專業服務系統，通過協同服務機制，共同構成的為中小企業服務的網絡」。

小微企業社會化服務體系的三個基本要件：①小微企業服務體系的主體是政府及其他市場機構，包括政府和其他社會組織；②小微企業服務體系是為中小企業利益服務的，這種利益是不特定的，可能是有利於中小企業成本的降低、幫助中小企業獲取知識技能、獲取高素質勞動者，或者更有利於中小企業成長等；③小微企業服務體系是一系列資源的組合，這些資源包括制度、法律、法規、政策、信息、資金、人才等一切對中小企業有用的資源。小微企業是市場經濟中最有活力的創新細胞，健全的社會化服務體系有利於激發小微企業進行科研開發、技術創新的積極性，同時也是降低小微企業創新成本的有效途徑。

小微企業社會化服務體系涉及範圍非常廣泛（具體見圖5.2），構成了一個複雜體系，既需要政府層面的參與，也需要銀行、企業、學校、科研院所、仲介組織、個人等多個層面的參與。

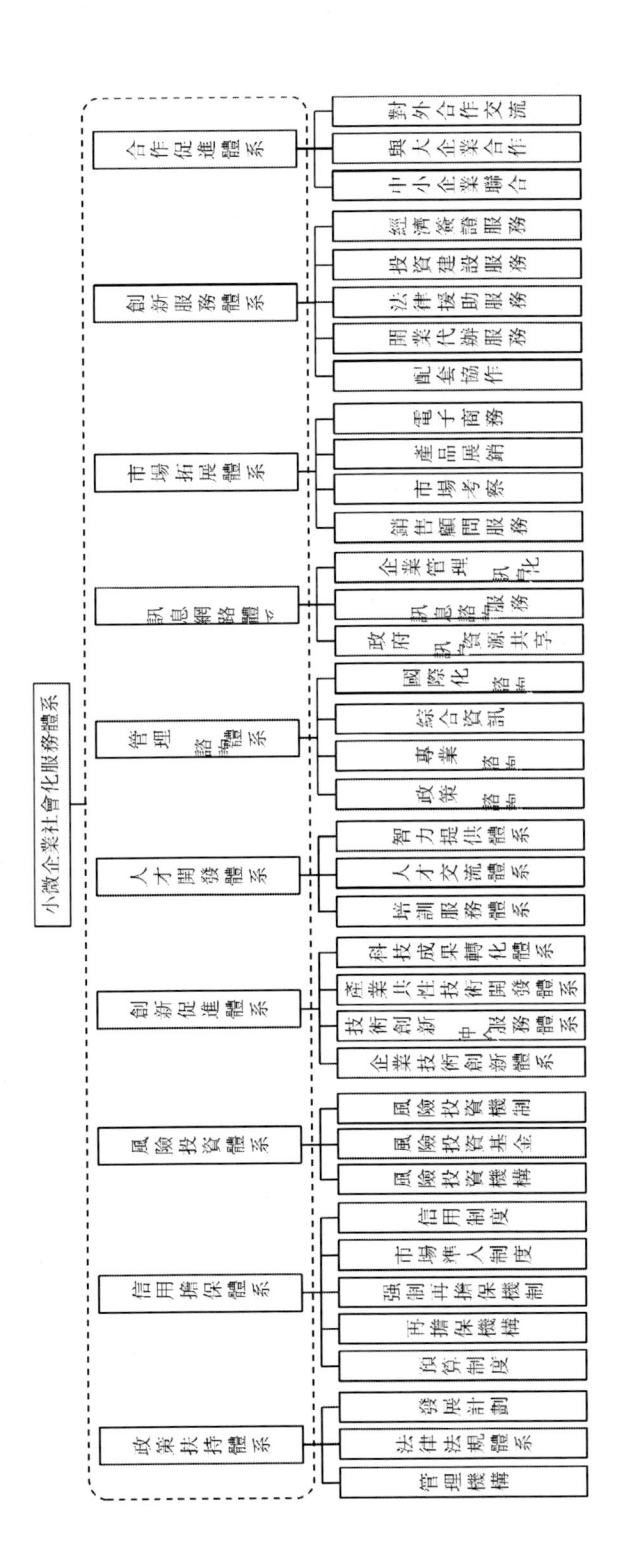

```
                           ┌── 對外合作交流
         ┌─ 合作促進體系 ──┼── 與大企業合作
         │                 └── 中小企業聯合
         │
         │                 ┌── 經濟諮詢服務
         │                 ├── 投資建設服務
         ├─ 創新服務體系 ──┼── 法律援助服務
         │                 ├── 開業代辦服務
         │                 └── 配套協作
         │
         │                 ┌── 電子商務
         ├─ 市場拓展體系 ──┼── 產品展銷
         │                 ├── 市場考察
         │                 └── 銷售顧問服務
         │
         │                 ┌── 企業管理訊息化
         ├─ 訊息網路體系 ──┼── 訊息諮詢服務
         │                 └── 政府訊資源共享
         │
小微企業 │                 ┌── 國際化諮詢
社會化   ├─ 咨理諮詢體系 ──┼── 綜合資訊
服務體系 │                 ├── 專業諮詢
         │                 └── 政策諮詢
         │
         │                 ┌── 智力提供體系
         ├─ 人才開發體系 ──┼── 人才交流體系
         │                 └── 培訓服務體系
         │
         │                 ┌── 科技成果轉化體系
         ├─ 創新促進體系 ──┼── 產業共性技術開發體系
         │                 ├── 技術創新中介服務體系
         │                 └── 企業技術創新體系
         │
         │                 ┌── 風險投資機制
         ├─ 風險投資體系 ──┼── 風險投資基金
         │                 └── 風險投資機構
         │
         │                 ┌── 信用制度
         │                 ├── 市場准入制度
         ├─ 信用擔保體系 ──┼── 強制擔保機制
         │                 ├── 再擔保機構
         │                 └── 信貸制度
         │
         │                 ┌── 發展計劃
         └─ 政策扶持體系 ──┼── 法律法規體系
                           └── 管理機構
```

圖5.2 小微企業社會化服務體系

第五章 中國小微企業創新環境及其優化 | 139

近年來，政府高度重視以服務創新助推小微企業加快轉型升級，各涉企部門在服務小微企業方面也做了大量紮實有效的工作，取得了一定成效。但小微企業生產經營的基礎穩定性較差，自我發展能力不足，組織化程度較低，其發展對社會化服務的需求也更高。而目前政府部門和社會組織的服務手段比較單一、技術簡單、管理粗放，針對性、及時性差，影響企業生存成長、規模化發展的問題依然突出。從總體上看，現有服務體系與小微企業實際需求相比還有很大差距，服務的質量和實效亟待提升，主要表現在以下幾個方面：

一是小微企業服務觀念落後。在由計劃經濟體制向市場經濟體制轉型的過程中，雖然早已提出要毫不動搖地發展非公有制經濟，但是對於非公有制經濟，尤其是中小型民營經濟，政府長期推行抓大放小政策，中小企業被放在次要發展位置。長期以來有關部門習慣於將工作重心放在重點龍頭企業，而對涉及面廣、數量多、規模小的小微企業生存發展的總體狀況掌握不準確，個別部門對小微企業服務不到位、指導不力等問題依然存在，從而制約了小微企業的整體發展。首先，在體制格局的調整中，由於種種原因，仍然普遍存在重公輕民、重大輕小、重城輕鄉等傾向，尚未把群眾創業、小微企業成長作為體制改革的重點提上日程，未能引起整個社會的高度重視。其次，政府有關部門對個體經營、小企業成長仍然存在過多過苛的審批、檢查、取締等行政性管制，使中小企業往往不堪重負，難以成長。最後，社區基層很難也很少參與對群眾創業的扶持，即便是參與服務的行動，也難以得到政府或社會的鼓勵。

二是政府服務職能缺位。中國當前小微企業社會化服務仍然是由政府在主導，社會組織參與不夠，社會化服務體系發展滯後，服務功能不健全，成為制約其發展的最重要因素。政府職能在社會服務職能上的缺位使小微企業社會服務體系難以普遍推廣。市場經濟條件下的政府，在職能改革中，不僅要依法行政，實現有限政府、「守夜人」政府、宏觀調控政府的改革，更要強調實現服務政府的職能。我們認為當前政府服務職能缺位主要表現在以下幾個方面：①「官本位」思想作風仍很嚴重，往往是檢查責罰力度強，保護、服務意識弱。②基層政府缺少關於扶持創業、服務中小企業的職能規定，即使有條文，也缺乏明確、規範而又能實際操作的具體要求，以致無法落實。③各級政府在抓發展時，偏重於抓已有企業、大企業、大項目，而不注重抓群眾創業的發展基礎和環境，不注重激勵群眾創業的長久熱情。④受計劃體制、意識形態的長期影響，政府並未大力准許民間團體的建立並明確其活動辦法，這導致民間團體長期處於不活躍的狀態。

三是面向小微企業的社會化服務體系很不健全。小微企業社會化服務體系

涉及的範圍非常廣泛，包括了金融服務體系、用工服務體系、教育服務體系、物流服務體系、信息服務體系等一系列服務體系。當前中國面向小微企業的社會化服務體系主要存在以下問題：①面向小微企業的培訓、信息、諮詢、技術、融資、稅務代理、記帳代理等社會化服務體系尚未形成。小微企業普遍感到獲取技術支持比較困難，政策信息渠道不暢。②政府、民間團體、中小企業之間新型關係缺失，導致中小企業社會服務體系難以形成並發揮作用。政府要服務於群眾創業、中小企業成長，不能單純靠直接面對千百萬群眾，而需要依靠民間團體、行業組織等作為溝通的橋樑、聯繫的紐帶，來傳送政府的主導作用。因此，需要構建「政府—民間組織—小微企業」之間的新型關係，但遺憾的是當前在中國比較缺失這種新型關係，很多行業協會、企業協會帶有「準政府」性質，用來安排離退休官員，難以起到客觀有效的仲介作用。③統計和服務口徑不一致。相關涉企部門對小微企業統計標準和服務範圍、優惠政策等口徑均不同，且它們之間沒有信息交換平臺，導致政銀企之間信息不對稱，加上信貸風險時常出現，企業更難以獲得新增銀行貸款，最終使得許多小微企業享受不到全部的政策服務。

**四、小微企業創新的文化環境現狀與問題**

企業想要實現真正的創新，必須要建立起一種文化來支持這種創新，使創新文化成為公司發展的活力之源。所謂企業創新文化是指在一定的社會歷史條件下，企業在創新及創新管理活動中所創造和形成的具有本企業特色的創新精神財富及創新的物質形態的總和，包括創新價值觀、創新準則、創新的制度與規範、創新的物質文化環境等。其中，創新價值觀是企業創新文化的核心。企業創新文化一旦形成，就會對企業的員工產生影響、觸發創意並形成創新活動。好的企業創新文化有助於企業創新及創新行為的發生與維持，有利於創新效率的提高和創新成果的取得。

受傳統儒家文化的影響，企業創新文化極端匱乏，成為企業創新環境的「致命傷」。在傳統型的企業文化氛圍下，培育創新文化十分困難，推進創新也就十分困難。在傳統型公司，人們過多地關注生產率和利潤，以至於他們無暇從一個完全不同的角度看待事情。即使有的員工構思出新的創意，在大多數情況下也將由領導來決定或管理這一創意項目，而員工往往不可能處於領導地位，也許得到的只是一句表揚。這種思維方式和組織行為只能打擊或限制創造力，而不能鼓勵整個組織的創新。多數學者在分析中國小微企業成長過程時，談得更多的是科學管理、提高管理水準，卻很少人會提倡小微企業要注重創新

文化的建設。很多小微企業主認為，我們是小微型企業，企業關鍵是生存，談不上企業文化建設問題，甚至管理界一些專家也持同樣觀點，這就使得中小型企業創新文化建設更為滯後。創新文化匱乏已經成為中國小微企業創新不足的核心根源。

一是家長式的企業文化源遠流長。一些中小企業在創業之初，主要採用「作坊」經營方式，注重「血濃於水」的用人理念。「自己人靠得住」的選人、用人方式成為一種固定的模式，使得企業「任人唯親」的現象十分嚴重和非常普遍。在這種親緣人力資源系統中，企業老板的地位至高無上，企業管理制度形同虛設，管理的隨意性暢行無阻，根本談不上什麼制度化和規範化。管理水準的高低取決於老板的個人才能與經驗。集體智慧缺失，沒有有效的管理機制和團隊的決策機制，老板一人說了算，決策往往缺乏理智與制約。可謂是只有「冒險」，沒有「創新」，憑關係決定企業發展的戰略，靠親緣維繫企業命運，為企業的生存和發展埋下深深的隱患和巨大的風險。一旦出現異常情況，便不堪一擊，土崩瓦解，昔日的表面輝煌一夜之間就煙消雲散。只有把企業交給比自己能力強的人而不必是自己的血親時，中國的中小企業才有可能做強做大。

二是經驗式的企業文化盛行。大多數中小企業初創期的創始人都有一定的冒險精神，自身的文化素質並不一定很高，他們憑著承受風險的蠻勁，依靠業已建立的人際關係，甚至瘋狂地投機與融資，帶領一幫鐵哥們打天下，養成了無視實際、盲目貪大、憑經驗辦事的做法。看其他企業走擴大化多元化的經營道路，自己不假思索地模仿，迫不及待地擴大規模，進軍新的行業，將企業變成「吹大了的氣球」，隨時有可能爆炸。當企業發展到一定規模時，企業的老板不放權，獨攬天下，在這樣的文化氛圍中，老板就是企業的絕對意志，他們養成了無往而不勝的自信，總是抱著「車到山前必有路」的僥幸心理，再加上有自己的企業交給外人不放心等習慣，雖有一些企業外聘管理人員，但還是喜歡指手畫腳，使大量的中下層管理者有職無權，形成職能部門大小鉅細之事不敢做決定，凡事等待老板指示決定的經營管理作風。企業的整體經營管理的水準和適應市場多變的創新能力不斷下降。老板被無限繁雜的事務纏身，缺少學習的機會，不注重自身文化素質和管理水準的提高，經營管理知識缺少，形成了認識落後、憑著感覺走、行為低效的惡性循環。

三是短視跟風的企業文化隨波逐流。大多數小微企業把眼前經濟利益放在第一位，重模仿、輕創新，忽視質量、服務、創新。大多數小微企業具有「船小好調頭」的思想，市場上熱銷什麼產品，它們就模仿製造什麼產品，緊跟市場的

熱點，沒有自己的個性和創新。由於其技術實力薄弱，在模仿製造過程中只重數量，只求速度，而忽視了產品質量及售後服務和創新，甚至假冒偽劣，以次充好，打一槍換一個地方，沒有長足發展的要求和戰略規劃，只要能賺錢什麼都能做。不僅企業自身無法長期發展和壯大，而且容易失去信譽，沒有個性，走不出一條真正適合自己長期發展的路子。中小企業創立者都有單打獨鬥、散兵遊勇，寧為雞頭、不為鳳尾，決不淪為別人的「加工車間」等想法。

四是廣告式的企業文化華而不實。中小企業規模小，實力弱，技術開發能力不足，但是中小企業有一撒手鐧，就是發揮名人效用。明星效用打廣告，引發市場的關注，達成品牌形象認同，不失為迅速提高品牌知名度的有效手段。殊不知只用形象代言人去搞行銷，形成企業文化那只是其中的一部分，而不是全部。打廣告、打造品牌、市場拓展和產品開發、資本運作是一個相互作用、相輔相成的有機系統。只搞形象代言，即使一時市場開拓了，產品開發、資金籌集、生產規模都跟不上也不能解決問題。

由於企業急功近利，通過廣告的形式走捷徑，在發展模式上實行「拿來主義」，看似在短期內成長很快，但是從長遠來看，由於企業缺乏真正的創新，使得本來就脆弱的企業創新文化雪上加霜。[1]

## 第三節　中國小微企業創新環境優化對策

對於國家、民族而言，創新是一個民族的靈魂，是人類發展的不竭動力。創新始終是推動一個國家、一個民族向前發展的重要力量。抓創新就是抓發展，謀創新就是謀未來。「十三五」時期，面對全球新一輪科技革命與產業變革的重大機遇和挑戰，面對經濟發展新常態下的趨勢變化和特點，面對實現「兩個一百年」奮鬥目標的歷史任務和要求，「必須把創新擺在國家發展全局的核心位置」，黨的十八屆五中全會提出「五大發展理念」，排在首位的就是「創新發展」。對於小微企業而言，創新同樣是企業存在與成長的動力源泉。當世界經濟進入全球化、技術創新進入加速化的階段，市場競爭越趨激烈，沒有創新，一切企業都存在被淘汰的危險。

### 一、在國家層面上全面實施創新驅動發展戰略

國家層面的創新發展戰略是小微企業創新的大環境，對小微企業的創新發

---

[1] 張丹. 中小企業創新文化建設之初探 [J]. 商場現代化. 2005 (12): 301-302.

展有著重大引導與帶領作用。黨的十八大明確提出,科技創新是提高社會生產力和綜合國力的戰略支撐,必須擺在國家發展全局的核心位置,強調要堅持走中國特色自主創新道路、實施創新驅動發展戰略。這是我們黨放眼世界、立足全局、面向未來作出的重大決策。

實施創新驅動發展戰略,對中國形成國際競爭新優勢、增強發展的長期動力具有戰略意義。改革開放40年來,中國經濟快速發展主要源於發揮了勞動力和資源環境的低成本優勢。進入發展新階段,中國在國際上的低成本優勢逐漸消失。與低成本優勢相比,技術創新具有不易模仿、附加值高等突出特點,由此建立的創新優勢持續時間長、競爭力強。實施創新驅動發展戰略,加快實現由低成本優勢向創新優勢的轉換,可以為中國持續發展提供強大動力。

實施創新驅動發展戰略,對中國提高經濟增長的質量和效益、加快轉變經濟發展方式具有現實意義。科技創新具有乘數效應,不僅可以直接轉化為現實生產力,而且可以通過科技的滲透作用放大各生產要素的生產力,提高社會整體生產力水準。實施創新驅動發展戰略,可以全面提升中國經濟增長的質量和效益,有力推動經濟發展方式的轉變。

實施創新驅動發展戰略,對降低資源能源消耗、改善生態環境、建設美麗中國具有長遠意義。實施創新驅動發展戰略,加快產業技術創新,用高新技術和先進適用技術改造提升傳統產業,既可以降低消耗、減少污染,改變過度消耗資源、污染環境的發展模式,又可以提升產業競爭力。對於小微企業而言,國家實施創新驅動發展戰略,需要從以下幾個方面著手進行:

第一,培育世界一流創新型企業。構建以企業為主體、市場為導向、產學研相結合的技術創新體系。一是進一步確立企業的主體地位,讓企業成為技術需求選擇、技術項目確定的主體,成為技術創新投入和創新成果產業化的主體。二是高校、研發機構、仲介機構及政府、金融機構等應與企業一起構建分工協作、有機結合的創新鏈,形成中國特色的協同創新體系。三是鼓勵行業領軍企業構建高水準研發機構,形成完善的研發組織體系,集聚高端創新人才。四是引導領軍企業聯合中小微企業和科研單位系統佈局創新鏈,提供產業技術創新整體解決方案。培育一批核心技術能力突出、集成創新能力強、引領重要產業發展的創新型企業,力爭有一批企業進入全球百強創新型企業。

第二,加快科技體制機制改革創新。建立科技創新資源合理流動的體制機制,促進創新資源高效配置和綜合集成;建立政府作用與市場機制有機結合的體制機制,讓市場充分發揮基礎性調節作用,政府充分發揮引導、調控、支持等作用;建立科技創新的協同機制,以解決科技資源配置過度行政化、封閉低

效、研發和成果轉化效率不高等問題；建立科學的創新評價機制，使科技人員的積極性、主動性、創造性充分發揮出來。

第三，建設世界一流大學和科研院所。加快中國特色現代大學制度建設，深入推進管、辦、評分離，擴大學校辦學自主權，完善學校內部治理結構；引導大學加強基礎研究和追求學術卓越，組建跨學科、綜合交叉的科研團隊，形成一批優勢學科集群和高水準科技創新基地，建立創新能力評估基礎上的績效撥款制度，系統提升人才培養、學科建設、科技研發三位一體創新水準；增強原始創新能力和服務經濟社會發展能力，推動一批高水準大學和學科進入世界一流行列或前列；建設世界一流科研院所，明晰科研院所功能定位，增強在基礎前沿和行業共性關鍵技術研發中的骨幹引領作用。健全現代科研院所制度，形成符合創新規律、體現領域特色、實施分類管理的法人治理結構。圍繞國家重大任務，有效整合優勢科研資源，建設綜合性、高水準的國際化科技創新基地，在若干優勢領域形成一批具有鮮明特色的世界級科學研究中心；發展面向市場的新型研發機構，圍繞區域性、行業性重大技術需求，實行多元化投資、多樣化模式、市場化運作，發展多種形式的先進技術研發、成果轉化和產業孵化機構。構建專業化技術轉移服務體系，發展研發設計、中試熟化、創業孵化、檢驗檢測認證、知識產權等各類科技服務。完善全國技術交易市場體系，發展規範化、專業化、市場化、網絡化的技術和知識產權交易平臺，在科研院所和高校建立專業化技術轉移機構和職業化技術轉移人才隊伍，暢通技術轉移通道。①

第四，建設高水準人才隊伍，築牢創新根基。加快建設科技創新領軍人才和高技能人才隊伍，圍繞重要學科領域和創新方向造就一批世界水準的科學家、科技領軍人才、工程師和高水準創新團隊，注重培養一線創新人才和青年科技人才，對青年人才開闢特殊支持渠道，支持高校、科研院所、企業面向全球招聘人才，倡導崇尚技能、精益求精的職業精神，在各行各業大規模培養高級技師、技術工人等高技能人才。優化人才成長環境，實施更加積極的創新創業人才激勵和吸引政策，推行科技成果處置收益和股權期權激勵制度，讓各類主體、不同崗位的創新人才都能在科技成果產業化過程中得到合理回報、發揮企業家在創新創業中的重要作用，大力倡導企業家精神，樹立創新光榮、創新致富的社會導向，依法保護企業家的創新收益和財產權，培養造就一大批勇於

---

① 錢穎一，等．創新驅動中國：國家創新驅動發展戰略解讀及實踐［M］．北京：中國文史出版社，2016：9．

創新、敢於冒險的創新型企業家，建設專業化、市場化、國際化的職業經理人隊伍。推動教育創新，改革人才培養模式，把科學精神、創新思維、創造能力和社會責任感的培養貫穿教育全過程。完善高端創新人才和產業技能人才「二元支撐」的人才培養體系，加強普通教育與職業教育銜接。

第五，推動創新創業，激發全社會創造活力。建設和完善創新創業載體，發展創客經濟，形成大眾創業、萬眾創新的生動局面。一是發展眾創空間。依託移動互聯網、大數據、雲計算等現代信息技術，發展新型創業服務模式，建立一批低成本、便利化、開放式的眾創空間和虛擬創新社區，建設多種形式的孵化機構，構建「孵化+創投」的創業模式，為創業者提供工作空間、網絡空間、社交空間、共享空間，降低大眾參與創新創業的成本和門檻。二是孵化培育創新型小微企業。適應小型化、智能化、專業化的產業組織新特徵，推動分佈式、網絡化的創新，鼓勵企業開展商業模式創新，引導社會資本參與建設面向小微企業的社會化技術創新公共服務平臺，推動小微企業向「專精特新」發展，讓大批創新活力旺盛的小微企業不斷湧現。三是鼓勵人人創新。推動創客文化進學校，設立創新創業課程，開展品牌性創客活動，鼓勵學生動手、實踐、創業。支持企業員工參與工藝改進和產品設計，鼓勵一切有益的微創新、微創業和小發明、小改進，將奇思妙想、創新創意轉化為實實在在的創業活動。

第六，轉變政府職能，理順政企關係，平等保護各類市場主體。黨的十八大報告明確指出，經濟體制改革的核心問題是處理好政府和市場的關係，必須更加尊重市場規律，更好發揮政府作用。尊重市場規律，就是要充分發揮市場在資源配置中的基礎性作用，充分利用市場競爭中的利益機制、供求機制、價格機制、競爭機制等有效地配置資源和提高經濟效益。為實現市場在資源配置中的決定性作用，中國政府當前的緊迫任務是「簡政放權」，減少行政干預，簡化審批流程，審批事項逐步向「負面清單」管理邁進，做到審批清單之外的事項均由社會主體依法自行決定。把禁止和限制進入的行業、領域和業務列入政府清單，清單之外的領域可以自由進入，這將給予企業極大的經營自由，即「法無禁止即可經營」。

在現代市場經濟中，政府和企業是平等的市場主體，只是扮演了不同的角色，政府和企業之間的關係實際上類似於一種「交易」關係，形成一種平行的、互利互惠的格局。在市場競爭過程中，各類市場主體之間存在大量的不對稱信息、面臨著不確定性風險，各類市場主體都有「趨利性」和「機會主義」行為，市場機制調節資源配置還會產生「時滯性」，所以市場機制會失靈，會

產生負面作用。要能做到法律沒有明令禁止的行業和領域，不同所有制成分企業、不同規模企業都可以自由進入或退出。以企業的經營實力和市場競爭力作為選擇企業主體的標準，破除按所有制劃分企業的傳統標準，一視同仁地對待各類企業，發揮民營企業在經濟結構調整和企業兼併重組中的積極作用。所以，完善社會主義市場經濟，必須要堅持各類企業主體平等競爭的原則，破除政府對不同性質企業區別對待的做法，打破行業壟斷，保證各種所有制經濟依法平等使用生產要素，公平參與市場競爭，同等受到法律保護。

為了更好地配合經濟發展方式的轉變，政府職能應該從經濟建設型或資源動員型政府轉向公共服務型政府。在這種新型的政府和市場的關係主導下，政府扮演的角色不再是行政干預者，而是通過建立完善的市場機制、健全法律法規，為市場主體提供一個良好的基礎環境。同時，作為公共管理者，為社會提供必要的公共服務。在這樣的環境中，市場的公平競爭減少了形形色色的尋租行為，使企業唯有通過技術創新、產品創新和管理創新等來獲取利潤。同時創設企業投資研發和創新的激勵，使企業願意投資於各式各樣的創新活動，願意通過重大技術突破和日積月累地對現有工藝、產品進行改進，以及對引進技術的消化、吸收和提高等多種手段參與競爭。

**二、優化小微企業創新的市場環境**

市場是小微企業生存與成長的場所。人們通常把市場比喻成沒有硝煙的戰場，現代市場競爭異常激烈。多數小微企業存在的壽命非常短暫，與其脆弱的競爭力密切相關，在這個優勝劣汰的市場競爭中，大企業吞併小企業是輕而易舉的事情。在中國這個特殊國情裡面，受意識形態等因素的影響，小微企業更是隨時被宰割的對象。因此，如何優化小微企業創新的市場環境顯得非常重要。

1. 建立各類市場主體公平競爭的市場環境

受意識形態及傳統計劃經濟體制的影響，作為民營企業的小微企業一般難有對等的公平競爭主體地位，市場准入、經營壟斷、政府扶持等都傾向於國有大型企業，使得本來就脆弱的小微企業步履維艱。在這樣一種市場環境下，小微企業創新就是一句空話了。因此，必須破除按所有制劃分企業的傳統標準，以企業的經營實力和市場競爭力作為選擇企業主體的標準，一視同仁地對待各類企業，發揮民營企業在經濟結構調整和企業兼併重組中的積極作用。必須堅持各類企業主體平等競爭的原則，破除政府對不同性質企業區別對待的做法，打破行業壟斷，保證各種所有制經濟依法平等使用生產要素、公平參與市場競

爭、同等受到法律保護。

公平競爭是市場經濟發展的應有之義。所謂公平競爭，其實就是要有一個好的經濟生態環境，就是各類企業能依法平等地進入市場，公平、公正和公開地從事市場交易活動。現代市場經濟要求允許各類市場主體平等地參與競爭，根據企業自身情況及外部環境的變化自由地選擇進入或退出市場，反對運用權力排斥潛在的競爭者，反對和打破行業壟斷，特別是行政性行業壟斷。政府制定反壟斷法和反不正當競爭法，可以保證企業有一個公平競爭的「競技場」；同時堅持公開、公正原則，保證壟斷行業改革規範有序進行，能做到法律沒有明令禁止的行業和領域，不同所有制成分企業、不同規模企業都可以自由進入或退出。

黨的十八大報告提出，要提高大中型企業的核心競爭力，支持小微企業特別是科技型小微企業發展。為此，需要大力推進國有企業的改革，除涉及國民經濟命脈和國家安全的關鍵領域和行業外，要通過改革去除競爭性大型國有企業享有的行政性保護，同時剝離其所承擔的政策性包袱，使國有企業真正成為平等的市場主體，在激烈的市場競爭過程中不斷提高自身的優勢地位和核心競爭力。同時還要提升中小企業的創新能力，實施中小企業創新能力建設計劃，加快完善相關的政策，引導和支持創新要素向中小企業集聚，建立產學研相結合的創新型體系。在市場准入上，也應遵循「資源共享」原則，為大中小企業在資源分享、機會獲得、資金獲取等方面提供相適應的市場通道。

在市場經濟條件下，企業、企業家是創新的主體。他們的創新有別於工程技術人員的創新，企業和企業家的創新瞄準的是市場需求，嚴格遵守投入和產出規律，這種創新是永無止境的，因此，企業把握著創新的市場走向和趨勢。政府需要做的就是創造能使企業公平競爭的市場環境，創造能有利於千千萬萬企業家脫穎而出的環境。尊重市場規律和更好地發揮政府的作用，正確地界定政府發揮作用的邊界，這是小微企業創新環境優化的大前提。

2. 構建有利於小微企業創新的產業發展新政策與新體系

黨的十八大報告提出要「著力構建現代產業發展新體系」。這是根據國際市場需求結構新調整、產業格局新變化和科技進步新趨勢，以及中國經濟發展新階段新特徵提出的重大戰略任務，對優化中國產業結構、加快經濟轉型具有重要的導向性作用。

產業政策是政府為實現促進產業發展與經濟增長的目標，制定的調控經濟發展或某個行業的生產、經營與交易活動，以及直接或間接干預商品、服務、金融等一系列政策的總稱，具體包括財政、金融、土地、進出口、稅收、政府

採購、知識產權保護與行政措施等。產業政策通過制定產業中長期發展規劃，以及通過制定投資目錄、稅收減免、投資補助、貸款貼息、財政補貼、又稅保護、核准等多種方式，確保實現產業政策目標。產業政策以實現提升產業能級、優化產業結構、促進經濟穩定增長為目的，其本質是通過發揮政府的作用，調控經濟、彌補市場失靈、糾正市場扭曲，實現某些產業快速發展，趕超外國同類行業，促進資源優化配置，推動經濟持續穩定發展。產業政策主要是通過培育良好的市場環境，不斷改善宏觀環境，加強人力資源培養與提升科技水準，在中長期發揮作用，有效推動產業發展。政府通過制定實施產業政策，干預經濟運行，並發揮產業政策、財政政策、貨幣政策的合力，共同調控經濟發展，以促進經濟穩定增長。

雖然從理論上而言，產業政策有其發揮重要作用的空間，但並不能證明政府就比市場更有效率，意在醫治市場失靈的產業政策可能導致政府與市場的雙失靈。產業政策發揮作用的隱含前提是，政府具有完全信息與足夠的能力去識別最需要支持發展的產業從而制定完備的政策，但問題在於政府並不總是能選擇真正具有發展比較優勢及最需要支持的產業，更不能保證制定真正符合產業發展需求的健全完善的政策，而在實踐中反倒因為對某些產業的過度關注與扶持導致產能過剩甚至影響市場的正常運行。對政府而言，信息不完全、有限理性及對自身利益最大化的偏好，可能使政府在制定產業政策的過程中更有動力制定有利於強化自身權力的產業政策，而並不考慮這種產業政策所實際發揮的效果如何，意在醫治市場失靈的政策並不能排除導致政府與市場雙失靈的情況。產業政策的實施重點是依靠經濟手段還是行政手段，也將嚴重影響產業政策的實施效果。政府在制定與實施產業政策的過程中也易造成設租、尋租及腐敗的情況。本是為了彌補市場失靈的政策反倒導致政府與市場雙重失靈，既影響到產業健康發展，也難以有效提升經濟發展的質量與效益，將使總在「糾正市場扭曲，彌補市場失靈」的產業政策「越糾越扭曲，越補越不靈」。

為避免產業政策導致的政府與市場雙重失靈等弊端，尤其是消除不利於小微企業發展公平競爭的產業政策，需要對中國傳統的產業政策加以調整，構建現代產業發展新體系。一是明確產業政策的重點應是培育市場體系及構建公平公正的市場環境，尤其是重點培養有利於推進企業創新的市場環境，努力發揮市場配置資源的基礎性作用，並有效促進各類企業的健康發展。政府在制定與實施產業政策的過程中，最重要的任務應是在以推進市場化為主的經濟體制改革進程中，有效構建推進市場經濟體制運行的制度框架和微觀基礎，最大限度地激發微觀經濟主體的活力與主觀能動性，而不是干預市場運行、限制市場正

常競爭。二是放鬆管制、鼓勵進入和退出的競爭，促進產業組織結構的調整和優化。要鼓勵產業內和產業間的企業兼併重組，通過資本市場發展促進生產的相對集中和集聚；要放鬆對企業進入的管制，鼓勵各類企業尤其是民營企業加快進入新興產業、服務業和小微企業；要通過平等競爭條件和公平競爭，鼓勵企業向生產小型化、智能化、專業化方向發展。三是要制定和落實好對小微企業發展的財稅金融等扶持政策，支持工業設計、工程諮詢、信息服務等生產性服務業，尤其是科技型小微企業的發展，支持相關行業設施建設、人才培養和技能培訓，落實好相關稅收優惠政策。四是推動信息產業和製造業、服務業融合發展，加快信息網絡技術在經濟社會全方位的應用，發揮新一代信息技術產業對經濟社會發展的支撐能力。信息產業為小微企業的成長提供了契機，通過網絡信息技術的運用，小微企業也會在很短的時間內由弱變強，在市場競爭中取得一席之地。

3. 實現小微企業集群協同創新發展

創新是一個互動的過程，不僅需要承擔較高風險，而且需要耗費大量資源，小微企業集群中的單個企業很少有能力依靠自身的知識和資源孤立地進行創新。為了減少風險，它們可以與其他企業、組織機構進行合作，從事價值鏈上某一環節的創新性工作，實現專業化分工。小微企業由於本身所固有的經營規模小、創業風險高和創新資源不足等客觀條件的制約，在一定程度上限制了企業技術創新的能力和創新效果，而集群創新可以使企業利用地理上的集中或靠近，通過企業集群的力量進行創新，在一定範圍內能夠實現資源共享、風險共擔，降低了單個企業創新的風險和成本，成為企業進行科技創新和技術改造的有效途徑。

小微企業集群發展，實際上就是小微企業抱團式發展，以提升小微企業市場競爭力，這些成功例子非常多，例如浙江義烏小商品市場、武漢漢正街批發市場等，都是小微企業集群發展成功的典範。在企業集群內，企業間分工合作多重互補，並在集群企業間進行物質流、信息流和能量流的傳遞，共同構建集群企業共生系統。

小微企業集群內成員間的協同能有效促進各種信息、技術和人才的流動，可以實現資源共享、優勢互補，克服單個企業創新資源不足的缺陷。它們可以分享共同的信息資源、共同的市場網絡、共同的人才市場，可以通過相互信任促進集群內企業間信任機制的建立和長期合作的形成，形成中小企業集群網絡內的協同創新「共同體」。在協同創新「共同體」模式下，企業將更注重與其他企業的互動關係，集體學習成為創新的動力，產生整體大於部分之和的

「協同效應」，集群內的企業之間通過功能互補，擴大創新空間，降低和分散創新風險，縮短創新週期，帶來創新效率的提高。

（1）重點培植小微企業集群創新的「龍頭企業」。小微企業集群的形成，一般都通過一個或幾個「龍頭企業」的衍生、裂變、創新與被模仿而逐步形成。小微企業集群的「龍頭企業」是小微企業集群複雜網絡發展和創新的核心，是集群得以可持續發展和產業升級的關鍵。「龍頭企業」憑藉其強大的技術能力和資金實力去構建完整的生產和銷售網絡，創建市場品牌。龍頭企業的形成將帶動產業鏈的不斷延伸和創新的快速提升。龍頭企業在小微企業集群中形成一個「創新極」，從而帶動整個集群創新的發展，通過集聚和協同效應降低研發、生產、採購、庫存等方面的成本，建立縱向延伸、橫向協作的複雜網絡產業組織創新體系，提高集群的競爭力，從而帶動整個區域經濟的發展。

（2）整合資源，構建小微企業集群「獨聯體」式協同創新網絡。小微企業集群創新既需要豐富的創新資源，也需要創新主體之間高效率的聯動。因此，要想提高集群自身的創新能力，可以通過加強資源整合，建立起由企業、大學與研究機構、協會以及融資機構組成的中小企業集群「獨聯體」式創新複雜網絡，利用集群複雜社會網絡這一創新平臺促進中小企業集群內部的集體學習，提高集群的整體創新能力。所謂「獨聯體」式創新網絡就是通過集群內異質性主體間建立起來的，圍繞產品研發、生產、銷售及各種輔助性活動的創新網絡『獨聯體』式創新網絡。各主體通過合作，協同展開產業投資、設立研發中心、開拓外部市場、共享技術合作成果等活動，彌補各自在資金、技術、資源、人才、品牌等方面的不足，有效地解決創新上面臨的制約。

（3）構建良好的中小企業集群協同創新機制。小微企業集群協同創新首先需要建立在合作基礎之上，不同主體之間合作需要一定條件才能發生。因此，需要特定機制保障才能維護和持續，產生協同效應。這種合作必須對不同創新主體的任務目標、資源等進行有效協調，需要建立超越系統自身的管理體制和機制。協同創新機制應主要包括動力機制、協調機制和利益分配機制。動力機制是指通過多元主體間的優勢互補、利益驅動，激勵他們產生協同創新意願，提高協作的積極性；協調機制包括創新成員間關係的協調，控制或激勵創新聯盟實現協同創新的目標，涉及信息溝通機制、群體協商機制和監督機制的構建三個方面；利益分配機制是指按照公平、公正、科學和客觀的原則，確定

協同創新中各利益主體分配方式和方法。[1]

**三、優化小微企業創新的社會化服務環境**

1. 不斷優化和完善小微企業社會化服務平臺

圍繞小微企業的創立退出、生產經營、研究開發、融資信貸、技術與信息服務、物流等方面，打造各類服務平臺，不斷優化和完善小微企業社會化服務體系，為各類小微企業提供信息查詢、技術創新的指導、質量檢測、法規標準、管理諮詢、創業輔導、市場開拓、人員培訓、設備共享等各種服務。

首先，加快完善創業孵化體系。進一步優化創新載體空間佈局，打造「創客—創業苗圃—孵化器—加速器—專業園區」全產業鏈孵化載體，針對不同發展階段的小微企業，尤其是科技型小微企業提供差異化服務，降低創新風險和成本，提高創業成功率。一是要依託高校院所、科技園區、產業基地、大企業等多方力量建設專業化孵化器，通過政府引領、社會資源參與、企業化管理運作，支持有條件的地區結合本區域產業定位和規劃佈局，引導科技企業孵化器向專業化、特色化、市場化和規模化方向發展，實現傳統老牌孵化器加速轉型升級。二是地方政府需要結合區域優勢和現實需求，出抬與地方產業發展相配套的引導科技創業孵化體系建設的具體方針政策。同時，建立孵化器績效考核評價體系，實施動態管理，定期開展績效評價，提升服務水準和孵化效率，推進孵化載體不斷完善機制和體系，優化提升投資水準，強化專業化服務，為科技型小微企業發展營造良好的空間和環境。

其次，加快發展眾創空間。眾創空間是指依託廣泛社會資源，為創業者提供包含工作空間、網絡空間、交流空間和資源共享空間在內的各類創業場所，為創業者提供低成本、便利化、全要素的創業服務平臺並開展社會化、專業化、市場化、網絡化的特色創新創業孵化服務的合法註冊獨立法人。從性質上來講，眾創空間是一類新型的科技企業孵化器，與傳統的科技企業孵化器等創新創業服務機構有所區別，眾創空間主要針對早期創業，關注創業鏈條的最前端，與傳統科技企業孵化器、加速器、產業園區、小企業創業基地等，共同組成完整的創業孵化鏈條。眾創空間有效滿足了網絡時代大眾創新創業的新需求，能夠提供線上線下相結合的創業服務。加快發展眾創空間，一是要優化眾創空間的規劃、提升服務能力，健全孵化器生態圈，使其成為撐起創新中心堅

---

[1] 範如國. 基於複雜網絡理論的中小企業集群協同創新研究 [J]. 商業經濟與管理，2014（3）：66-68.

實的「梁」和「柱」。二是要著力解決好當前眾創空間存在的突出問題，防止各種主體一哄而上，階段性供給過剩，造成各種硬件條件和服務跟不上發展，不能有效地支持企業創新活動。三是要建立健全由投資人、創業者、企業和服務機構組成的眾創空間、孵化器生態系統，建立各眾創空間、孵化器之間的聯接、互動紐帶，組成眾創空間、孵化器網絡系統，形成合力，提升現有眾創空間的服務能力和創新能力。

2. 建立多層次、全方位、具有廣泛參與性的社會化服務體系

通過借鑑發達國家及地區的相關經驗，在政府的主導下，以小微企業服務中心為載體，聯結各社會仲介機構，共同構成為中小企業提供專業化、系列化、網絡化、社會化、市場化服務並以智力服務為主的體系。社會化服務針對所有小微企業的整體需求而提供，所提供的服務能夠滿足處於不同層次、不同發展階段的小微企業在資金、技術、管理、信息、市場和人才等多方面的需求。一是政府應大力加強以信用擔保、資金融通、市場開拓、技術創新、管理諮詢、人力資源開發，以及對外合作交流等為主要內容的企業社會化服務體系標準的建設，對相關項目給予必要的政策傾斜和資源支持。集中政府各部門和社會各類仲介機構在一個集中的場所內為中小企業提供創業輔導、企業診斷、信息諮詢、市場行銷、投資融資、貸款擔保、產權交易、技術支持、人才引進、人員培訓、對外合作、展覽展銷和法律諮詢等全方位服務。二是要依託小微企業仲介服務組織，積極創造條件盡快開辦小微企業服務窗口。要調動社會各方面的積極性，充分調動現有資源，通過創立、利用、調整、扶持等多種方式，不斷發展、規範小微企業仲介服務機構。要引導、保護和調動社會各方面的積極性，發揮行業協會、商會、大學、科研機構等方面的力量，引導現有服務機構轉變經營觀念，改進服務作風，開展適合小微企業特點的服務，鼓勵大中型企業的離退休經營管理者、具有專業特長的人員在取得資格認定的情況下，為小微企業服務。

### 四、營造小微企業創新的社會文化環境

1. 大力開展「雙創」活動

「雙創」活動，即「大眾創業、萬眾創新」，泛指中國各地的城市與企事業等單位的兩項創建工作。國務院總理李克強 2014 年 9 月在夏季達沃斯論壇上公開發出「大眾創業、萬眾創新」的號召。幾個月後，又將其前所未有地寫入了 2015 年政府工作報告予以推動。在 2015 年 6 月 4 日的國務院常務會議後，「雙創」再度吸引了人們的注意，該次會議決定鼓勵地方設立創業基金，

對眾創空間等辦公用房、網絡等給予優惠；對小微企業、孵化機構等給予稅收支持；創新投貸聯動、股權眾籌等融資方式；取消妨礙人才自由流動、自由組合的戶籍、學歷等限制，為創業創新創造條件；大力發展行銷、財務等第三方服務，加強知識產權保護，打造信息、技術等共享平臺。

在當前，需要積極推進結構性改革尤其是供給側結構性改革，支持示範基地探索創新、先行先試，在雙創發展的若干關鍵環節和重點領域，率先突破一批瓶頸制約，激發體制活力和內生動力，營造良好的創業創新生態和政策環境，促進新舊動能順暢轉換。

（1）拓寬市場主體發展空間。持續增強簡政放權、放管結合、優化服務改革的累積效應，支持示範基地縱深推進審批制度改革和商事制度改革，先行試驗一批重大行政審批改革措施。取消和下放一批行政審批事項，深化網上並聯審批和縱橫協同監管改革，推行政務服務事項的「一號申請、一窗受理、一網通辦」。最大限度地減少政府對企業創業創新活動的干預，逐步建立符合創新規律的政府管理制度。

（2）加速科技成果轉化。全面落實《中華人民共和國促進科技成果轉化法》，落實完善科研項目資金管理等改革措施，賦予高校和科研院所更大自主權，並督促指導高校和科研院所切實用好。支持示範基地完善新興產業和現代服務業發展政策，打通科技和經濟結合的通道。落實新修訂的高新技術企業認定管理辦法，充分考慮互聯網企業特點，支持互聯網企業申請高新技術企業認定並享受相關政策。

（3）加大財稅支持力度。加大中央預算內投資、專項建設基金對示範基地地支持力度。在示範基地內探索鼓勵創業創新的稅收支持政策。抓緊制定科技型中小企業認定辦法，對高新技術企業和科技型中小企業轉化科技成果給予個人的股權獎勵，遞延至取得股權分紅或轉讓股權時納稅。有限合夥制創業投資企業採取股權投資方式投資於未上市中小高新技術企業滿 2 年的，該有限合夥制創業投資企業的法人合夥人可享受企業所得稅優惠。居民企業轉讓 5 年以上非獨占許可使用權取得的技術轉讓所得，可享受企業所得稅優惠。

（4）促進創業創新人才流動。鼓勵示範基地實行更具競爭力的人才吸引制度。加快社會保障制度改革，完善社保關係轉移接續辦法，建立健全科研人員雙向流動機制，落實事業單位專業技術人員離崗創業有關政策，促進科研人員在事業單位和企業間合理流動。開展外國人才永久居留及出入境便利服務試點，建設海外人才離岸創業基地。

2. 培育企業家精神

企業家精神是指某些人所具有的組織土地、勞動及資本等資源用於生產商品、尋找新的商業機會及開展新的商業模式的特殊才能。企業文化也可以說是企業家引領的文化，是企業家的人格化，是其事業心與責任感、人生追求、價值取向、創新精神等的綜合反應。他們必須通過自己的行動向全體成員灌輸企業的價值觀念。企業文化創新的前提是企業經營管理者觀念的轉變，是企業家精神的轉化。

（1）構建新型政商關係，賦予企業家以精神正道。市場經濟應是法治經濟，要靠法治為市場經濟護航。現實中，一些公權力深度介入經濟領域，導致政商關係扭曲，潛規則橫行。一些企業家根本無心思走正路，不是靠奮鬥、靠創新，而是更多專注於與官員關係的維護。企業經營者在市場環境裡「謀生」，政商關係廣泛存在。當前的反腐不僅為企業家期盼的法治經濟「護駕」，也有利於營造正當、良好的政商關係，呵護企業家精神長期成長。要激發企業家精神，必須營造更為公平的市場環境、出抬更為寬鬆的政策和保持更加開放的心態，要通過改善營商環境、確保規則公平、穩定預期，讓企業家對發展前景、社會大勢有足夠的信心。

（2）依法保護私有財產權利和企業知識產權。知識產權制度是保障創新者權益、激發創新創造活力、促進創新人才成長和發展的基本制度，也是激發企業家精神、讓其投入創新、創業的「護身符」。激發企業家精神，要調動創新人才的積極性，讓他們合理合法地富起來，讓知識產權實現知識「產錢」。

（3）塑造良好社會文化生態，厚培企業家精神土壤。教育應當有極大的包容性，要充分發揮個性特長，注重人文精神的培育，人文精神是企業家精神的基座。培育企業家精神，還需要引導民眾理解企業家在市場經濟中的作用，糾偏仇富心態。企業家承擔了一般人難以承受的工作強度、壓力和風險，企業家的創新給社會帶來了巨大的收益，理應得到市場和社會的回報。

3. 培養企業員工的創新主體意識

（1）培育企業員工的創新參與意識。進行企業創新文化建設要提倡全體員工的積極參與，因此要培養其主體意識。員工應關心企業發展，參與企業管理。同時，企業對於員工的建議應及時、正確地接納和反饋，避免不同部門之間互相推諉，這樣員工才會對企業產生歸屬感，並勇於承擔責任。

（2）培養員工的獨立意識。企業員工應能夠自由迅速地就某些職責範圍內的事情做出決定，並對所做的決定負責，實現企業的長遠利益與個人價值相結合。企業應充分尊重每個人實現自我價值的意願，在企業長遠發展的前提

下，盡可能地為每個員工提供發展自我的空間。

（3）為企業員工提供職業培訓機會。現代化的企業廣泛採用機器和機器體系生產，工藝技術十分嚴密，勞動者不但需要熟練地掌握操作技能，而且需要深刻地理解專門知識。因此，培訓和提高勞動者的知識和技能，是發展社會生產力的客觀要求。通過職業培訓，企業員工不但可以提升職業技能，也可以通過學習在自己的工作中發掘創新的潛力，為企業創新提供機遇。力爭員工培訓終身化，企業要建立員工的知識更新機制，瞭解同行業培訓教育發展趨勢、最新方法，制定近遠期培訓規劃，對各類人才通過不同的方式進行再教育，使人才不斷學習和掌握世界最先進的科技知識，保持較強的競爭實力。

（4）建立和完善企業創新人才開發機制。任何企業的創新活動都是創新人才思想火花的結晶，企業創新文化就是要吸引與培養創新人才，支持創新人才脫穎而出，這樣才有利於創新效率的提高和創新成果的取得。企業創新人才的開發是一個系統工程，其中包括人才觀念、人才選拔、人才評價、人才培訓、人才使用、人才激勵等各個環節，真正做到尊重人才、發現人才、培訓人才、開發人才。創新人才的評價，不僅僅是學歷、職稱，更重要的是人才內在素質的要求。創新人才的激勵必須具體化，要把精神激勵和物質激勵相結合。

# 第六章　中國小微企業初創環境優化與政策創新：以重慶市為例[①]

　　小微企業是中國經濟社會發展的重要主力軍，對穩定經濟增長、擴大就業、驅動創新、繁榮市場等具有舉足輕重的作用。扶持發展小微企業是重慶市經濟社會謀求轉型發展的迫切需要和重要舉措。近年來，重慶市出抬了一系列扶持小微企業發展的政策措施，著力降低創業成本，激發企業創造活力，各類小微企業快速增長，吸納勞動就業成效顯著，助推經濟增長效果明顯。但綜觀這些政策措施，它們忽略了小微企業成長的週期性問題和階段需求，帶來了政府扶持政策供應不足、小微企業初創時期發展艱難等一系列問題。為解決這些問題並更好地幫助小微企業平穩度過初創艱難期，轉型升級為大中型企業，本課題在對重慶小微企業問卷調查和實地走訪的基礎上，採用定性和定量相結合的方法，深刻剖析了小微企業在初創期所面臨的系列困境，並廣泛借鑑國內外支持小微企業發展的創新經驗舉措，提出了進一步優化和提升小微企業的初始創業環境的對策，以助推重慶市小微企業健康可持續發展。

## 第一節　重慶市小微企業初創環境優化的必要性和緊迫性

### 一、重慶市小微企業初創環境優化的必要性

（一）保障和改善民生的內在要求

　　保障和改善民生首先要解決就業問題。相對大中型企業，小型微型企業創業及就業門檻較低、進出方便、經營靈活，具有很強的就業吸附能力。根據勞動和社會保障部勞動科學研究所的調查，1個個體戶平均可以帶動2個人就

---

[①] 本報告是重慶市第三次全國經濟普查研究課題「重慶市小微企業初創環境優化及政策創新研究」的部分內容，有刪減。

業，1個創業的小企業可以帶動13個人就業。重慶市作為西部唯一的直轄市，既是大城市，也是大農村；結合重慶市大城市帶大農村的特殊市情、城鄉二元結構突出的特點及三峽庫區產業空虛和企業改革帶來的下崗失業問題，大力扶持發展小微企業顯得十分迫切。

為了保障和改善民生，黨的十八大報告首次提出「城鄉居民人均收入比2010年翻一番」。為確保這一目標的實現，重點應放在低收入人群身上，採取有效措施提高低收入人群的收入。就各類市場競爭主體來說，重慶市小微企業集中了社會底層生活的大部分弱勢群體，如大中專畢業生、城鎮職業人員、農民工、下崗人員、殘疾人等。這意味著居民收入增幅的目標能否達到，關鍵看小微企業生存和發展狀況。如果小微企業生存條件惡化，居民收入目標將難以實現，保障和改善民生則無從談起。

(二) 經濟轉型期提振實體經濟的重要方略

在後危機時代，全球經濟結構從嚴重失衡過渡到逐漸均衡，經濟發展正經歷速度與結構、效益的週期性調整，實體經濟發展水準是直接決定中國經濟持續健康發展的重要因素。企業是真正的「實體經濟」，而中小企業以其經營方式靈活、組織成本低廉、轉移進退便捷等優勢更能適應當今瞬息萬變的市場和消費者追求個性化、潮流化的要求，因而在包括發達國家在內的世界各國的經濟發展中，中小企業都有著舉足輕重的地位。在改革進程中，小企業往往是試驗區，是改革重點、難點的突破口。中小企業具備大企業無法比擬的優勢，是技術創新的主要力量。中國65%的發明專利，75%以上的技術創新，80%的新產品是由中小企業完成的。小微企業是改革與創新的重要力量，對推進重慶城鄉發展一體化起了重要的紐帶作用，有利於助推地區經濟建設，在延長產業鏈條、發展專業化協作配套、改造傳統產業和催生新產業等方面都可以發揮重大的作用。

促進小微企業發展亦是滿足大力培養企業家的需要。從國內外成功企業家成長的實踐來看，所有成功企業家的經歷都是從創辦小微企業開始，累積經驗再發展到大中型企業，比如蘋果公司的喬布斯和微軟的比爾·蓋茨，他們在創辦企業之初，都是真正意義上的微型企業，只有幾個人和幾百美元資金。這種稀缺的企業家資源和創業文化，將成為重慶經濟轉型發展的活力源泉。

(三) 貫徹落實黨的十八大支持小微企業發展的客觀需要

黨的十八大報告明確提出：「支持小微企業特別是科技型小微企業發展」。這充分顯示中國對於小微企業持續健康發展的高度重視和關注，為中國今後進一步加快小微企業發展指明了方向。小微企業的數量和質量決定著一個地區的

市場繁榮程度，對於穩就業、惠民生有著十分重要的作用。無論在哪個國家，小微企業在推動科技創新、夯實實體經濟發展基礎、推進經濟結構戰略性調整等方面都具有不可替代的作用。必須採取更有針對性的政策措施，進一步優化小微企業的發展環境特別是初創環境，不斷拓展市場開發的廣度和深度，提高企業盈利水準和發展後勁，增強企業可持續發展能力。因此，研究支持小微企業發展的政策和措施，是重慶踐行黨的十八大提出的支持小微企業發展的現實要求。

**二、重慶市小微企業初創環境優化的緊迫性**

（一）實現重慶市發展戰略定位的現實需要

重慶市的發展戰略定位是成為西部地區的重要增長極、長江上游地區的經濟中心和城鄉統籌發展的直轄市，在西部地區率先實現全面小康。重慶要打造成為西部地區重要增長極，除了經濟總量穩定增長之外，經濟增長質量和效益要明顯提高，經濟結構戰略性調整應取得重大進展。大力扶持小微企業發展，特別是鼓勵文化創意人員和信息技術人員創辦內涵式發展的企業，有利於實現技術創新和智力資源轉化為現實生產力，這對經濟增長質量和效益提高大有裨益。重慶要建設成為長江上游地區的經濟中心體現在「基本建成長江上游地區的金融中心、商貿物流中心和科教文化信息中心」，其中的科教文化信息中心體現為「科教、文化和信息」服務經濟社會發展的能力強大，而不活躍的不同類別的微型企業就不可能有與之匹配的服務經濟社會發展的能力。重慶要統籌城鄉發展，通過鼓勵城鄉居民創業扶持小微企業的發展，形成自我「造血」機能，從而提高低收入群體的生活水準，有助於縮小三個差距。

（二）重慶經濟社會發展現狀的迫切需求

重慶作為西部地區傳統的工業重鎮，是汽車摩托車製造、裝備製造業、石油天然氣化工、材料工業、電子信息業、能源工業、輕紡及勞動密集型產業基地。在西部地區的成渝經濟帶中，重慶是傳統的重工業基地，和周邊城市如成都相比，雖然在重化工業等大型企業的數量方面具有一定的優勢，但是商業氛圍和商業地位遜色於成都，成為重慶的短板。重慶營造創業氛圍，大力扶持小微企業發展，有利於彌補重慶和其他城市相比的不足。在經濟結構調整和轉型過程中，伴隨重慶傳統工業的調整、改造和升級，大型企業隨資本有機構成的提高，吸納的勞動力數量相對減少，也形成了較多的下崗分流人員和低收入群體。因此，應為老工業企業的下崗分流人員提供更多、更好的出路，也應該鼓勵其自謀出路，扶持其自主創業，創立更多的小微企業。

## 第二節　重慶市小微企業發展的基本態勢

### 一、小微企業定義及行業劃型

小微企業是小型企業、微型企業、家庭作坊式企業、個體工商戶的統稱，是由中國首席經濟學家郎咸平教授2011年提出的，目前主要指那些產權和經營權高度統一、產品（服務）種類單一、規模和產值較小、從業人員較少的經濟組織。

2011年6月18日，工業和信息化部、國家統計局、國家發展和改革委員會、財政部聯合印發了《關於印發中小企業劃型標準規定的通知》，根據企業從業人員、營業收入、資產總額等指標，結合行業特點將中小企業劃分為中型、小型、微型三種類型。從「小微企業」和「小型微利企業」的認定上看，「小微企業」僅是按從業人員、營業收入、資產總額三項標準進行行業劃分，而享受企業所得稅優惠的「小型微利企業」的認定不僅存在資產總額、從業人員的限制，而且還存在行業、年應納稅所得、所得稅徵收方式、居民企業與非居民企業等方面的制約，兩者存在衝突與交叉。因此，「小微企業」只有符合「小型微利企業」的條件，才能成為享受企業所得稅優惠的「小微企業」。但在實踐操作中，很難掌握「小微企業」的從業人員、營業收入和資產總額的數據及變化。為了更好地扶持小微企業的發展，使國家扶持小微企業的各類財稅金融政策落實到位，使小微企業在國民經濟中起到繁榮經濟、促進社會就業和社會和諧穩定的作用，課題組認為應將「小微企業」在行業中的認定標準與「小型微利企業」在稅法上的認定標準統一適用。

### 二、重慶市小微企業發展概況

（一）小微企業總體情況

從總體上看，重慶市小微企業發展較為迅速，小微企業數量和質量均保持高速增長，帶動和解決就業作用顯著，小微企業發展已成為重慶市國民經濟發展中不可或缺的重要力量。短期來看，重慶市小微企業已成為吸納就業的「主戰場」，是新常態下穩定經濟增長的重要拉動力量；長遠來看，重慶市小微企業發展壯大過程與「大眾創業、萬眾創新」的政策環境相結合，增添了社會活力和經濟發展內生動力，能夠促進經濟長遠穩定增長和民生改善。重慶市小微企業對於穩定經濟增長、擴大就業、促進創新、繁榮市場的促進作用越

來越突出。

根據重慶市第三次全國經濟普查數據，截至 2013 年年末，重慶市共有第二產業和第三產業的小微企業法人單位 19.71 萬個[1]，占全部企業法人單位的 95.8%。其中，位於前三位的行業是：零售業 4.58 萬個，占全部企業法人單位的 21.8%；工業 4.54 萬個，占 22.1%；批發業 3.30 萬個，占 16.0%。小微企業從業人員 381 萬人，占全部企業法人單位從業人員的 51.0%。其中，位居前三位的行業是：工業 146.46 萬人，占全部企業法人單位從業人員的 19.6%；建築業 62.89 萬人，占 8.4%；零售業 32.85 萬人，占 4.4%。小微企業法人單位資產總計 28,635.00 億元，占全部企業法人單位資產的 27.9%。其中，位居前三位的行業是：租賃和商務服務業 9,381.97 億元，占全部企業法人單位資產總計 9.1%；工業 5,369.09 億元，占 5.2%；房地產開發經營 5,280.94 億元，占 5.1%。按行業分組的重慶市小微企業法人單位、從業人員和資產總計見表 6.1。

表 6.1　按行業分組的重慶市小微企業法人單位、從業人員和資產總計

|  | 企業法人單位（個） | 從業人員（人） | 資產總計（億元） |
| --- | --- | --- | --- |
| 合計 | 197,115 | 3,809,971 | 28,635.00 |
| 工業 | 45,437 | 1,464,615 | 5,369.09 |
| 建築業 | 6,249 | 628,912 | 1,447.31 |
| 交通運輸業 | 4,237 | 162,815 | 1,497.38 |
| 倉儲業 | 275 | 6,085 | 148.27 |
| 郵政業 | 162 | 7,795 | 8.51 |
| 信息傳輸業 | 926 | 9,315 | 178.74 |
| 軟件和信息技術服務業 | 4,555 | 46,305 | 583.96 |
| 批發業 | 32,967 | 313,038 | 1,670.45 |
| 零售業 | 45,826 | 328,479 | 907.22 |
| 住宿業 | 1,789 | 34,970 | 108.92 |
| 餐飲業 | 10,278 | 126,886 | 144.03 |

---

[1]　需要指出的是，本報告數據來源於重慶市第三次全國經濟普查數據。依據重慶市工商局公布的數據，截至 2014 年 12 月底，全市共發展小微企業 45.83 萬戶。2014 年，重慶市新發展小微企業 9.7 萬戶，同比增長 30.03%。

表6.1(續)

|  | 企業法人單位（個） | 從業人員（人） | 資產總計（億元） |
|---|---|---|---|
| 房地產開發經營 | 2,159 | 52,265 | 5,280.94 |
| 物業管理 | 2,116 | 90,761 | 132.83 |
| 租賃和商務服務業 | 18,975 | 313,098 | 9,381.97 |
| 其他未列明行業 | 19,794 | 209,622 | 1,718.61 |

註：表中法人單位合計數含從事農、林、牧、漁服務業和兼營第二、三產業活動的農、林、牧、漁業法人單位2,982個；個體經營戶合計數含從事農、林、牧、漁服務業活動的個體經營戶731個。數據來源於重慶市第三次全國經濟普查數據。

(1) 增長速度

從開業（成立）時間上看，2010年後，重慶市小微企業法人單位數和從業人員數成倍增長。2011—2013年，重慶市小微企業法人單位數和從業人員數均保持較大的增長數量，主要的原因是重慶市政府對於小型微型企業發展的大力支持。2010年6月，重慶市人民政府出抬了《關於大力發展微型企業的若干意見》，重慶市小微企業發展也步入了高速發展的軌道。圖6.1顯示的是2005—2013年按開業（成立）時間分組的重慶市小微企業法人單位數和從業人員數變化趨勢。2005年，重慶市新增小微企業法人單位4,899個，2013年，重慶市新增小微企業法人單位40,825個。其中，2011年重慶市新增小微企業法人單位36,245個，這一數據相比於2010年增長了94.2%。2011—2013年，儘管經濟下行壓力不斷加大，但是重慶市新增小微企業法人單位數依然保持著較為穩定的增長。2005年，重慶市新增小微企業法人單位從業人員數為169,588人，2013年，這一數據為449,742人。其中，2011年，重慶市新增小微企業法人單位從業人員數為469,149人，相比於2010年增長了48.6%。2011—2013年，新增小微企業法人單位從業人員數雖略有下降，但都保持有較大的增長數量。

(2) 類型分佈

從企業登記註冊類型來看，私營企業在重慶市小微企業中占比最高。表6.2顯示的是按登記註冊類型分組的2013年重慶市小微企業法人單位數和從業人員數。位於前三位的小微企業法人單位數的企業登記註冊類型是：私營147,990個，占全部小微企業法人單位數的80%；有限責任公司28,902個，占15.6%；股份有限公司2,286個，占1.2%。位於前三位的小微企業法人單位從業人員數的企業登記註冊類型是：私營2,565,501人，占全部小微企業法人

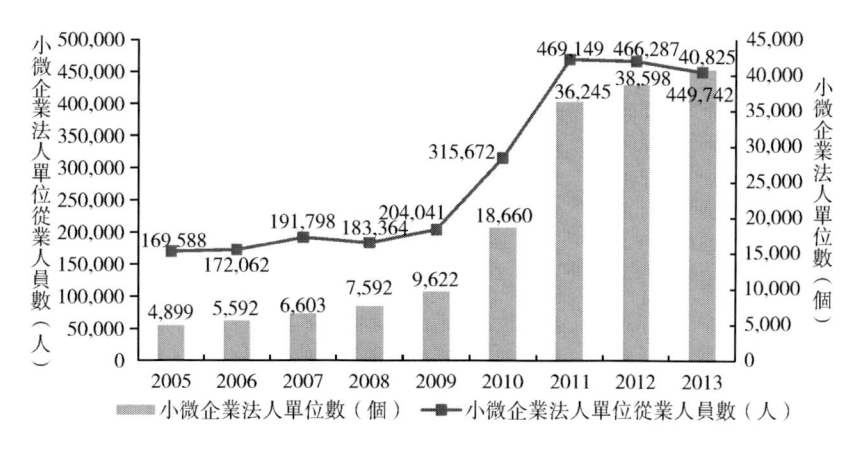

圖 6.1　按開業（成立）時間分組的重慶市小微企業法人
單位數和從業人員數

註：數據來源於重慶市第三次全國經濟普查數據。

單位從業人員數的 69.8%；有限責任公司 823,684 人，占 22.4%；股份有限公司 85,146 人，占 2.3%。

表 6.2　　　　2013 年重慶市小微企業法人單位數和從業人員數
（按登記註冊類型分組）

|  | 小微企業法人單位數（個） | 小微企業法人單位從業人員數（人） |
| --- | --- | --- |
| 國有 | 1,528 | 66,228 |
| 集體 | 1,877 | 56,379 |
| 股份合作 | 914 | 18,488 |
| 聯營 | 278 | 6,088 |
| 有限責任公司 | 28,902 | 823,684 |
| 股份有限公司 | 2,286 | 85,146 |
| 私營 | 147,990 | 2,565,501 |
| 港、澳、臺商投資 | 464 | 21,969 |
| 外商投資企業 | 574 | 29,824 |

註：數據來源於重慶市第三次全國經濟普查數據。

（3）營業狀態

從企業營業狀態來看，重慶市小微企業總體經營形勢良好，小微企業維持

健康發展態勢。2013 年，絕大部分小微企業處於營業狀態，這一比例為 93.3%。圖 6.2 顯示的是按營業狀態分組的 2013 年重慶市小微企業法人單位數。其中，處於營業狀態的小微企業法人單位數是 183,952 個，占全部小微企業法人單位數的 93.3%；停業（歇業）狀態的小微企業法人單位數是 5,421 個，占 2.8%；籌建狀態的小微企業法人單位數為 4,867 個，占 2.5%；當年關閉的小微企業法人單位數為 1,702 個，占 0.9%；當年破產的小微企業法人單位數是 122 個，占 0.1%。

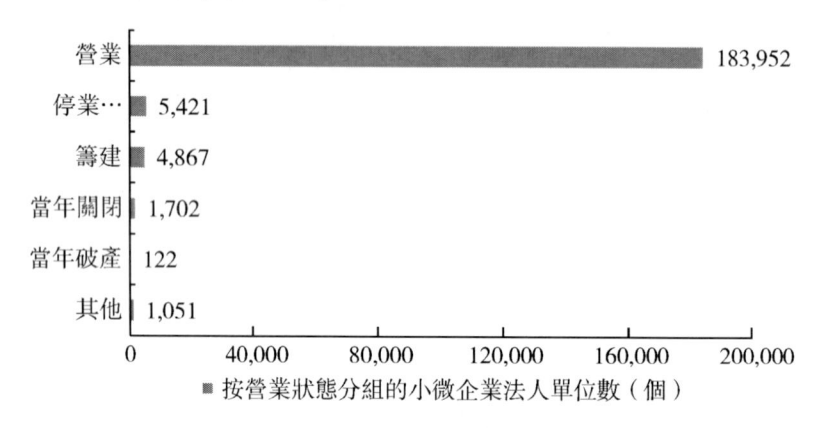

```
營業         183,952
停業…   5,421
籌建    4,867
當年關閉  1,702
當年破產   122
其他    1,051
      0    40,000   80,000  120,000  160,000  200,000
      ■ 按營業狀態分組的小微企業法人單位數（個）
```

圖 6.2　2013 年重慶市小微企業法人單位數
（按營業狀態分組）

註：數據來源於重慶市第三次全國經濟普查數據。

（4）資產規模

從小微企業資產總計來看，50 萬元及以下的小微企業占全部小微企業的一半左右。重慶市小微企業資產規模水準較為合理，總體資產規模結構存在進一步上升空間。圖 6.3 顯示的是按資產總計組距分組的 2013 年重慶市小微企業法人單位數。其中，50 萬元以下的小微企業法人單位數是 91,843 個，占全部小微企業法人單位數的 46.6%；50 萬～100 萬元的小微企業法人單位數是 27,799 個，占 14.1%；100 萬～500 萬元的小微企業法人單位數是 46,438 個，占 23.6%；500 萬～1,000 萬元的小微企業法人單位數是 13,094 個，占 6.6%；1,000 萬～5,000 萬元的小微企業法人單位數是 13,129 個，占 6.7%；5,000 萬～1 億元小微企業法人單位數是 2,274 個，占 1.15%；1 億元以上小微企業法人單位數是 2,538 個，占 1.29%。

（二）小微企業經營現狀

2015 年以來，經濟運行壓力持續增大，中小企業主要經濟指標增速放緩。

```
50萬元及以下          91,843
50萬~100萬元         27,799
100萬~500萬元        46,438
500萬~1,000萬元      13,094
1,000萬~5,000萬元    13,129
5,000萬~1億元         2,274
1億元以上             2,538
```

■ 按資產總計組距分組的小微企業法人單位數（個）

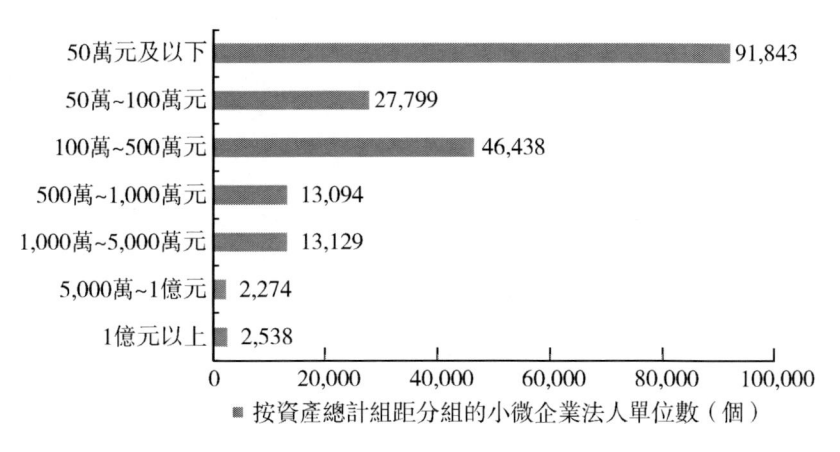

圖 6.3　2013 年重慶市小微企業法人單位數
（按資產總計組距分組）

註：數據來源於重慶市第三次全國經濟普查數據。

2015 年 1—5 月，重慶市納入全國中小企業生產經營運行監測平臺的 1,502 家中小企業營業收入增速有所放緩，同比增長 12.2%，較 2015 年 1—4 月回落 0.7 個百分點；利潤增速有所回落，同比增長 18.7%，較 2015 年 1—4 月回落 0.8 個百分點。但受益於中央及重慶市一系列支持小微企業發展扶持政策的不斷深入和貫徹落實，小微企業發展狀況有所改善。監測數據顯示，2015 年 1—5 月重慶市小微企業生產經營狀況有所回升，稅費負擔有所減輕，企業利潤保持較快增長，各項經濟指標趨穩向好。

重慶市小微企業營業狀態維持在較高水準，小微企業總體經營水準較為穩定。表 6.3 顯示的是 2013 年重慶市不同行業分組下的各種營業狀態的小微企業法人單位數。從整體上看，2013 年重慶市 93.3% 的小微企業法人單位處於營業狀態，停業（歇業）占比為 2.8%，籌建占比為 2.5%，當年關閉占比為 0.86%，當年破產占比為 0.06%。從各個行業營業狀態看，文化、體育和娛樂業行業分組下的小微企業法人單位處於營業狀態的比重最高，其占比為 96%；排在其次的行業是住宿和餐飲業，處於營業狀態的法人單位占比為 95.4%；排在第三位的行業是居民服務、修理和其他服務業，占比為 95%。

表 6.3　按行業、營業狀態分組的 2013 年重慶市小微企業法人單位數（個）

|  | 單位數 | 營業 | 停業（歇業） | 籌建 | 當年關閉 | 當年破產 | 其他 |
| --- | --- | --- | --- | --- | --- | --- | --- |
| 總計 | 197,115 | 183,952 | 5,421 | 4,867 | 1,702 | 122 | 1,051 |

表6.3(續)

|  | 單位數 | 營業 | 停業（歇業） | 籌建 | 當年關閉 | 當年破產 | 其他 |
|---|---|---|---|---|---|---|---|
| 農、林、牧、漁業 | 1,370 | 1,270 | 27 | 50 | 10 | 1 | 12 |
| 採礦業 | 2,055 | 1,849 | 100 | 41 | 44 | 4 | 17 |
| 製造業 | 41,525 | 38,752 | 1,173 | 941 | 454 | 50 | 155 |
| 電力、熱力、燃氣及水生產和供應業 | 1,857 | 1,748 | 25 | 72 | 6 | - | 6 |
| 建築業 | 6,249 | 5,684 | 211 | 183 | 119 | 1 | 51 |
| 批發和零售業 | 78,793 | 74,316 | 1,875 | 1,700 | 515 | 46 | 341 |
| 交通運輸、倉儲和郵政業 | 4,674 | 4,348 | 142 | 121 | 30 | 1 | 32 |
| 住宿和餐飲業 | 12,067 | 11,506 | 250 | 165 | 86 | 6 | 54 |
| 信息傳輸、軟件和信息技術服務業 | 5,481 | 4,900 | 198 | 251 | 47 | 2 | 83 |
| 房地產業 | 7,143 | 6,439 | 256 | 185 | 111 | 2 | 150 |
| 租賃和商務服務業 | 18,975 | 17,259 | 716 | 764 | 151 | 2 | 83 |
| 科學研究和技術服務業 | 4,603 | 4,209 | 156 | 184 | 31 | 3 | 20 |
| 水利、環境和公共設施管理業 | 964 | 846 | 49 | 47 | 12 | 2 | 8 |
| 居民服務、修理和其他服務業 | 7,107 | 6,751 | 168 | 96 | 64 | 1 | 27 |
| 衛生和社會工作 | 62 | 51 | 1 | 8 | 2 | - | - |
| 文化、體育和娛樂業 | 4,190 | 4,024 | 74 | 59 | 20 | 1 | 12 |

註：數據來源於重慶市第三次全國經濟普查數據。

　　私營企業分組下的小微企業營業狀態表現最為良好，處於營業狀態的企業法人單位數占比最高。表6.4顯示的是2013年重慶市不同登記註冊類型分組下的各種營業狀態的小微企業法人單位數。私營企業分組下小微企業法人單位處於營業狀態的企業占比最高，為93.7%；有限責任公司分組下小微企業法人單位處於營業狀態的企業占比排在第二位，占比為91.7%；股份合作企業分組下占比為91.2%；國有企業分組下該比重為91.2%；而排在最後的是外商投資企業，外商投資企業分組下小微企業法人單位數處於營業狀態的比重

為 86.4%。

表 6.4　　按登記註冊類型、營業狀態分組的
2013 年重慶市小微企業法人單位數（個）

| | 單位數 | 營業 | 停業（歇業） | 籌建 | 當年關閉 | 當年破產 | 其他 |
|---|---|---|---|---|---|---|---|
| 總計 | 197,115 | 183,952 | 5,421 | 4,867 | 1,702 | 122 | 1,051 |
| 國有企業 | 1,528 | 1,393 | 75 | 27 | 12 | 3 | 18 |
| 集體企業 | 1,877 | 1,702 | 129 | 4 | 21 | 6 | 15 |
| 股份合作企業 | 914 | 834 | 39 | 24 | 10 | - | 7 |
| 聯營企業 | 278 | 248 | 15 | 3 | 7 | 1 | 4 |
| 有限責任公司 | 28,902 | 26,513 | 828 | 1,157 | 187 | 11 | 206 |
| 股份有限公司 | 2,286 | 2,060 | 71 | 90 | 24 | 1 | 40 |
| 私營企業 | 147,990 | 138,740 | 3,921 | 3,320 | 1,359 | 90 | 560 |
| 港、澳、臺商投資企業 | 464 | 418 | 11 | 16 | 4 | 1 | 14 |
| 外商投資企業 | 574 | 496 | 18 | 39 | 6 | 1 | 14 |

註：數據來源於重慶市第三次全國經濟普查數據。

（三）小微企業政策扶持現狀

小微企業是經濟社會發展的重要力量，對於穩定經濟增長、擴大就業、促進創新、繁榮市場等具有重要作用。近年來，重慶市人民政府出抬了一系列扶持小微企業發展的政策措施，促進了小微企業持續健康發展。

2010 年 6 月，重慶市人民政府出抬了《關於大力發展微型企業的若干意見》（以下簡稱《意見》）。《意見》明確了微型企業的規模（雇員（含投資者）20 人以下、創業者投資金額 10 萬元以下的企業為微型企業）和微型企業創業扶持對象的「九類人群」，即高等院校（本科、碩士研究生、博士研究生）畢業生、下崗失業人員、返鄉農民工、「農轉非」人員、三峽庫區移民、殘疾人、城鄉退役士兵、文化創意人員、信息技術人員等。《意見》指出，在對微型企業創業扶持中，重點扶持第三產業的創業投資項目，尤其要大力發展服務型、文化創意、軟件開發及外包服務。

2013 年 1 月，重慶市人民政府命名了萬州區三峽創業孵化中心等 46 個孵化園為「重慶市市級微型企業孵化園」，並給予孵化園業主單位建設資金補助，用於孵化園的辦公房屋建設、環境整治、辦公及培訓等設備購置和信息平

臺建設。

　　2013 年 9 月，重慶市人民政府出抬了《關於進一步支持小型微型企業健康發展的實施意見》（以下簡稱《實施意見》）。《實施意見》明確小微企業發展的主要目標，就是要實現小微企業「專精特新」、與大中型企業銜接配套、新興業態和科學商業模式的發展。《實施意見》還提出了緩解小微企業融資困難、降低小微企業稅費負擔、解決小微企業用工難題、加大小微企業財政支持力度和改善小微企業發展環境等一系列措施。

　　2014 年 7 月，重慶市人民政府頒布實施《重慶市完善小微企業扶持機制實施方案》（以下簡稱《方案》），《方案》明確了扶持小微企業發展的主要任務：進一步放寬市場准入、著力緩解融資困難、切實減輕企業負擔、拓展集聚發展空間和協力優化服務環境。《方案》明確了民營經濟發展專項轉移支付覆蓋的「四類人群、五大產業」，主要用於高校畢業生、返鄉農民工、失業人員、軍隊復員人員等重點人群創辦的科技創新、電子商務、節能環保、文化創意、特色效益農業等鼓勵類微型企業創業補助，以及小微企業場地租金和貸款貼息等補貼。

　　此外，重慶市工商局、市中小企業局、市財政局、市國資委、市金融辦等部門和各區縣人民政府也相繼出抬了一系列促進小微企業持續健康發展的政策，這些政策共同構成了重慶市小微企業扶持政策體系，小微企業增加值對重慶市地區生產總值的貢獻率也持續增長。

表 6.5　　　　　　重慶市小微企業發展的部分扶持政策

|   | 出抬時間 | 出抬單位 | 政策名稱 |
|---|---|---|---|
| 1 | 2007 年 | 市政府 | 《重慶市中小企業促進條例》 |
| 2 | 2010 年 | 市政府 | 《重慶市人民政府貫徹落實<國務院關於進一步促進中小企業發展的若干意見>的通知》 |
| 3 | 2010 年 | 市政府 | 《重慶市人民政府關於大力發展微型企業的若干意見》 |
| 4 | 2010 年 | 市政府 | 《重慶市微型企業創業扶持管理辦法（試行）》 |
| 5 | 2010 年 | 市中小企業局 | 《重慶市中小企業公共服務平臺管理暫行辦法》 |
| 6 | 2010 年 | 市工商局 | 《關於進一步放寬市場准入條件促進民營經濟發展的意見》 |
| 7 | 2010 年 | 市人社局 | 《重慶市微型企業創業培訓實施細則（試行）》 |

表6.5(續)

| | 出抬時間 | 出抬單位 | 政策名稱 |
|---|---|---|---|
| 8 | 2010 年 | 市工商局 | 《重慶市工商行政管理局關於切實發揮職能作用支持服務微型企業發展的意見》 |
| 9 | 2010 年 | 市經信委 | 《重慶市促進中小企業流動資金貸款財政補助實施辦法》 |
| 10 | 2010 年 | 市經信委 市工商局 | 《關於大力發展微型信息技術企業的通知》 |
| 11 | 2011 年 | 市工商局 市財政局 市教委 | 《關於做好在校大學生創辦微型企業有關工作的通知》 |
| 12 | 2011 年 | 市地稅局 市國稅局 市工商局 | 《關於進一步促進微型企業發展的通知》 |
| 13 | 2011 年 | 市財政局 市物價局 | 《關於轉發〈財政部 國家發展改革委關於免微小型微型企業部分行政事業性收費的通知〉的通知》 |
| 14 | 2012 年 | 市工商局 | 《重慶市工商行政管理局關於支持個體工商戶轉型升級為微型企業的意見（試行）》 |
| 15 | 2012 年 | 市政府 | 《重慶市人民政府關於大力發展民營經濟的意見》 |
| 16 | 2012 年 | 市總工會 市地稅局 | 《關於對微型企業工會經費實行減免的通知》 |
| 17 | 2013 年 | 市工商局 市財政局 | 《關於支持微型企業參加會展活動的通知》 |
| 18 | 2013 年 | 市政府 | 《重慶市人民政府關於進一步支持小型微型企業健康發展的實施意見》 |
| 19 | 2014 年 | 市政府 | 《重慶市人民政府關於印發重慶市完善小微企業扶持機制實施方案的通知》 |
| 20 | 2015 年 | 市政府 | 《重慶市人民政府辦公廳關於進一步貫徹落實小微企業扶持政策的通知》 |

（四）小微企業融資現狀

重慶市中小企業局、財政局等各級政府部門積極推動小微企業融資工作。重慶市中小企業局加強與人民銀行重慶營管部合作，聯合出抬了《關於進一步做好小微企業金融服務工作的通知》等重要指導性文件，加強與商業銀行的合作，圍繞「萬戶中小企業成長工程」與光大銀行重慶分行、三峽銀行密切合作，創新金融服務模式，開展「銀企保」對接，形成政府、銀行、擔保

公司、企業四方聯動，小微企業融資難得到一定緩解。2014 年 1—7 月，重慶市小微企業本外幣貸款餘額 2,937.47 億元，2014 年新增貸款 286.73 億元，小微企業新增貸款佔全部新增企業貸款的 60.8%，環比提高了 2.6 個百分點。2015 年 3 月 31 日，重慶市小微企業融資擔保有限公司正式成立，小微企業的融資難題得到了進一步緩解，相對於商業性擔保，其政策扶持擔保體現在擔保費率、貼息等環節，公司按照「政策性目標」與「市場化運作」相結合的方式，幫助小微企業解決融資難題，重慶市財政為此安排 11.47 億元，其中小微企業融資擔保基金 10 億元，計劃通過 3 年時間，逐步實現每年小額貸款擔保 50 億元以上、商業性貸款擔保 30 億元以上，直接幫扶小微企業和創業者 6 萬人（戶）以上、帶動就業 30 萬人以上。

5. 小微企業技術創新現狀

2015 年重慶市科委推出了三項舉措助力科技型中小微企業創新發展。一是強化科技服務平臺建設。完善「創業苗圃+孵化器+加速器」的創業服務鏈條，推廣「孵化+創投」「O2O 服務」等新型孵化模式。重點支持 10 家企業孵化器，聯合各區縣共同支持建設大學生創新創業孵化基地 5 家以上。二是加快引進創新創業人才。鼓勵企業、高校、科研院所的科研人員創辦科技型中小企業，引導科技創業人員入駐科技企業孵化器或大學生創業基地，支持博士研究生、碩士研究生和本科生創辦科技型企業 1,000 家以上。三是積極落實科技優惠政策。將企業研發費用加計扣除，鑑定重點新產品、「雙高」認定等工作有序向區縣下移，簡化操作流程，推進專利、商標等知識產權質押融資，破解科技型企業融資難題。

6. 小微企業稅收和法律服務現狀

為了使重慶市小微企業獲得更加寬鬆的法律制度環境，重慶市各相關部門推出了一系列促進小微企業發展的稅收減免和法律服務措施。2014 年重慶市小微企業減免稅收 18.9 億元，其中，全市 6.9 萬戶小微企業免徵營業稅 1.8 億元，政策覆蓋面 100%。3.1 萬小微企業享受了企業所得稅減免優惠，累計減免企業所得稅 1.5 億元。享受月銷售額不達 3 萬元免徵增值稅政策的小微企業及個體工商戶 64.4 萬戶，累計減免增值稅 15.6 億元，政策覆蓋面 100%。2015 年 1 月，重慶市質量技術監督局決定免徵小微企業（含個體工商戶）的組織機構代碼收費。九龍坡區以政策宣傳到位、政策落實到位、日常管理到位和納稅服務到位「四個到位」進一步落實小微企業稅收優惠政策。萬盛經開區積極開展代理記帳和法律諮詢服務，減輕小微企業負擔。萬盛經開區確定了兩家代理記帳機構和一家法律服務機構，為個體戶和小微企業免費提供代理記帳、納稅申報、證照年檢和法律諮詢服務，並制定了管理辦法和費用

結算標準，截至 2014 年 12 月，共有 560 餘家小微企業享受了代理記帳服務，減輕負擔 300 萬元左右。

# 第三節 重慶市小微企業初創環境調查分析

### 一、問卷調查樣本的選擇

為了對重慶市小微企業初創環境及存在的問題進行深入研究，本研究不僅收集了大量文獻資料，而且通過實地調研收集了大量調查數據。課題組先後到江北 COSMO 微企創業園、江北嘉陵三村微企創業園進行考查，並利用渝北區小微企業培訓會等機會，進行關於小微企業初創環境的問卷調查，問卷包括企業基本信息、企業經營狀況、企業政策支持環境、企業融資環境、企業技術創新環境、企業法律制度環境和企業社會服務環境七個方面，調查共收集有效問卷 108 份。從企業經營時間上看，調查的小微企業成立時間在 1 年以下的有 30 家，1 至 3 年的 47 家，3 至 5 年的 28 家，5 至 10 年的 2 家，10 年以上的 2 家。從企業登記類型來看，私營小微企業 105 家，國有小微企業 1 家，外資企業 1 家。從調查企業行業分佈來看，電子信息類 30 家，批發和零售業 12 家，餐飲住宿類 8 家，軟件類 5 家，節能環保類 5 家。同時，調查樣本中 18 家小微企業是政府認定的高新技術企業，詳見表 6.6 所示。

表 6.6　　　　不同分組下被調查小微企業法人單位數（個）

| 分組類型 | 不同區間下企業法人單位數（個） | | | | |
| --- | --- | --- | --- | --- | --- |
| 企業經營時間分佈 | 1 年以下 | 1 至 3 年 | 3 至 5 年 | 5 至 10 年 | 10 年以上 |
| | 30 | 47 | 28 | 2 | 2 |
| 企業登記類型 | 國有 | 集體 | 私營 | 混合所有 | 中外合資 | 外資企業 |
| | 1 | 0 | 105 | 1 | 0 | 1 |

表6.6(續)

| 分組類型 | 不同區間下企業法人單位數（個） | | | | | | | |
|---|---|---|---|---|---|---|---|---|
| 企業行業類型 | A.電子信息 | B.裝備製造 | C.飲料食品 | D.油氣化工 | E.能源電力 | F.汽車製造 | G.生物醫藥 | H.新材料 |
| | 30 | 2 | 4 | 0 | 1 | 1 | 3 | 1 |
| | I.節能環保 | J.電力、燃氣及水的生產和供應業 | K.房地產業 | L.交通運輸、倉儲和郵政業 | M.餐飲住宿 | N.軟件業 | O.批發和零售業 | P.其他 |
| | 5 | 1 | 1 | 0 | 8 | 7 | 12 | 38 |

## 二、經營環境調查分析

### （一）總體經營狀況變化較為平穩

在經濟下行壓力持續加大的形勢下，重慶市小微企業保持平穩健康發展。重慶市小微企業總體經營狀況變化較為平穩，雖然有少部分小微企業經營出現虧損狀態，但是絕大多數小微企業經營狀況較為平穩。圖6.4列出了調查企業2014年和初創期年經營狀況對比情況。「經營勢頭良好」的小微企業雖然略有減少，但是「經營情況正常平穩」的小微企業穩中有升，且占據著樣本企業較高比例。

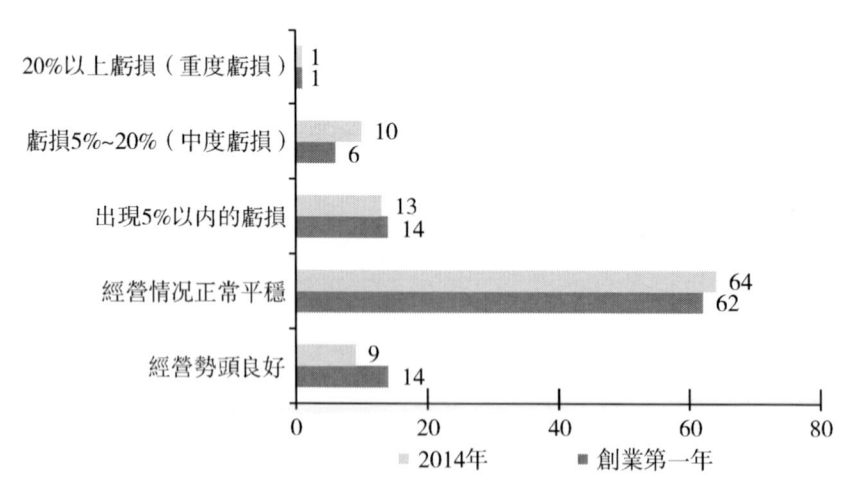

| 經營狀況 | 2014年 | 創業第一年 |
|---|---|---|
| 20%以上虧損（重度虧損） | 1 | 1 |
| 虧損5%~20%（中度虧損） | 10 | 6 |
| 出現5%以內的虧損 | 13 | 14 |
| 經營情況正常平穩 | 64 | 62 |
| 經營勢頭良好 | 9 | 14 |

圖6.4 小微企業2014年和初創期年經營狀況對比調查

(二) 吸納就業能力穩步提升

根據重慶市第三次全國經濟普查數據，截至 2013 年年末，重慶市共有 381 萬人在小微企業工作，以重慶約 2,900 萬常住人口計算，相當於每八個人中，就有一人在小微企業工作。調查樣本企業雇傭人數在穩步增加，小微企業吸納就業方面具有突出貢獻，小微企業經營能力在穩步提升。圖 6.5 列出了調查企業 2014 年和初創期年雇傭人數變化對比情況。雇傭人數 1 至 3 人的小微企業呈現減少態勢，雇傭人數在 4 人以上的小微企業呈現出增加態勢。

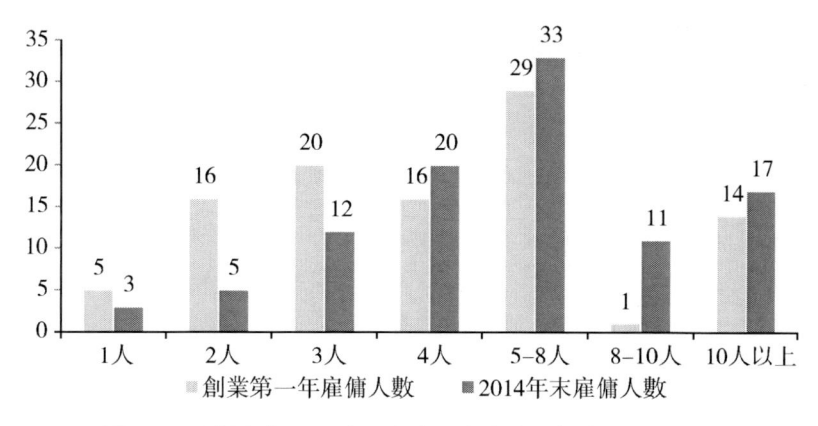

圖 6.5　小微企業 2014 年和初創期年雇傭人數變化對比調查

(三) 企業負責人發展信心充足

在新常態下，企業家需要把思想調整到深刻認識新常態，主動適應新常態，積極引領新常態的狀態，保持對企業持續健康發展的信心。和初創期相比，小微企業負責人對企業發展前景頗為自信。圖 6.6 顯示的是被調查小微企業當前的銷售量和初創期年對比情況，銷售量增加的小微企業數量達到 56 家，佔有效樣本 56%；銷售量和初創期年持平的小微企業占比為 24%。小微企業銷售量的穩定增長也增強了企業負責人對企業發展前景的信心。

三、融資環境調查分析

(一) 企業融資額度較低，融資需求旺盛

我們對小微企業初創期年和 2014 年融資需求進行調查，結果如圖 6.7 所示。有 75 家小微企業初創期年融資需求為 0~20 萬元，占全部有效樣本的 77.3%，隨著小微企業的發展壯大，企業融資需求也在逐漸增長。樣本企業 2014 年融資需求為 0~20 萬元的占比為 53.6%，相比於初創期年下降明顯，而 20 萬元以上融資需求的企業數量由 22.7%增長到 46.4%。

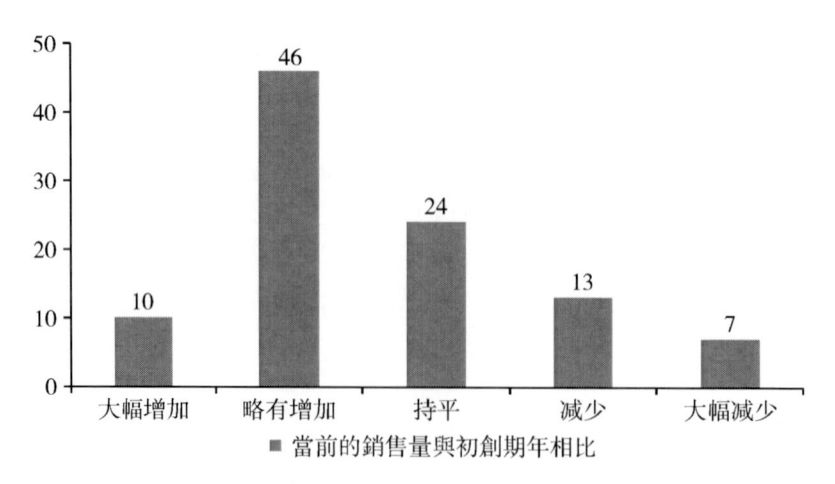

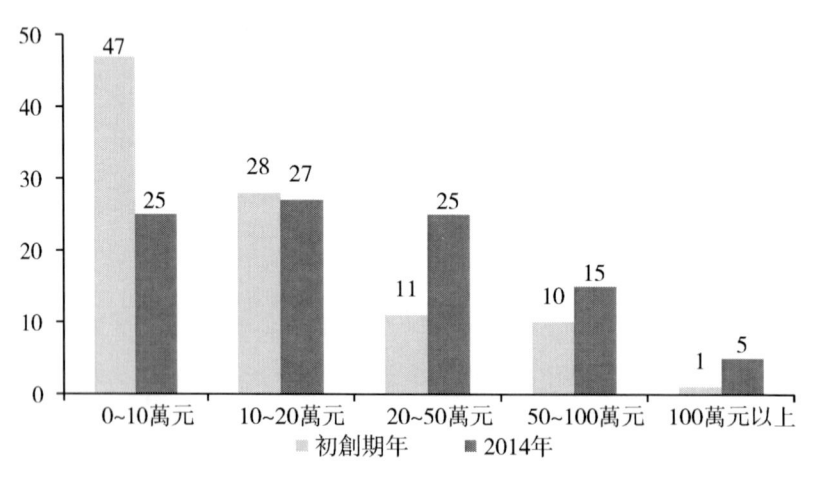

图 6.6　小微企业当前销售量和初创期年对比情况调查

图 6.7　小微企业初创期年和 2014 年融资需求调查

(二) 亲戚好友和银行是最主要的融资渠道

我们对小微企业初创期年和 2014 年融资渠道进行调查，结果如图 6.8 所示。可以看出，「亲戚朋友借款」和「银行贷款」是小微企业初创期最主要的融资渠道，分别有 75 家和 41 家小微企业在初创期年通过「亲戚朋友借款」和「银行贷款」进行融资。随着小微企业的发展成长，企业融资渠道也发生一些变化，「亲戚朋友借款」的比重减少，而通过「银行贷款」融资的小微企业比重略有增加。

(三) 企业规模小和抵押担保物不足是贷款难的主要原因

我们对小微企业初创期年未能成功通过银行贷款进行融资的原因进行调

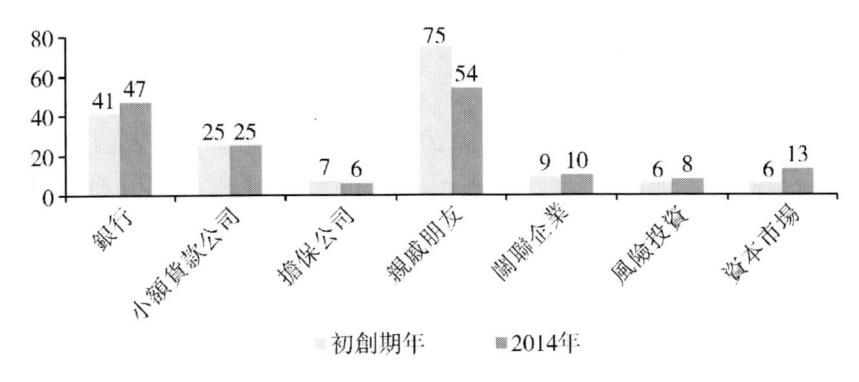

圖 6.8　小微企業初創期年和 2014 年融資管道調查

查，得到圖 6.9 所示結果。「企業規模小」和「抵押擔保不足」是初創期小微企業未成功貸款的主要原因，兩者分別占全部有效樣本的 30.9%和 27.5%。

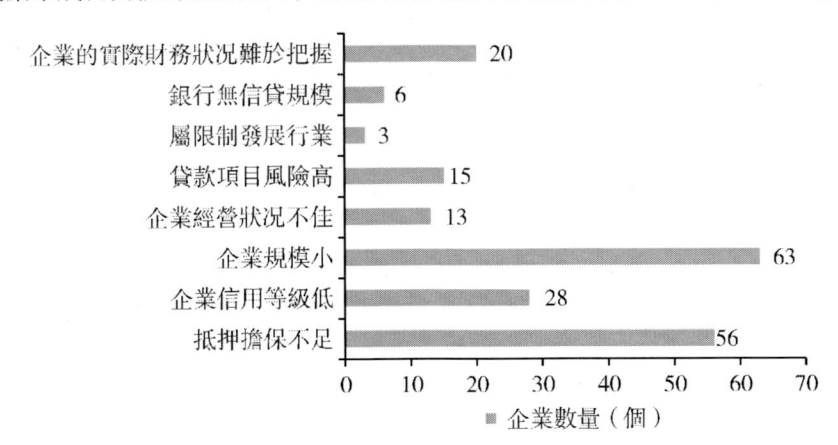

圖 6.9　小微企業初創期年未成功貸款的因素調查

### 四、政策支持環境調查分析

（一）對政府扶持政策認知度有待加強

我們對小微企業初創期政策認知程度進行問卷調查，以期瞭解小微企業扶持政策的實際效果。我們對小微企業調查的政策範圍主要包括重慶市人民政府《重慶市完善小微企業扶持機制實施方案》中扶持中小企業發展的政策、市場准入政策、財稅支持政策、金融扶持政策、發展空間提升政策、服務環境優化政策、就業社保扶持政策和收費管理政策。

調查結果如表 6.7 所示，初創期小微企業對於政府扶持政策整體認知度有待進一步加強。對於重慶市人民政府出抬的《重慶市完善小微企業扶持機制

實施方案》熟悉的小微企業占比僅為21.30%，45.37%的小微企業對該項政策方案「瞭解一些」，仍有33.33%的小微企業對該項政策方案「不瞭解」或者「不知道」。對於市場准入的相關政策，對該項政策熟悉的小微企業占比也僅為26.85%，40.74%的小微企業對該項政策「瞭解一些」，仍有32.41%的小微企業對該項政策「不瞭解」或者「不知道」。相比之下，小微企業對財稅支持政策的認知度較高，熟悉該項政策的小微企業占比為37.96%，42.59%的小微企業對該項政策「瞭解一些」，對該項政策「不知道」或者「不瞭解」的小微企業占比為19.45%。

表6.7　　　　　　　　小微企業小微企業政策認知程度調查

| | | 不知道 | 聽說有，但不瞭解 | 瞭解一些 | 知道大部分 | 很熟悉 |
|---|---|---|---|---|---|---|
| 《重慶市完善小微企業扶持機制實施方案》 | 企業數量（個） | 4 | 32 | 49 | 20 | 3 |
| | 占比（%） | 3.70 | 29.63 | 45.37 | 18.52 | 2.78 |
| 市場准入政策 | 企業數量（個） | 7 | 28 | 44 | 20 | 9 |
| | 占比（%） | 6.48 | 25.93 | 40.74 | 18.52 | 8.33 |
| 財稅支持政策 | 企業數量（個） | 3 | 18 | 46 | 34 | 7 |
| | 占比（%） | 2.78 | 16.67 | 42.59 | 31.48 | 6.48 |
| 金融扶持政策 | 企業數量（個） | 6 | 30 | 47 | 23 | 2 |
| | 占比（%） | 5.56 | 27.78 | 43.52 | 21.30 | 1.85 |
| 發展空間提升政策 | 企業數量（個） | 19 | 35 | 35 | 17 | 2 |
| | 占比（%） | 17.59 | 32.41 | 32.41 | 15.74 | 1.85 |
| 服務環境優化政策 | 企業數量（個） | 16 | 29 | 47 | 13 | 3 |
| | 占比（%） | 14.81 | 26.85 | 43.52 | 12.04 | 2.78 |
| 就業社保扶持政策 | 企業數量（個） | 18 | 26 | 48 | 14 | 2 |
| | 占比（%） | 16.67 | 24.07 | 44.44 | 12.96 | 1.85 |

表6.7(續)

| | | 不知道 | 聽說有，但不瞭解 | 瞭解一些 | 知道大部分 | 很熟悉 |
|---|---|---|---|---|---|---|
| 收費管理政策 | 企業數量（個） | 25 | 25 | 45 | 12 | 1 |
| | 占比（%） | 23.15 | 23.15 | 41.67 | 11.11 | 0.93 |

(二) 財稅支持政策和金融扶持政策最為重要

在關於小微企業初創期政策重要性的調查中，結果如圖6.10所示。有77家小微企業認為財稅支持政策對於初創期小微企業尤為重要，占全部有效樣本的71.3%，另有71家小微企業認為金融扶持政策很重要，占65.7%；有41家小微企業認為市場准入政策對於初創期小微企業比較重要，占比38%。

收費管理政策　22
就業社保扶持政策　38
服務環境優化政策　25
發展空間提升政策　35
金融扶持政策　71
財稅支持政策　77
市場準入政策　41

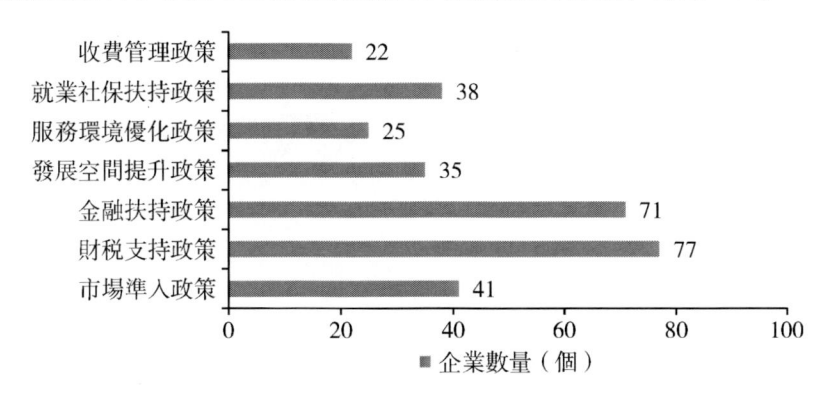

圖6.10　初創期小微企業對政策重要性認知調查

### 五、技術創新環境調查分析

(一) 新產品、新技術和新工藝的開發成為研發投入的主要方向

國務院總理李克強曾表示「『草根』與精英並肩創業，大中小微企業協同創新，有力推動了新興產業發展和傳統產業轉型升級，也促進了百姓致富和社會公平」。我們對初創期小微企業研發情況進行調研，得到如圖6.11所示結果。有43家小微企業在初創期的研發投入主要用於新產品、新技術和新工藝的開發，占全部有效樣本企業的40.2%。研發投入用於技術改造的初創期小微企業有23家，研發投入用於儀器設備購買的初創期小微企業有22家，研發投入用於科研人員培訓的初創期小微企業有20家。

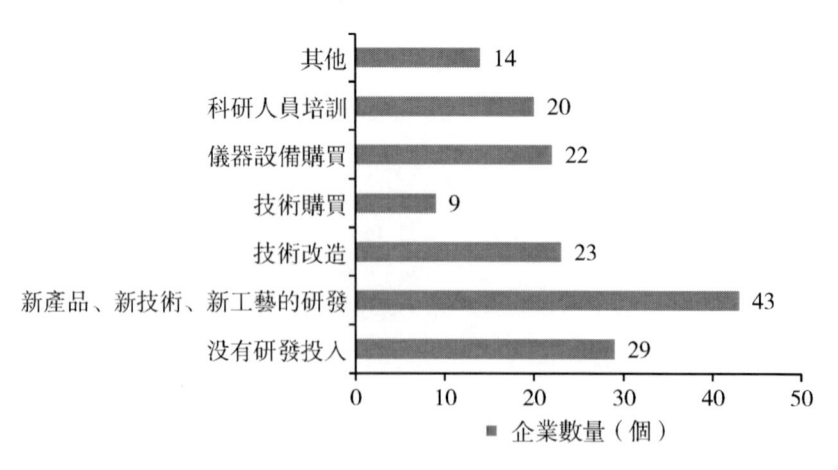

图6.11 初创期小微企业研发投入调查

**（二）无研发投入的小微企业占比较高**

根据图6.11所示调查结果，有29家小微企业表示企业在初创期并没有研发投入，占比27.1%，这也说明小微企业初创期研发环境有待进一步提升。政府相关职能部门要为小微企业搭建科技服务平台，为企业寻找技术，解决产品技术难关。可以通过网络、技术培训、科技创新等手段增强企业技术力量，促使科技成果向有能力承接的小微企业转移。

**六、社会服务环境调查分析**

**（一）企业对于社会服务环境满意度较高**

在对重庆市创业指导、就业培训等机构服务的满意度进行调查时，我们得到如图6.12所示统计结果。有61家小微企业对重庆市创业指导、就业培训等机构服务感到满意，占全部调查企业的57.5%，仅有6家小微企业对创业指导、就业培训等机构服务不太满意，仅占比5.7%。

**（二）比较认同重庆市人才交流与劳动力市场建设**

我们调查了小微企业初创时期对重庆市人才交流与劳动力市场建设完善程度的评价，得到如图6.13所示结果。有47家小微企业认为重庆市人才交流和劳动力市场建设比较完善，占全部有效样本企业的44.5%，但是需要注意，也有59家小微企业对于重庆市人才交流和劳动力市场建设完善度认同较低，占比55.7%，需要加强人才交流与劳动力市场建设的宣传力度，力争服务于更多的小微企业。

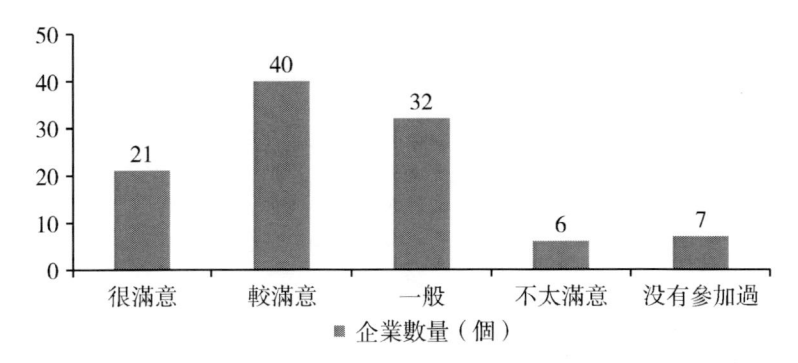

圖 6.12　初創期小微企業創業指導和就業培訓滿意度調查

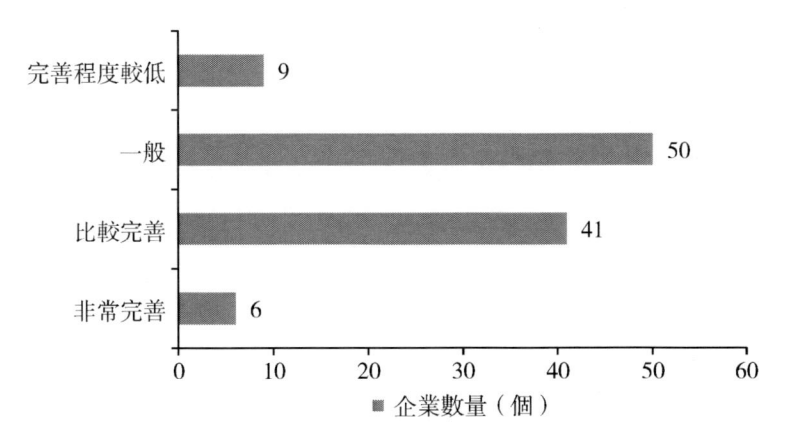

圖 6.13　初創期小微企業對人才交流與勞動力市場建設評價調查

## 第四節　重慶市小微企業初創環境面臨的突出問題

### 一、企業經營壓力較大

**(一) 在市場准入、銀行融資等方面面臨不公平待遇**

初創期小微企業面臨市場准入門檻、銀行融資不公平等因素制約。工商登記手續較為複雜，限制了小微企業註冊。名義上看，多項扶持政策的出抬使得小微企業在一些行業和領域已無准入限制。實際上，這些領域進入資格限仍然偏高，成為「名義開放、實際限制」的「玻璃門」。在關於小微企業初創期年和國有企業、大型壟斷性企業、外資企業競爭時遇到的不公平因素調查中，24 家小微企業認為最大的不公平因素為行業進入領域的不平等，佔有效樣本

的28.6%；認為銀行融資不公平和項目投資、政府採購不公平的企業分別為18和17家，分別占比21.4%、20.2%（見圖6.14）。

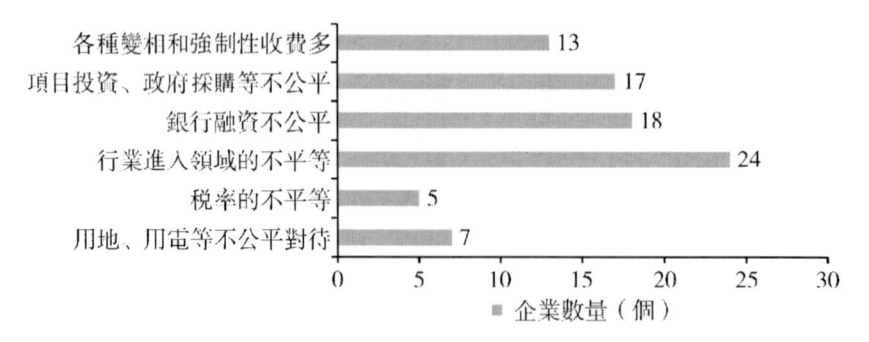

```
各種變相和強制性收費多     13
項目投資、政府採購等不公平  17
銀行融資不公平            18
行業進入領域的不平等       24
稅率的不平等              5
用地、用電等不公平對待      7
                       0   5   10   15   20   25   30
                            ■ 企業數量（個）
```

**圖6.14　初創期小微企業面臨的不公平因素調查**

（二）員工工資和行銷成本成為擠壓利潤的主要因素

在關於小微企業利潤增長影響因素的調查分析中，認為員工工資增長加快和企業行銷成本上升是擠壓企業利潤的主要因素的小微企業分別有55和57家，分別占比36.2%和37.5%；認為原材料價格上漲過快的小微企業為25家，占比16.4%（見圖6.15）。

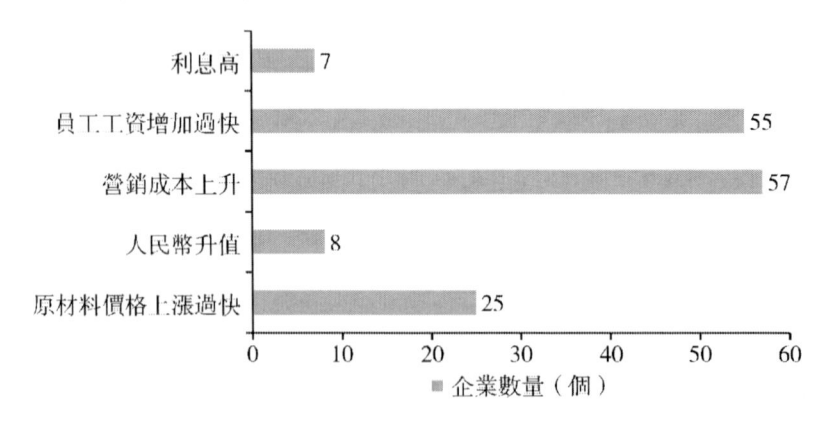

```
利息高              7
員工工資增加過快     55
營銷成本上升         57
人民幣升值           8
原材料價格上漲過快    25
                 0   10   20   30   40   50   60
                        ■ 企業數量（個）
```

**圖6.15　小微企業利潤增長影響因素調查**

二、政策利用度和適用度較低

（一）借力扶持政策發展的能力較弱

我們同時對小微企業初創期使用的政策情況進行調查，結果如圖6.16所示。有46家小微企業初創期享受過政府財稅支持政策，占全部有效調查樣本的42.6%；使用過金融扶持政策的小微企業數量為33家，占比30.6%；使用

過市場准入政策的小微企業為 23 家，占比 21.3%。值得注意的是，35 家小微企業表示沒有使用過扶持政策，占全部有效樣本的 32.4%，這說明小微企業借力扶持政策發展的能力較弱。

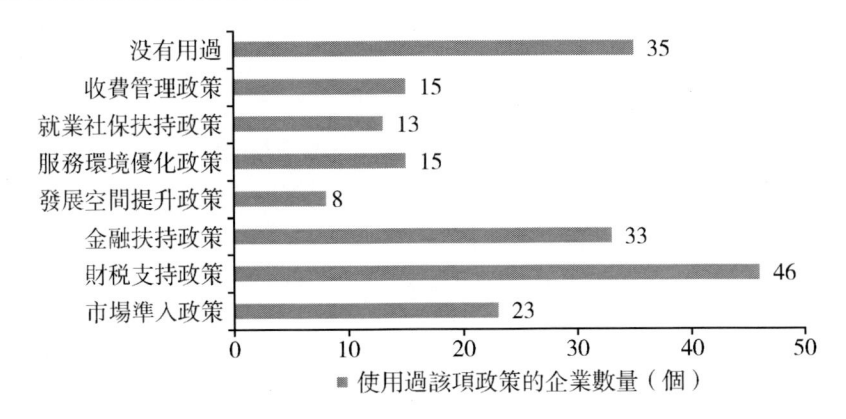

| 政策類別 | 使用過該項政策的企業數量（個） |
| --- | --- |
| 沒有用過 | 35 |
| 收費管理政策 | 15 |
| 就業社保扶持政策 | 13 |
| 服務環境優化政策 | 15 |
| 發展空間提升政策 | 8 |
| 金融扶持政策 | 33 |
| 財稅支持政策 | 46 |
| 市場準入政策 | 23 |

圖 6.16　初創期小微企業政策使用情況調查

（二）諸多扶持政策適用性低

重慶市小微企業發展政策支持體系較為完善。但對於初創期的小微企業來說，政策適用性較低；同時，初創期小微企業對扶持政策需求最為強烈，這就會產生小微企業扶持政策「供需斷層」的困境。在部分區縣辦理微型企業的扶持政策中，創業補助僅限於高校畢業生、返鄉農民工、失業人員、軍隊復員人員等重點人群創辦的科技創新、電子商務、節能環保、文化創意、特色效益農業等鼓勵類的微型企業，也只有能夠享受創業補助的微型企業才能夠申請 15 萬元內的兩年期創業扶持貸款。小額擔保貸款也僅限於註冊登記一年以後的微型企業，該類微型企業可申請 10 萬元以內的全額貼息小額擔保貸款，但是微型企業創立時則不滿足政策條件，也無法享受到政策扶持。

**三、融資信息不對稱、無有效抵質押資產**

（一）企業和銀行之間存在信息不對稱

小微企業信息不透明，是銀行不能順利為小微企業放貸的主要根源。在一項關於小微企業認為銀行存在的主要問題的調查中，有 67 家小微企業認為，在企業初創期銀行對小微企業不信任或者忽視小微企業，占全部有效樣本的 62%。銀行對小微企業不信任和忽視小微企業不僅僅存在小微企業初創期，有 68 家小微企業認為企業當前也受到銀行忽視的問題，佔有效樣本的 62.9%。此外，有 61 家小微企業認為銀行辦事手續較為複雜，占全部有效樣本企業的

56.5%（見圖6.17）。

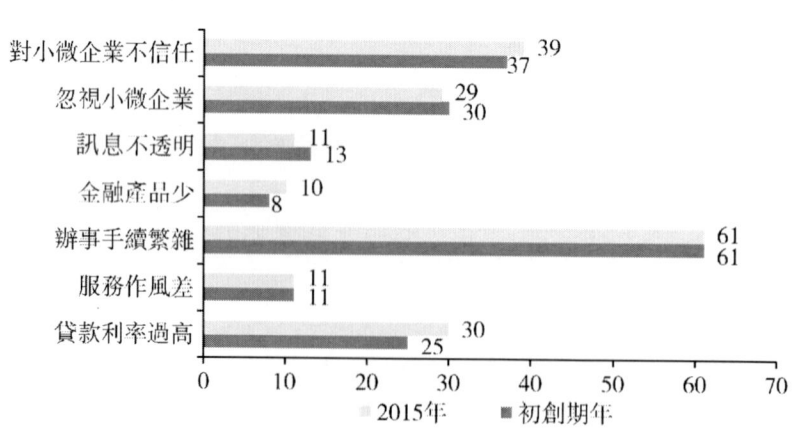

圖6.17 小微企業對銀行認知調查

（二）缺乏銀行願接受的抵、質押資產

在關於初創期小微企業融資過程中的問題調查中，有45家小微企業認為未能成功融資的原因是缺乏銀行願意接受的抵、質押資產，占全部有效樣本企業的47%（去除13家初創期未貸款小微企業）；28家小微企業認為未能從銀行成功貸款的主要原因是缺乏第三方提供的保證，占全部有效樣本的29.5%。此外，缺乏銀行願意接受的抵、質押資產和第三方擔保也是當前小微企業未能成功融資的主要原因，分別占全部有效樣本企業的43.6%和35%（去除7家2015年未貸款小微企業，見圖6.18）。

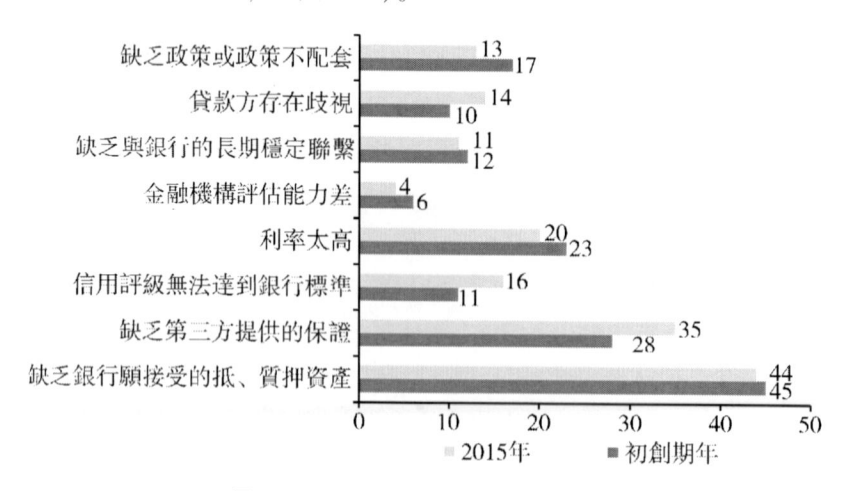

圖6.18 小微企業銀行融資問題調查

## 四、信用評級和品牌創新意識有待加強

### （一）對企業自身信用評級重視不足

小微企業信用評級是企業融資的重要依據。我們對小微企業初創期信用評級情況進行調研，得到如圖6.19所示統計結果。結果顯示有83家小微企業在初創期並沒有進行信用評級，即使到2015年，仍有74家小微企業沒有進行信用評級，分別佔有效統計企業的77.6%和69.2%。

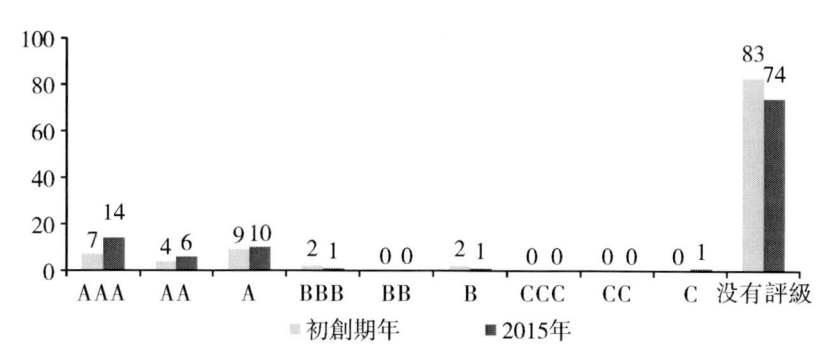

圖6.19 初創期小微企業信用等級評級情況調查

### （二）企業品牌創新意識有待加強

商標是企業重要的無形資產，有利於企業品牌的宣傳和產品的法律保護。我們對小微企業在初創期和當前的商標註冊情況進行調研，得到如圖6.20所示統計結果。有61家小微企業在初創期並沒有註冊品牌商標，占全部有效樣本企業的57%，即使在2015年，仍有50家小微企業沒有註冊品牌商標，占全部有效樣本企業的46.7%。

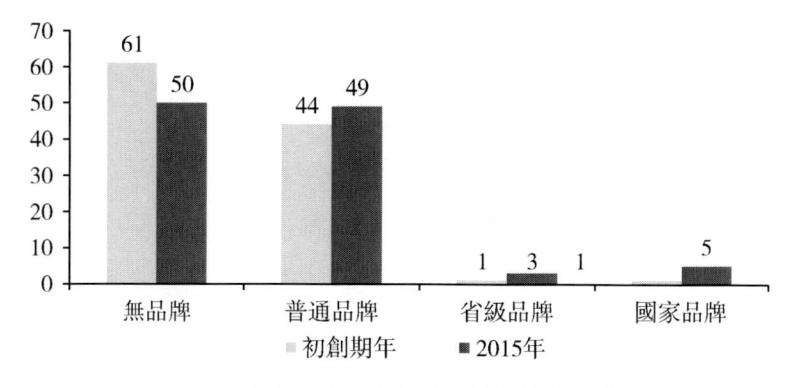

圖6.20 初創期小微企業品牌商標註冊情況調查

### 五、相關法律法規不完善、不統一

(一) 缺乏專門針對小微企業的立法

從目前的法律體系來看，雖然中國出抬了《中華人民共和國中小企業促進法》《中小微型企業劃型標準規定》，重慶市也起草和制定了支持小微企業發展的法規、規章和政策性文件，解決了小微企業的地位問題和政策扶持依據。但由於各種原因，目前重慶市尚未頒發一部專門針對小企業的政策法規。此外，雖然重慶市出抬了許多富有成效的扶持政策，但目前大多數政策措施以政策性文件的形式出抬。與政策法規相比，其政策效應會大大降低，特別是一些比較好且實踐已檢驗的成熟政策，卻由於沒有及時上升為政策法規，將其固化下來，使其難以發揮長期作用。

(二) 針對小微企業的政策認定不統一

通過對重慶小微企業發展政策的分析和梳理，不難發現政策多而雜的現實狀況：政策制定主體既有重慶市政府、市工商局、市微企辦、市地稅局、市人力社保局、市經信委、市財政局等，又有各區縣，政策內容涉及財政支持、稅收優惠、融資擔保、行政規費減免等諸多方面，政策執行主體牽涉諸多部門。由於政策制定主體多元化且出抬政策的時間有先後，難免出現政策重疊、政策交叉或政策衝突的狀況，而且由於沒有明晰權責等法律規定，這就必然會造成政策執行者無所適從，進而造成政策執行梗阻或延滯。

## 第五節 國內外小微企業發展的經驗借鑑及啟示

發達國家很早就認識到小型微型企業的功用，制定出抬了一系列扶持小型微型企業發展的措施，另外，中國經濟發達地區也有一些較為可行的小微企業扶持政策。現對美國、德國、日本的小微企業扶持政策及中國北京、上海等地區的扶持政策進行梳理，以資為重慶市制定和完善小微企業扶持政策提供參考與借鑑。

### 一、國外小微企業發展的經驗借鑑

(一) 美國

美國的經濟統計只有大、中企業之分，所謂的小企業即類似於中國的小微企業。美國的小企業發展及其所取得的巨大成就，與美國政府採取的積極扶持

政策和措施分不開，美國促進小型微型企業發展的措施大體可分為以下幾個方面：

（1）設立專門的政府管理部門。美國於1953年成立了隸屬於聯邦政府的獨立機構——小企業管理局（SBA），並在各州設立辦事處和分支機構，為小企業提供綜合性、全方位的服務，包括政策性貸款、擔保和諮詢服務，如幫助小企業在聯邦政府採購中每年獲得不少於23%的「公平份額」，尤其是幫助小企業解決資金不足問題。SBA的主要職能有：制定發展小型微型企業的基本方針政策；監督小型微型企業政策落實情況；反應小型微型企業的需求，維護小型微型企業的利益；向小型微型企業發放直接貸款、擔保貸款或特別貸款；為小型微型企業提供各種業務培訓、信息諮詢、管理和技術指導等服務。

（2）建立和健全相關法律體系。美國於1953年出抬了《小企業法》，奠定了扶持小微企業的政策基礎。1964年通過《機會均等法》進一步完善了向小型微型企業提供資金援助的機制。1980年通過《小企業經濟政策法》，規定美國總統每年要向國會遞交有關小型微型企業的競爭情況報告。1982年頒布了《小企業技術創新法》，促進了小企業的科研開發。2010年通過了《小企業貸款基金法》，向成千上萬家小企業提供減稅和貸款支持，幫助小企業渡過了經濟下滑的難關。時至今日，美國已形成較為完善的扶持、保護小企業的法律體系。

（3）充分利用發達的市場化融資體系。美國小企業的長期資金供給主要來源於公司股票債券，而短期資金供給則依賴於銀行信貸，這主要得益於美國發達的資本市場。美國的資本市場包括全國性的紐約證券交易所、地方證券交易所、第三市場、第四市場，還包括納斯達克全國市場、納斯達克小型資本市場。除了股票市場之外，美國還有市場容量超過股票市場的債券市場，包括各種信用等級的企業債券。企業直接債務融資工具占據了債券市場整體規模的60%以上。但是對於大量的微型企業，很難符合上市或發債條件的，其資金來源仍主要依賴銀行信貸。美國政府還制定了各級財政也為小企業貸款提供信用擔保的政策，包括由小企業管理局作為擔保人，為小企業的資金需求提供擔保。此外，還鼓勵向小企業進行風險投資、向受自然災害影響的小企業提供自然災害貸款和向小企業提供出口信貸。

（4）積極的小企業稅收支持體系。美國為扶持小型微型企業發展，在不同時期對不同類型的小型微型企業採取不同的稅收減免政策。美國對小型微型企業的稅收優惠政策主要有：減少企業新投資稅收，降低企業所得稅率，實行特別科技稅收優惠；企業科研經費增長額稅收抵免；個人所得稅下調25%；資

本收益稅調整為20%，等等。美國除採取一般稅收優惠扶持微型企業外，還利用政府訂貨政策在財政上給予小型微型企業支持。

（二）日本

日本是世界範圍內最先重視中小企業發展的國家，尤其是在二戰後，日本政府加大了對中小企業的扶持力度，制定並完善了中小企業扶持政策。

（1）完善的法律保障體系。二戰後，日本先後制定了《中小企業廳設置法》《中小企業基本法》《中小企業技術開發法》《新中小企業基本法》等法律法規。這些法律法規的制定與實施涵蓋了小型微型企業，從而有力推動了小型微型企業發展。

（2）建立多層次的政策性金融機構。日本政府財政援款先後建立了專門為小企業提供幫助的政策性金融機構，即商工組合中央公庫、國民生活金融公庫、中小企業金融公庫、中小企業信用保險公庫和環境衛生金融公庫五個中小企業金融專門機構，向中小企業提供長期的資金和貸款，形成了對小型微型企業的金融支持體系。同時，日本還構建了較為完善的政策性信用擔保體系。目前，日本的信用擔保體系由信用保證協會與信用保險公司庫兩者構成。全國共有52個信用保證協會為中小企業貸款提供信用擔保；中小企業信用保險公庫則為信用保證協會提供再擔保。日本已經形成了中央與地方擔保機構相互協作、擔保與再擔保相結合的全國性中小企業信用擔保體系。

（3）獨特的中小企業診斷制度。日本首創了中小企業診斷制度，成為日本扶持中小企業的支柱和最具特色中小企業扶持制度。企業診斷一般是由企業提出診斷申請，負責診斷的專業人員經過企業實地調研後提出診斷、指導意見，小型微型企業可從中獲得相關的經營診斷、技術指導、人才培育和信息提供等服務。根據《中小企業指導法》，日本設立了「企業診斷師」專業職稱，由政府的專業診斷人員為中小企業提供直接指導。

（4）促進企業間相互協作。日本政府為促進中小企業之間的協作及小企業與大企業之間的協作做了許多工作。一是創立了園地協同組合制度以促進小微企業之間的合作，即把分散在市區的小微企業集中到基礎設施和服務設施優良的市郊指定地區。二是採取多種措施鼓勵小微企業與大企業進行合作，包括以產品為分工的合作。三是小微企業承包大企業的服務性業務。

（三）德國

德國政府為本國小微企業提供了全方位的支持，具體扶持措施涉及經濟、法律、體制等多個方面。德國各聯邦州政府也為小微企業的發展提供了一系列的政策支持。

（1）完善的法律保障體系。為了保護和扶持小微企業的發展，德國制定了一系列法案，其中包括1957年通過的《反限制競爭法》，防止大企業利用壟斷優勢壓迫或惡意收購中小企業。從20世紀70年代起，德國國會相繼通過了《改革中小企業結構的基本綱領》《中小企業促進法》《中小企業增加就業法》《中小企業減負法》等。各州也都頒布了自己的《中小企業促進法》，並通過制定一系列政策措施，提高中小企業的競爭力。這些立法對於規範小微企業產業競爭秩序，引導小微企業建立合理的企業規模結構，支持小微企業技術創新，營造小微企業創業發展的良好環境做出了重大貢獻。

（2）財稅政策的大力支持。德國是對小微企業實行財稅優惠政策的典型，從1984年起，德國政府就制定了對中小企業，特別是對創業階段的中小企業及落後地區新建企業實行減免稅收的政策。例如，落後地區的新建企業可以免交5年營業稅。德國政府還專門制定了面向中小企業的7年減稅計劃（1998—2005年），為中小企業減輕稅負150億歐元。聯邦政府為中小企業提供多種財政支持，主要有貸款、投資補貼、貼息和擔保。在2003年制定的中小企業發展戰略中規定：銷售額不超過17,500歐元的企業免於徵收營業稅，為中小企業切實減輕了負擔。

（3）多元的中小企業扶持政策和措施。德國實施了旨在扶持中小企業創業與發展的創業園計劃，在全國範圍內建設了很多中小企業創業園，新創的中小企業可以有優惠的辦公場所，享有一系列必要的扶持措施；聯邦政府和各地政府提出了大約600多項扶持中小企業發展的具體措施。聯邦政府設立創新基金（ERP），新創辦企業資金不足者，可以向ERP計劃提出申請，憑ERP的證明可以到銀行貸款，政府ERP承擔80%風險，銀行承擔20%。

（4）完善的社會化服務體系。德國政府為中小企業建立專門的網站和熱線電話，中小企業可就融資和促進措施問題向聯邦經濟部的相關專家諮詢。同時，政府還特別重視各種半官方和半民間的行業協會的作用，利用它們為中小企業建立信息情報中心，為企業提供信息和服務。德國聯邦研究部則建立起了「示範中心」和「技術對口的訪問和信息計劃」，向中小企業提供最新的研究成果和研究動態，幫助中小企業進行技術發行和技術引進。德國各級政府、金融部門和教育培訓機構聯手合作，在實踐中逐步形成了全國中小企業孵化系統，建成了大量的高新技術企業孵化中心，撥專款實施政府資本參與計劃，幫助中小企業抵禦市場風險。

**二、國內小微企業發展的經驗借鑒**

各地政府為貫徹落實中央政策，都採取先後成立中小企業局或中小企業協

會、設立財政資金、增加直接融資渠道、構建公共服務平臺、政府採購中優先中小企業等多種措施，涉及政策、資金、服務、環境等方面。下面介紹各地政府出抬的一些具有本地特色的政策和措施。

（一）北京市

（1）制定《北京市微小企業創業基地認定辦法》。

北京市通過認定一批具有示範帶動作用的微小企業創業基地，集成政府「最優政策」和社會資源，為創業活動提供低成本創業場所，引導企業集聚創業發展。

（2）推進中小企業知識產權戰略工程。

北京經濟技術開發區和中關村生命科學園被確定為為北京市首批中小企業知識產權戰略推進工程實施單位，旨在通過加快培育擁有自主知識產權、知名品牌和較強競爭力的中小企業，全面提升中小企業的知識產權創造、運用、保護和管理能力。力爭在北京範圍內，培育形成2個具有自主知識產權優勢的中小企業聚集區；建立10家中小企業知識產權輔導服務機構；培訓200~300名中小企業知識產權工作者和經營管理人員，形成切實有效的中小企業知識產權綜合服務援助等機制。

（3）制定「瞪羚計劃」，為中關村科技園區的高科技、高成長性小微企業提供融資解決方案。

企業必須接受中關村企業信用促進會制定的信用仲介機構的信用評級，信用等級要達到ZC3以上（含ZC3），並加入中關村企業信用促進會接受信用管理。企業可以享受到的優惠措施包括：獲得中關村科技園區管委會的貸款貼息；進入中關村科技擔保公司的快捷擔保審批程序，簡化反擔保措施，進入協作銀行的快捷貸款審批程序，獲得利率優惠。

（二）上海市

（1）實施「專精特新」中小企業培育工程。

上海市對1,000家「專精特新」中小企業、3,000家成長型中小企業實施培訓。培訓按照中小企業人才進行分類，「專精特新」中小企業中高層管理人員將參加「領軍人才培訓計劃」和「專業英才培訓計劃」，成長型中小企業將參加「信息普及培訓計劃」。其中「領軍人才培訓計劃」由政府財政提供全額補助，由復旦大學管理學院具體實施，旨在培養一批具有國際戰略思維和現代經營管理理念，以及較強決策能力、駕馭力和運作力的新型企業家隊伍。

（2）建立「上海中小企業融資市場」。

該融資市場由線上對接平臺和線下服務平臺組成，面向長三角地區的所有

中小企業提供銀行貸款、PE 投資等各類融資服務。上海市中小企業融資市場的線上平臺集聚來自金融機構的各類放貸產品和來自中小企業的各類融資需求信息，並及時通報產業政策，金融政策以及投資動向、企業項目動態，配之線下政、銀、企溝通對接等多重機制；而線下平臺則提供銀企融資配對服務，由專業人士與中小企業面對面交流，有針對性地推薦最適合該企業的金融產品。

（三）天津市

（1）設置統一的政府管理部門。

天津市設立市中小企業發展促進局，正廳級建制，為市政府組成部門。各區縣設立獨立的中小企業局，為當地政府組成部門。這為天津市整合管理職能，避免多頭管理，更好促進中小微企業的發展創造了條件。

（2）建設中小企業公共服務體系。

一是設立天津科技發展融資服務控股公司，發揮政府資金的引導作用，吸引商業銀行貸款，通過股權投入等方式，支持科技型中小企業發展；二是成立天津市科技金融服務中心；三是成立天津開發科技企業融資服務中心；四是建立天津市創業培訓指導中心網站，通過互聯網登錄該網站，可享受普惠性和個性化公共創業服務幫扶。

（3）積極拓寬融資渠道。

一是積極引導創業風險投資基金、私募股權投資基金投資科技型中小企業，支持企業在天津股權交易所掛牌融資。二是鼓勵中小企業在銀行間市場運用短期融資券、中期票據、信貸資產支持證券和集合性票據等債務性融資工具進行融資。三是發展集合信託業務，按照統一組織、統一冠名、分別負債、集合發行的模式，繼續通過市場化模式發展中小企業集合信託業務並擴大規模。四是向科技型企業提供融資租賃業務，探索設立中小企業融資租賃專營公司，支持和鼓勵各金融租賃公司面向中小企業開展融資租賃業務。五是發展典當等融資業務，支持有實力的出資人設立典當行，鼓勵商業銀行向典當企業發放信用、抵押和保證擔保貸款，擴大典當融資規模。六是發展貸款保證保險業務，鼓勵保險機構積極開發為中小企業服務的貸款保證保險產品，與銀行、擔保機構開展合作，為中小企業提供融資增信服務。

（四）浙江省

（1）成立中小企業再擔保有限公司。

按照「政府出資、政策引導、有效監管、市場運作」原則，由省財政出資 10 億元設立，放大擔保機構的擔保倍數，分散擔保機構的風險。浙江省中小企業再擔保有限公司不以營利為目的，不與融資性擔保機構開展業務競爭，

通過再擔保與擔保的聯動與協作，為浙江省融資性擔保機構提供徵信、分險等服務。同時浙江省財政廳、省中小企業局、省金融辦、中國人民銀行杭州中心支行和浙江省銀監局等部門組成了浙江省中小企業再擔保管理協調小組，對再擔保公司進行指導、監督和考核。

（２）抓住機遇，促進小微企業轉型升級。

浙江省積極引導小微企業加快結構調整和轉型升級，充分利用目前宏觀偏緊等環境，以此作為倒逼機制，加快改變傳統的發展方式，改變浙江省經濟長期處於國際國內產業分工價值鏈末端的不利處境，扶持引導小微企業向「專、精、特、優」發展，形成一批科技型、成長型企業。根據現階段浙江省的實際情況，加快傳統製造業的改造升級，把傳統製造業的轉型升級落實到龍頭企業和產業集群的轉型發展上，以此帶動千家萬戶相關的小微企業轉型升級。

（五）廣東省

面對當前複雜多變的國內外經濟形勢與經濟下行壓力，廣東省保持經濟平穩健康發展，繼《關於依靠科技創新推進專業鎮轉型升級的決定》後，省政府又出抬了《關於加快專業鎮中小微企業服務平臺建設的意見》，一次性新增５億元專項資金，扶持九大平臺建設，促進專業鎮主導產業及專業鎮中小微企業的發展和轉型升級。

# 第六節　優化和提升重慶市小微企業初創環境的對策建議

針對重慶小微企業發展狀況與初創期所面臨的實際問題，本研究認為應該在建立小微企業的機構管理、法律法規支持體系、完善小微企業的政策扶持體系（財稅扶持和金融支持）、搭建促進小微企業發展平臺及加強小微企業自身建設等方面進行系統的優化改善，提高政府對小微企業的扶持效率，以促進小微企業更進一步發展。

### 一、建立健全小微企業管理機構

目前，中國對小微企業的管理是一個按經濟類型多頭管理的格局。這種管理方式一方面職能重複，機構重疊；另一方面力量單薄，缺乏對小微企業的統一管理和針對性扶持，無形中提高了小微企業的交易成本。重慶市政府應廣泛借鑑美國、日本、德國等發達國家及中國天津市小微企業的管理經驗，應將分散在各部門的職能合併集中起來，設立「重慶市小微企業管理局」為全市小

微企業的統籌管理機關，確保其獨立性與權威性，負責統一制定小微企業發展的方針政策，提供技術、培訓、行業分析、協調與統籌等全方位的服務。

## 二、建立與小微企業發展相適應的法律法規體系

(一) 盡快出抬《重慶市小微企業促進條例》

小微企業由於自身相對弱小，決定了必須從法律高度來確定其地位，保障其權益。許多發達國家或地區在扶持小微企業的發展中，將制定法案作為最重要的幫扶途徑，營造小微企業發展的良好法律環境。重慶政府應該借鑑先進經驗來完善對小微企業扶持的法律法規體系。應該盡快出抬《重慶市小微企業促進條例》作為小微企業發展的政策扶持框架，奠定重慶市政府促進小微企業發展的基本指導方針，在框架中應該明確各個職能部門對扶持小微企業發展的責任。

(二) 完善配套法律體系的建設

在《重慶市小微企業促進條例》制定完成後，政府應該結合小微企業的不同發展階段及行業特點出抬後續的配套法律，針對不同行業類型的企業，出抬專項扶持政策和具體操作實施細則，以完善小微企業的法規體系。政府的採購是對小微企業最直接的扶持形式，因此，關於小微企業的政府採購法案的存在是非常有必要的。目前重慶政府已經開始在政府採購方面支持小微企業，政府以此為基礎出抬一部《小微企業政府採購管理辦法》來使該項政策措施形成長效機制。在金融支持方面，政府也在積極引入民間資金、完善擔保制度體系等，但是這些行為也需要出抬相關法律來進行規範和約束。

(三) 統一規範小微企業劃分標準

目前，涉及關於中型、小型和微型企業界定劃分的政策依據有：《關於印發中小企業劃型標準規定的通知》（工信部聯企業〔2011〕300號）、《關於金融企業涉農貸款和中小企業貸款損失準備金稅前扣除有關問題的通知》（財稅〔2015〕3號）、《小企業會計準則》（第2條）、《中華人民共和國企業所得稅法實施細則》（第92條）。對於中小企業、小微企業、小型微利企業等，以上各項政策之間在概念和劃分標準上並不統一甚至存在衝突，因此，建議將對小型和微型企業的劃分上升至法律層面，確定概念，統一標準，提供明確統一的法律政策依據。如考慮：對涉及小型微型企業的相關法律、政策文件使用統一標準和統一表述，避免概念上的混淆等。

## 三、加大對小微企業創業的財政扶持力度

（一）建立小微企業發展專項基金

近年來，國家相繼設立了多項扶持中小企業發展的專項資金，對中小企業的發展起到了積極的推動作用。隨著國家對中、小、微企業劃型標準的出拾，應建立與之相適應的財政支持體系，強化對小微企業的扶持效應，因此建議：一是把國家財政預算的中小企業發展資金變更為中型企業發展專項資金和小微企業發展專項資金。從每年的中央和地方財政預算中安排一定比例的財政資金（市財政可考慮財政收入的1%~2%、區縣可考慮財政收入的1%~1.5%）劃入小微企業發展專項基金，用於支持小微企業的創業補助、貸款貼息、技術創新、市場開拓、管理提升、服務體系建設等，保證專款專用。二是建立小微企業專項基金增長機制。按照小微企業當年增加值的平均增幅，增加小微企業發展專項資金額度，建立與小微企業貢獻相適應、按比例增長的機制，形成小微企業專項扶持的長效機制。

（二）完善政府採購支持新機制

政府的採購是對小微企業最直接的扶持形式。目前重慶市政府已經開始在政府採購方面支持小微企業，在此基礎上，政府應盡快出拾《小微企業政府採購管理辦法》來使該項政策措施形成長效機制。加大政府採購制度對小微企業的引導作用，適當放寬政府採購限制，建立科學的採購評價標準和支持措施；建立便利、高效的政府採購信息發布系統，在「政府採購網」專門開設小微企業採購項目專欄，提高採購信息發布效率；完善政府的採購方式及程序，加大對小微企業的採購量，規定政府每年從小微企業採購的辦公用品、發包的工程額度應不低於20%的比例；建立採購問責處罰機制，對採購單位有意規避採購小微企業產品、服務和工程的，必須依法給予相應處罰。

## 四、強化小微企業的稅收支持政策

（一）給予小微企業平等地位

完善增值稅納稅人資格認定的方式，加快推進以企業的財務核算的準確性和真實性作為判斷是否具備一般納稅人資格的標準，提高一般納稅人的認定比重，實現小微企業與其他企業之間在增值稅納稅人地位上的平等待遇。同時，對於新認定為一般納稅人的小型微型商貿企業來說，為加強管理，防範偷騙稅行為的發生，可以限額、限量發售增值稅專用發票，但應取消預繳稅款的規定，並且對其取得的增值稅發票在認證後即可納入抵扣，以減輕這部分納稅人

的階段性實際稅負。

（二）完善現行流轉稅稅制

應進一步提高起徵點，將起徵點改為免徵額，改變起徵點政策在臨界點上稅負不公平的弊端。建議將增值稅起徵點調整為：銷售貨物或應稅勞務的，為月銷售額40,000~50,000元，按次納稅的，為每次（日）銷售額1,000~1,500元；營業稅起徵點調整為：按期納稅的為月營業額40,000~50,000元，按次納稅的為每次（日）營業額1,000~1,500元。

（三）優惠初創期小微企業

由於新辦小微企業在成立初期往往費用較大、盈利較少，處於虧損狀態，參照國際慣例，建議對其自獲利年度起實行免徵或減半徵收。如韓國政府對新創辦的小微企業所得稅實行「免三減二」——頭三年免稅，後兩年減半徵收。對投資創辦小微企業的投資者，對其投資額的一定比例予以免稅。如英國為了鼓勵投資者創辦小微企業，規定凡投資創辦小微企業者，其投資額的60%可以免稅，每年免稅的最高投資限額達到4萬英鎊。對小微企業購置的機器設備，可給予一定比例的所得稅抵免，並在所得稅前扣除，允許小微企業無條件加速折舊。

**五、構建小微企業多層次金融支持體系**

（一）建立重慶市小微企業政策性銀行

積極探索在現有金融體制架構外設立專門為小微企業融資的金融機構——重慶市小微企業發展銀行（暫定）。建議由重慶市財政出資並組建或改組政策性金融機構。

與此同時，抓住國家設立民營銀行的機遇，積極引導設立民營銀行，各區縣應積極發展村鎮銀行、社區銀行及小額貸款公司等多種小微金融機構，緩解全市中小企業面臨的融資瓶頸，提高全市投融資效率。

（二）構建小微企業融資的特色渠道

一是鼓勵符合條件的小微企業在中小板和創業板上市，完善小微企業上市培育機制，重點支持成長性良好和高科技小微企業通過資本市場上市融資，以增加小微企業的融資途徑。二是充分利用境外資本市場上市融資。鼓勵優質小微企業借助境外資本市場，通過購買或兼併等方式境外上市。三是加大符合條件的小微企業債券融資力度。可借鑑天津市小微企業發展經驗，開展針對小微企業短期融資券、集合券的試點工作，擴大小微企業集合券和短期融資券的發行規模，簡化債券發行審批手續，規範債券發行程序。

(三) 規範發展民間資本

民間資本對小微企業的發展具有積極的推動作用，政府可以通過大力宣傳倡導、支持小額貸款公司的發展、提供優惠的稅收減免政策等來引導民間資本來支持小微企業發展。大多數小微企業在發展過程中都參與過民間的借貸，但是因民間借貸而產生的經濟糾紛也確實不少，資金鏈斷裂、風險難以控制等都是其弊端。因此政府在引導民間資本支持小微企業發展的同時也應該對其進行監管並出抬相關的管理條例或規定來避免民間借貸向不好的方向發展，從而保護小微企業和債權人的合法權益，提升資本市場的投資信心。

(四) 完善小微企業的金融服務

一是要求國有商業銀行和股份制銀行內設小微企業信貸部，創新適合小微企業「短、頻、快」需求特點的金融產品和信貸模式。每年在監管考核中設置小微企業新增貸款和貸款增速的比例。二是不斷拓展金融機構服務空間範圍，向小微企業集中的區域延伸服務網點，為小微企業提供便捷靈活的金融服務。三是充分利用現代信息技術，加強各大金融機構之間的交流與合作，利用數據庫創庫技術收集、記錄小微企業的全面的經營活動，充分瞭解小微企業的金融需求信息，在風險控制、貸後管理等方面不斷創新合作。四是進一步明確呆帳貸款核銷認定標準，簡化流程，建立小微企業不良貸款快速核銷機制，探索銀行打包處置小微企業不良貸款給市級資產經營管理公司的途徑，提高小微企業不良貸款核銷效率，提高銀行放貸積極性。

## 六、提升小微企業內生發展動力

(一) 增強小微企業自主創新能力

小微企業要注重技術創新、結構升級和發展方式轉變。自身要努力做到強化先進技術的研發和應用，建立研發中心，引導各類創新要素加速集聚，不斷提升企業自主創新能力，占領技術制高點，提升核心競爭力。加快開發具有自主知識產權的主導產品和核心技術，培育企業核心競爭力。同時小微企業還可以謀求與重慶市高等院校、科研單位建立產學研戰略聯盟，切實提高自身科技含量。

(二) 切實提升小微企業管理能力

小微企業在創業初期競爭力薄弱，創業者面臨諸多壓力，除了小微企業的產品和服務需要在市場競爭中得到社會認可之外，小微企業內部管理水準直接影響著微型企業的生存和發展。首先，在管理上要轉變觀念，摒棄專斷式、粗放式、經驗式、家族式的隨意管理方式，輔之以科學的管理手段建立健全企業

內部的科學管理制度。其次要注重風險管理，通過投資組合的選擇來分散、降低和避免風險，提高風險報酬率和經營安全性。最後要重視戰略管理，企業要主動開闢信息網絡，加強市場調研，通過多途徑瞭解世界經濟發展趨勢和市場動態，分析比較市場需求與企業產品的關係。

（三）提高小微企業的信用等級

小微企業要想獲得金融機構大力支持，必須要增強其信用等級。目前大多數的小微企業從信用社或者商業銀行申請貸款都需要信用評級，這就要求小微企業制定完善的企業信用管理制度和政策。應提高小微企業經營的透明度，確保會計信息的真實性、合法性，以及連續性。另外，小微企業還應規範自身的開戶、結算行為，實行基本帳戶結算制度，使帳戶運作在銀行監督之下，使信用社或者銀行真正感覺到小微企業經營思路明確、資金流向清楚、歸還貸款主動。建議在重慶市及區縣兩級人民政府的領導下，由市、區兩級工商行政管理部門牽頭，會同司法機關和其他行政機關、金融機構、社會組織及相關研究機構建立小微企業信用評級體系，為小微企業融資提供基礎性服務。

（四）多渠道促進小微企業人才培養

知識型、創新型人才是小微企業創新發展的核心力量。因此，小微企業的發展應該立足於人才建設。一是廣大小微企業應加大人力資本投資，增加研發投入，增強技術創新能力；二是加強內部人才培訓培養，採取有效措施激勵人才自我發展；三是加強與高等院校的合作培養，為小微企業轉型升級提供必備的專業技能人才。

**七、推進小微企業集聚發展效應**

（一）依託園區建立微型企業孵化基地，共享產業鏈整體優勢

重慶市產業園區是小微企業發展的重要載體，要充分利用兩江新區、高新區、經開區和市級特色工業園區等資源，對園區建設進行整合、優化，成立專門針對高新技術企業和有發展潛力的小微企業服務機構，具備條件的區縣可為小微企業劃出專門樓宇和商業場所，提供管理、會計、市場等方面的服務，單獨建立小微企業孵化基地，吸納小微企業入駐，為小微企業搭建創業平臺。重慶市可設立統一的小微企業孵化基地認定標準，並對全市的小微企業孵化基地進行認定；出抬建設小微企業孵化基地的統一的優惠政策，在土地供應、規費減免等方面提供優惠。

圍繞重慶市特色產業、資源優勢、區位條件、發展基礎、認真規劃引導並大力培育具有區域特色的「板塊經濟」。引導和鼓勵相關聯的小微企業集中佈

局，鼓勵小微企業集中到開發區等創業基地，從而降低生產成本；鼓勵小微企業與大中型企業聯合，做配套生產，共享產業鏈條的整體優勢。

(二) 圍繞產業集群，積極發展現代服務型小微企業

產業集群的發展需要有配套的小微企業為其服務發展，需要有貫穿企業生產的上、中、下游的生產性服務業企業，為其提供保障服務。重慶應圍繞電子信息業、汽車摩托車製造、裝備製造業等支柱產業，培育一大批為這些產業中的大型企業配套的小微企業，形成產業集群，如鼓勵第三方物流企業發展，推進信息化服務企業的發展，積極發展工業設計、科技管理諮詢等新興服務型小微企業，推動重慶市小微企業的轉型升級。

(三) 加強集群內企業間的協調發展

產業集群內既有大企業或龍頭企業、技術領先型等有實力企業，也有與之相關聯的小微企業群。根據產業集群發展模式的不同，集群內企業還會有不同行業、不同產業而形成的產業鏈。一方面產業集群的發展必將為小微企業的轉型升級提供發展機遇，並有利於共享先進技術服務等；另一方小微企業的發展，也將有利於降低大企業的成本，提高集群產業整體效率。因此，產業集群內各企業要充分利用各自優勢加強企業間的合作關係，促進融合發展。

# 參考文獻

[1] 趙錫斌. 企業環境分析與調適：理論與方法 [M]. 北京：中國社會科學出版社，2007.

[2] 林振淦. 小型經濟概論 [M]. 長沙：湖南出版社，1991.

[3] 王德勝，餘大勝. 基於成長視角的中小企業評價研究：五維度分層評價體系的構建 [M]. 北京：經濟科學出版社，2008.

[4] 羅荷花，李明賢. 中國小微企業融資約束問題研究 [M]. 北京：經濟管理出版社，2016.

[5] 曹裕. 複雜環境下中國企業財務困境模式及預警研究：基於企業生命週期的視角 [M]. 北京：清華大學出版社，2015.

[6] 張勇. 現代企業生命力：現代企業生命週期論 [M]. 北京：機械工業出版社，2006.

[7] 張永宏. 組織社會學的新制度主義學派 [M]. 上海：上海人民出版社，2007.

[8] 李柏洲，李曉娣，李海超，等. 中國中小型高科技企業成長對策 [M]. 北京：經濟管理出版社，2007.

[9] 萬興亞，許明哲. 中國中小企業成長及軟實力建設 [M]. 北京：中國經濟出版社，2010.

[10] 加雷思·瓊斯，珍妮弗·喬治，查爾斯·希爾. 當代管理學 [M]. 李建偉，嚴勇，周暉，等譯. 2 版. 北京：人民郵電出版社，2003.

[11] 理查德·L·達夫特. 管理學（原書第 5 版）[M]. 韓經綸，韋福祥，等譯. 北京：機械工業出版社，2003.

[12] 席酉民. 企業外部環境分析 [M]. 北京：高等教育出版社，2001.

[13] 蔣曉嵐，孔令剛. 技術創新與工業結構升級：基於安徽的實證研究 [M]. 合肥：合肥工業大學出版社，2008.

[14] 厲以寧. 西方經濟學 [M]. 4 版. 北京：高等教育出版社，2015.

［15］巴納德. 經理人員的職能［M］. 孫耀君,等譯. 北京:中國社會科學出版社,1997.

［16］江若塵,黃亞生,王丹. 大企業成長路徑研究:中外500強企業之間的對比［M］. 北京:中國時代經濟出版社,2011.

［17］伊恩·沃辛頓,克里斯·布里頓. 企業環境［M］. 徐磊,洪曉麗,譯. 北京:經濟管理出版社,2004.

［18］袁紅林. 小企業成長研究［M］. 北京:中國財政經濟出版社,2004.

［19］劉彪文. 企業成長論［M］. 北京:線裝書局,2010.

［20］伊迪絲·彭羅斯. 企業成長理論［M］. 趙曉,譯. 上海:上海人民出版社,2007.

［21］高太平. 中小企業發展探析［M］. 長春:吉林人民出版社,2016.

［22］愛迪思. 企業生命週期［M］. 趙睿,譯. 北京:華夏出版社,2003.

［23］吉福德·平肖,羅恩·佩爾曼. 激活創新:內部創業在行動［M］. 鄭奇峰,於慧玲,譯. 北京:中國財政經濟出版社,2006.

［24］國務院發展研究中心課題組. 中小企業發展:新環境·新問題·新對策［M］. 北京:中國發展出版社,2017.

［25］林漢川,李安渝. 中國中小企業發展研究報告(2011)［M］. 北京:企業管理出版社,2012.

［26］國務院發展研究中心企業研究所. 中國企業發展報告(2016)［M］. 北京:中國發展出版社,2016.

［27］黃錫明. 企業文化(上卷)［M］. 長春:吉林人民出版社,2002.

［28］馬歇爾. 經濟學原理下卷［M］. 陳良璧,譯. 北京:商務印書館,1965.

［29］王緝慈,等. 創新的空間:企業集群與區域發展［M］. 北京:北京大學出版社,2001.

［30］蓋文啓. 創新網絡:區域經濟發展新思維［M］. 北京:北京大學出版社,2002.

［31］曹祎遐. 小微企業創新環境:理論前沿與政策研究［M］. 上海:上海人民出版社,2017.

［32］何長見,何毅. 中國中小企業發展的系統性障礙與制度創新［M］. 北京:中國大地出版社,2007.

［33］楊再平,閆冰竹,嚴曉燕. 破解小微企業融資難最佳實踐導論

[M]．北京：中國金融出版社，2012.

[34] 蔣正華，張俊喜，馬鈞．中國中小企業發展報告 No.1［M］．北京：社會科學文獻出版社，2005.

[35] 錢穎一等．創新驅動中國：國家創新驅動發展戰略解讀及實踐［M］．北京：中國文史出版社，2016.

[36] 韓春生．產業創新方法與工具［M］．北京：知識產權出版社，2016.

[37] 羅荷花，李明賢．中國小微企業融資約束問題研究［M］．北京：經濟管理出版社，2016.

[38] 陳永奎．民族地區中小企業融資研究［M］．北京：民族出版社，2009.

[39] 孫林杰．中小企業的發展與創新［M］．北京：經濟管理出版社，2014.

[40] 田書芹，王東強．中小企業人力資源生態管理研究［M］．北京：中央編譯出版社，2017.

[41] 宋華．中小企業融資問題研究［M］．北京：首都經濟貿易大學出版社，2015.

[42] 鎖箭．創新驅動：中小企業轉型發展研究［M］．北京：經濟管理出版社，2016.

[43] 胡建兵．小而美：中小企業的轉型之路［M］．長沙：湖南師範大學出版社，2016.

[44] 遊怡．中小企業國際化成長機制研究［M］．北京：中國時代經濟出版社，2015.

[45] 李先軍．制度背景下中小企業治理結構研究［M］．北京：經濟管理出版社，2017.

[46] 梁松．新環境·新對策·中小企業戰略管理研究［M］．北京：中國水利水電出版社，2017.

[47] 李子彬．中國中小企業2015藍皮書·混合所有制·中小企業發展的機遇與選擇［M］．北京：中國發展出版社，2015.

[48] 陳紅．國內外中小企業創新創業支持政策比較研究［M］．北京：科學技術文獻出版社，2016.

[49] 黃明剛．互聯網金融與中小企業融資模式創新研究［M］．北京：中國金融出版出版，2016.

[50] 孫少岩, 祝瑩, 於洋. 小微企業融資研究 [M]. 長春: 吉林人民出版社, 2017.

[51] 弗布克. 中·小·微企業制度設計實務 [M]. 北京: 中國鐵道出版社, 2017.

[52] 唐麗穎. 中·小·微企業風險控制實務 [M]. 北京: 中國鐵道出版社, 2017.

[53] 蘇懷川. 小微企業管理模式構建與創新 [M]. 成都: 成都時代出版社, 2016.

[54] 高曉燕. 小微企業融資機制創新研究 [M]. 北京: 經濟日報出版社, 2015.

[55] 肖太壽. 小微企業財稅扶持政策研究 [M]. 北京: 中國市場出版社, 2014.

[56] 侯立軍. 江蘇小微企業發展研究 [M]. 南京: 東南大學出版社, 2013.

[57] 黃玲, 莊雷, 王飛. 網絡金融環境下西部小微企業成長的融資模式創新 [M]. 成都: 四川大學出版社, 2016.

[58] 陳永杰. 小企業·大經濟·小微企業發展政策研究 [M]. 北京: 中國經濟出版社, 2013.

[59] 王力. 促進小微企業發展稅收政策研究 [M]. 北京: 中國稅務出版社, 2013.

[60] 李文博. 集群情景下小微企業的創業行為研究 [M]. 北京: 科學出版社, 2018.

[61] 白貴, 李婷, 張靜偉. 小微企業的財政政策支持研究 [M]. 北京: 中國財政經濟出版社, 2016.

[62] 田玲. 中·小·微企業制度設計實務 [M]. 北京: 中國經濟出版社, 2014.

[63] 草根紅方. 無中生有: 輕鬆讓「小微企業, 大有作為」[M]. 北京: 團結出版社, 2015.

[64] 趙觀兵, 萬武. 小微企業創業要素機制耦合與扶持系統研究: 以江蘇省為例 [M]. 鎮江: 江蘇大學出版社, 2018.

[65] 李文博. 集群情景下小微企業的創業行為研究 [M]. 北京: 科學出版社, 2016.

[66] W. 理查德·斯格特. 組織理論: 理性、自然和開放系統 [M]. 黃

洋，李霞，申薇，等譯. 北京：華夏出版社，2001.

[67] 朱曉霞. 區域創新系統中中小企業角色定位於成長對策研究 [M]. 哈爾濱：哈爾濱工程大學出版社，2014.

[68] 楊春，蔡翔. 小微企業的界定及劃型標準研究 [J]. 技術經濟與管理研，2016（5）：50-54.

[69] 陳國權，王斌，陳玉祥. 面向可持續發展的企業環境分析與經營管理框架 [J]. 清華大學學報，1998（4）：58-66.

[70] 程超，林麗瓊. 銀行規模、貸款技術與小微企業融資：對「小銀行優勢」理論的再檢驗 [J]. 經濟科學，2015（4）：54-66.

[71] 李志強. 小微企業融資難題與信息化對策 [J]. 當代財經，2012（10）.

[72] 王俊峰，王岩. 中國小微企業發展問題研究 [J]. 商業研究，2012（9）：86-93.

[73] 王媚莎. 小微企業會計制度設計的原則、方法及路徑探析 [J]. 管理世界，2015（1）：184-185.

[74] 餘傳鵬，張振剛. 異質知識源對中小微企業管理創新採納與實施的影響研究 [J]. 科學學與科學技術管理，2015（2）：92-100.

[75] 柳宏志. 科技型中小企業的企業家經營能力和思維創新研究 [D]. 杭州：浙江大學，2007.

[76] 張玉明，劉德勝. 中小型科技企業成長的外部環境因素模型研究 [J]. 山東大學學報（哲學社會科學版），2009（3）：45-51.

[77] 劉洪德，史竹青. 企業成長環境的生態因子探析 [J]. 貴州社會科學，2008（5）：113-116.

[78] 許冀藝，於海燕. 基於金融生態視角的民營企業融資能力研究 [J]. 金融與經濟，2008（5）：62-64.

[79] 徐衡. 科技型中小企業融資問題研究：基於企業生命週期理論 [D]. 北京：對外經濟貿易大學，2010.

[80] 李大慶，李慶滿，單麗娟. 產業集群中科技型小微企業協同創新模式選擇研究 [J]. 科技進步與對策，2013（24）：117-122.

[81] 李文博. 中心鎮視域下小微企業協同創業行為的發生機理：浙江試點中心鎮的創業經驗表達 [J]. 科學學研究，2015（4）：595-606.

[82] 鄭金波. 中國民營科技企業成長環境研究與實證分析 [D]. 南京：東南大學，2004.

［83］周國紅，陸立軍．科技型中小企業成長環境評價指標體系的構建［J］．數量經濟技術經濟研究，2002（2）：32-35.

［84］侯卉，司曉悅，王丹青．高科技企業成長環境評析：以沈陽市為例［J］．科技進步與對策，2012（24）：140-142.

［85］趙錫斌，鄢勇．企業與環境互動作用機理探析［J］．中國軟科學雜誌，2004（4）：93-98.

［86］鄭霞．政策視角下小微企業融資機制創新研究［J］．中央財經大學學報，2015（1）：41-46，52.

［87］楊波．基於TRIZ的科技型小微企業管理創新研究［J］．科研管理，2014（8）：93-100.

［88］曹廷貴，蘇靜，任渝．基於互聯網技術的軟信息成本與小微企業金融排斥度關係研究［J］．經濟學家，2015（7）：72-78.

［89］霍源源，馮宗憲，柳春．抵押擔保條件對小微企業貸款利率影響效應分析：基於雙邊隨機前沿模型的實證研究［J］．金融研究，2015（9）：112-127.

［90］何韌，劉兵勇，王婧婧．銀企關係、制度環境與中小微企業信貸可得性［J］．金融研究，2012（11）：103-115.

［91］劉延平．企業環境與國際競爭力［J］．遼寧大學學報（哲學社會科學版），1995，23（5）：86-89.

［92］張光明，趙錫斌．企業與環境相互作用機理研究［J］．科技與管理，2005（6）：14-16.

［93］馬永紅，李柏洲，劉拓．中小型高科技企業成長環境評價體系構建研究［J］．科技管理研究，2006（3）：141-143.

［94］董曉林，陶月琴，程超．信用評分技術在縣域小微企業信貸融資中的應用：江蘇縣域地區的調查數據［J］．農業技術經濟，2015（10）：107-116.

［95］辜勝阻，莊芹芹．緩解實體經濟與小微企業融資成本高的對策思考［J］．江西財經大學學報，2015（5）：14-19.

［96］徐薇，秦英．互聯網金融背景下小微企業融資模式研究［J］．企業經濟，2014（12）：151-154.

［97］尹輝，周軍．協同創新視角下科技型小微企業發展研究［J］．科技進步與對策，2014（2）：108-112.

［98］張承惠．中小企業融資現狀與原因問題分析［J］．理論學刊，2011

（11）：37-39.

[99] 黎智洪. 小微企業的融資困境與出路 [J]. 人民論壇（中旬刊），2013（10）：99-101.

[100] 路曉靜. 中小企業融資探討：基於 OTSW 分析法 [J]. 中國商貿，2011（23）：115-116.

[101] 封北麟. 中國企業融資成本分析及降成本的對策：基於廣東、浙江、江蘇三省企業調查數據 [J]. 南方金融，2016（12）：81-86.

[102] 吳慶念. 中小企業內源融資的渠道和模式 [J]. 企業經濟，2012（1）：155-157.

[103] 李偉，成金華. 中小企業外源融資過程中的資金需求和供給 [J]. 經濟評論，2006（1）：47-51.

[104] 李秋霞. 大數據背景下小微企業融資模式創新之道 [J]. 中國統計，2018（3）：37-39.

[105] 賈亞男. 關於區域創新環境的理論初探 [J]. 地域研究與開發，2001（1）：5-8.

[106] 朱建新，朱祎宏，魯若愚. 創新環境的要素構成及其影響機理 [J]. 中國科技論壇，2016（3）：119-125.

[107] 中國企業家調查系統. 中國企業創新動向指數：創新的環境、戰略與未來：2017 中國企業家成長與發展專題調查報告 [J]. 管理世界，2017（6）：37-50.

[108] 王宇，鄭紅亮. 經濟新常態下企業創新環境的優化和改革 [J]. 當代經濟科學，2015（6）：99-106.

[109] 梁彩紅. 論商業銀行小微企業信貸風險管理 [J]. 上海金融，2014（9）：108-110.

[110] 沈志遠，高新才. 科技型小微企業融資能力評價及提升對策 [J]. 科技進步與對策，2013（12）：133-136.

[111] 林軍. 樊超. 中國小微企業人才困境及其對策分析 [J]. 甘肅聯合大學學報（社會科學版），2013（5）：35-38.

[112] 張丹. 中小企業創新文化建設之初探 [J]. 商場現代化，2005（28）：301-302.

[113] 範如國. 基於複雜網絡理論的中小企業集群協同創新研究 [J]. 商業經濟與管理，2014（3）：61-69.

[114] 王馨. 互聯網金融助解「長尾」小微企業融資難問題研究 [J]. 金

融研究, 2015 (9): 128-139.

[115] 謝雅萍, 黃美嬌. 社會網絡、創業學習與創業能力: 基於小微企業創業者的實證研究 [J]. 科學學研究, 2014 (3): 400-409.

[116] 薛捷. 區域創新環境對科技型小微企業創新的影響——基於雙元學習的仲介作用 [J]. 科學學研究, 2015 (5): 782-291.

[117] 姚錚, 胡夢婕, 葉敏. 社會網絡增進小微企業貸款可得性作用機理研究 [J]. 管理世界, 2013 (4): 135-149.

[118] 徐曉萍, 張順晨, 敬靜. 關係型借貸與社會信用體系的構建: 基於小微企業演化博弈的視角 [J]. 財經研究, 2014, 40 (12): 39-50.

[119] 董曉林, 張曉艷, 楊小麗. 金融機構規模、貸款技術與農村小微企業信貸可得性 [J]. 農業技術經濟, 2014 (8): 100-107.

[120] 徐潔, 隗斌賢, 揭筱紋. 互聯網金融與小微企業融資模式創新研究 [J]. 商業經濟與管理, 2014 (4): 92-96.

[121] 李華民, 吳非. 誰在為小微企業融資: 一個經濟解釋 [J]. 財貿經濟, 2015 (5): 48-58.

[122] 安寶洋. 互聯網金融下科技型小微企業的融資創新 [J]. 財經科學, 2014 (10): 1-8.

[123] 趙君, 蔡翔, 趙書松. 農村小微企業集群的基本特徵、發展因素與管理策略 [J]. 農業經濟問題, 2015 (1): 73-78.

[124] 蔣天穎, 孫偉, 白志欣. 基於市場導向的中小微企業競爭優勢形成機理: 以知識整合和組織創新為仲介 [J]. 科研管理, 2013 (6): 17-24.

[125] 奉小斌, 陳麗瓊. 外部知識搜索能提升中小微企業協同創新能力嗎?——互補性與輔助性知識整合的仲介作用 [J]. 科學學與科學技術管理, 2015 (8): 105-117.

[126] 李文博. 集群情景下小微企業進化創業行為的驅動機理: 話語分析方法的一項探索性研究 [J]. 科學學研究, 2014 (3): 410-420.

[127] 王光岐, 汪瑩. 眾籌融資與中國小微企業融資難問題研究 [J]. 新金融, 2014 (6): 60-63.

[128] 李峰, Yao Shujie. 結構性減稅下小微企業稅率調整分析模型 [J]. 中國管理科學, 2014 (5): 24-32.

[129] 張肖飛, 郭錦源, 張攝. 小微企業網絡融資模式研究: 以阿里巴巴小額貸款為例 [J]. 南方金融, 2015 (2): 33-42.

[130] 沙勇. 中國小微企業的融資困境及應對策略 [J]. 江海學刊, 2013

(3): 99-104.

[131] 戴東紅. 互聯網金融對小微企業融資支持的理論與實踐: 基於小微企業融資視角的分析 [J]. 理論與改革, 2014 (4): 91-96.

[132] 黃冠豪. 促進小微企業發展的稅收政策研究 [J]. 稅務研究, 2014 (3): 16-20.

[133] 肖久靈, 汪建康. 新加坡政府支持中小微企業的科技創新政策研究 [J]. 中國科技論壇, 2013 (11): 155-160.

[134] COVIN J G, STEVIN D P. New Venture Strategic Posture, Structure, And Performance: An Industry Life Cycle Analysis [J]. Journal of Business Venturing, 1990 (5).

[135] STOREY D J. New Firm Growth And Bank Financing [J]. Small Business Economic, 1994 (6).

[136] WEIMER D, VINING A R. Policy Analysis: Concept And Practice [M]. Routledge, 2017.

[137] THORSTEN B. Financial and Legal Constrains to Growth: Does Firm Size Matter [J]. Journal of Finance, 2005 (1).

[138] GONZALEZ N U. Banking regulation, Institutional Framework And Capital Structure: International Evidence From Industry Data [J]. Quarterly Review of Economics and Finance, 2002.

[139] SCHREINER M. Micro enterprise Development Programs in the United States and in the Developing World [J]. World Development, 2003 (31).

[140] PFEFFER J, SALANCIK G R. The External Control of Organizations: A Resource Dependence Perspective. New York: Harper & Row, 1978.

# 附錄　小微企業初創環境調查問卷

尊敬的先生/女士：

您好！為全面瞭解小微企業對初始創業環境的滿意度，進一步提升政府對小微企業的政策扶持力度，特組織此次「重慶市小微企業初創環境調查問卷」。您的寶貴意見對本研究及重慶小微企業的發展將會有莫大的幫助。本問卷調查無須署名，您所填寫的內容僅用作學術研究，請您如實作答，我們將承諾將為您嚴格保密。真誠感謝您的支持與合作！

**一、企業基礎信息**

1. 您的職務：①企業主　②總經理　③高層管理者　④中層管理者
2. 貴企業經營時間：
①1年以下　②1到3年　③3年到5年　④5年到10年　⑤10年以上
3. 貴企業登記類型：①國有　②集體　③私營　④混合所有　⑤中外合資　⑥外資企業
4. 貴企業所屬行業：
A. 電子信息　B. 裝備製造　C. 飲料食品（含農產品加工）　D. 油氣化工　E. 能源電力　F. 汽車製造　G. 生物醫藥　H. 新材料　I. 節能環保　J. 電力、燃氣及水的生產和供應業　K. 房地產業　L. 交通運輸、倉儲和郵政業　M. 餐飲住宿　N. 軟件業　O. 批發和零售業　P. 其他
5. 貴企業2014年末雇傭人數：
①1人　②2人　③3人　④4人　⑤5~8人　⑥8~10人　⑦10人以上
6. 貴企業創業第一年員工數：
①1人　②2人　③3人　④4人　⑤5~8人　⑥8~10人　⑦10人以上
7. 貴企業是否被政府部門認定為高新技術企業：①是　②否

**二、企業經營狀況**

8. 貴企業2014年經營的總體情況是：

①經營勢頭良好　②經營情況正常平穩　③出現5%以內的虧損　④虧損5%~20%（中度虧損）　⑤20%以上虧損（重度虧損）　⑥停產、半停產

9. 貴企業創業第一年經營的總體情況是：

①經營勢頭良好　②經營情況正常平穩　③出現5%以內的虧損　④虧損5%~20%（中度虧損）　⑤20%以上虧損（重度虧損）

10. 您認為目前擠壓貴企業利潤的因素（可多選）：

①原材料價格上漲過快　②人民幣升值　③行銷成本上升　④工人工資增加過快　⑤利息高　⑥其他

11. 貴企業創業第一年與國有企業、大型壟斷性企業、外資企業競爭時遇到最大的不公平因素為：

①用地、用電等不公平對待　②稅率的不平等　③行業進入領域的不平等　④銀行融資不公平　⑤項目投資、政府採購等不公平　⑥各種變相和強制性收費多　⑦其他

12. 貴企業當前的銷售量與創業第一年相比：

①大幅增加　②略有增加　③持平　④減少　⑤大幅減少

13. 貴企業預計，2015年銷售收入和淨利潤相比於2014年：

①增加　②減少　③持平

14. 請選擇貴企業創業第一年和2014年有關財務指標（如果創業第一年是2014年，可自動合併）

註冊資本（萬元）：①0~10萬　②10萬~30萬　③30萬~50萬　④50萬~100萬　⑤100萬以上

資產總額（萬元）：

創業第一年：①0~10萬　②10萬~50萬　③50萬~100萬　④100萬~500萬　⑤500萬以上

2014年：①0~10萬　②10萬~50萬　③50萬~100萬　④100萬~500萬　⑤500萬以上

營業收入（萬元）：

創業第一年：①0~20萬　②20萬~50萬　③50萬~100萬　④100萬~500萬　⑤500萬以上

2014年：①0~20萬　②20萬~50萬　③50萬~100萬　④100萬~500萬　⑤500萬以上

淨利潤（萬元）：

創業第一年：①0~10萬　②10萬~30萬　③30萬~50萬　④50萬~

100萬　⑤100萬以上

2014年：①0~10萬　②10萬~30萬　③30萬~50萬　④50萬~100萬　⑤100萬以上

### 三、企業政策支持環境

15. 貴企業是否瞭解重慶市人民政府《重慶市完善小微企業扶持機制實施方案》（渝府發〔2014〕36號）中扶持中小企業發展的政策？

①不知道　②聽說有，但不瞭解　③瞭解一些　④知道大部分　⑤很熟悉

16. 您是否熟悉重慶市小微企業市場准入政策，例如：深化工商登記制度改革；推進註冊登記便利化；放寬住所（經營場所）登記條件等？

①不知道　②聽說有，但不瞭解　③瞭解一些　④知道大部分　⑤很熟悉

17. 您是否熟悉重慶市小微企業財稅支持政策，例如：稅收優惠；專項轉移支付；小微企業場地租金補貼等？

①不知道　②聽說有，但不瞭解　③瞭解一些　④知道大部分　⑤很熟悉

18. 您是否熟悉重慶市小微企業金融扶持政策，例如：小額貸款保證保險；創業扶持貸款；貸款擔保扶持；小微企業發展產業引導基金等？

①不知道　②聽說有，但不瞭解　③瞭解一些　④知道大部分　⑤很熟悉

19. 您是否熟悉重慶市小微企業發展空間提升政策，例如：鼓勵社會資金投入樓宇產業園建設，同等享受工業園區標準廠房扶持政策；小微企業集聚發展等？

①不知道　②聽說有，但不瞭解　③瞭解一些　④知道大部分　⑤很熟悉

20. 您是否熟悉重慶市小微企業服務環境優化政策，例如：培育發展服務機構；加大政府購買服務力度；為小微企業提供低收費或免費服務等？

①不知道　②聽說有，但不瞭解　③瞭解一些　④知道大部分　⑤很熟悉

21. 您是否熟悉重慶市小微企業就業社保扶持政策，例如：享受崗位補助和崗前培訓補貼，崗位培訓，社保補貼等？

①不知道　②聽說有，但不瞭解　③瞭解一些　④知道大部分　⑤很熟悉

22. 您是否熟悉重慶市小微企業收費管理政策，例如：清理規範行政審批前置服務項目及收費；對涉企的行政事業及經營性收費均實行目錄清單制度；清理各類協會、仲介機構的涉企收費等？

①不知道　②聽說有，但不瞭解　③瞭解一些　④知道大部分　⑤很熟悉

23. 貴企業在創業第一年利用過重慶市哪幾類支持政策？（可多選）

①市場准入政策　②財稅支持政策　③金融扶持政策　④發展空間提升政

策 ⑤服務環境優化政策　⑥就業社保扶持政策　⑦收費管理政策　⑧沒有用過

24. 您認為哪些政策在企業建立初期比較重要？（請按重要程度限選三項）
①市場准入政策　②財稅支持政策　③金融扶持政策　④發展空間提升政策　⑤服務環境優化政策　⑥就業社保扶持政策　⑦收費管理政策

**四、企業融資環境**

25. 貴企業在創業第一年和 2014 年的融資需求分別為＿＿＿＿＿元和＿＿＿＿＿元。
①0~10 萬　②10 萬~20 萬　③20 萬~50 萬　④50 萬~100 萬　⑤100 萬以上

26. 貴企業融資用途（可多選）：
①固定資產投資　②購買原材料　③流動資金週轉　④除固定資產外的其他投資　⑤其他

27. 貴企業創業第一年優先從哪些渠道融資（可多選）
①銀行　②小額貸款公司　③擔保公司　④親戚朋友　⑤關聯企業　⑥風險投資　⑦資本市場　⑧其他，請註明：＿＿＿＿＿

28. 目前貴企業優先從哪些渠道融資（可多選）
①銀行　②小額貸款公司　③擔保公司　④親戚朋友　⑤關聯企業　⑥風險投資　⑦資本市場　⑧其他，請註明：

29. 貴企業在創業第一年從銀行融資：①非常困難　②比較困難　③容易

30. 創業第一年銀行未能滿足貴企業貸款的主要原因（可多選）＿＿＿＿＿（按照影響程度從大到小排序）
①抵押擔保不足　②企業信用等級低　③企業規模小　④企業經營狀況不佳　⑤貸款項目風險高　⑥屬限制發展行業　⑦銀行無信貸規模　⑧企業的實際財務狀況難於把握　⑨其他

31. 貴企業在創業第一年獲得銀行融資的主要原因（可多選）：
①同意增加本企業在該銀行的存款　②企業非現金資產為抵押品　③個人資產為抵押品　④供應商或客戶擔保　⑤保險公司擔保　⑥擔保公司擔保　⑦本企業信譽良好　⑧本企業產品市場前景好

32. 貴企業對於四倍於同期人民銀行貸款基準利率的融資行為接受程度：
①較為合理　②可接受，但融資成本偏高　③不可接受

33. 貴企業在創業第一年對銀行提供的融資服務感到：

①很滿意　②較滿意　③一般　④不太滿意　⑤很不滿意

34. 貴企業在創業第一年認為銀行方面存在的主要問題：
①貸款利率過高　②服務作風差　③辦事手續繁雜　④金融產品少　⑤信息不透明　⑥忽視中小企業　⑦對中小企業不信任　⑧其他，請註明＿＿＿

35. 貴企業在當前認為銀行方面存在的主要問題：
①貸款利率過高　②服務作風差　③辦事手續繁雜　④金融產品少　⑤信息不透明　⑥忽視中小企業　⑦對中小企業不信任　⑧其他，請註明＿＿＿

36. 貴企業在創業第一年融資過程中，遇到的最主要困難是：
①缺乏銀行願接受的抵、質押資產　②缺乏第三方提供的保證　③信用評級無法達到銀行標準　④利率太高　⑤金融機構評估能力差　⑥缺乏與銀行的長期穩定聯繫　⑦貸款方存在歧視　⑧缺乏政策或政策不配套

37. 貴企業目前的融資過程遇到的最主要困難是：
①缺乏銀行願接受的抵、質押資產　②缺乏第三方提供的保證　③信用評級無法達到銀行標準　④利率太高　⑤金融機構評估能力差　⑥缺乏與銀行的長期穩定聯繫　⑦貸款方存在歧視　⑧缺乏政策或政策不配套

38. 貴企業在創業第一年希望政府和金融部門解決哪些問題？（可多選）：
①加大產業政策傾斜　②降低行業進入門檻　③減低稅費（包括提高出口退稅率）　④加大財政補貼力度　⑤拓寬融資渠道，減低貸款要求，加強信貸支持　⑥降低貸款利率水準　⑦加強公共技術及信息平臺建設　⑧加強自主知識產權保護　⑨營造公平競爭的商業環境　⑩其他，請註明＿＿＿＿

### 五、企業技術創新環境

39. 貴企業創業第一年信用等級評級情況：＿＿＿＿，當前信用等級評級情況：＿＿＿
①AAA　②AA　③A　④BBB　⑤BB　⑥B　⑦CCC　⑧CC　⑨C　⑩沒有評級

40. 貴企業研發投入的主要方向（限選三項）：
①沒有研發投入　②新產品、新技術、新工藝的研發　③技術改造　④技術購買　⑤儀器設備購買　⑥科研人員培訓　⑦其他，請註明＿＿＿＿

41. 貴企業創業第一年有沒有品牌商標？
①無品牌　②普通品牌　③省級名牌　④國家品牌

42. 貴企業當前有沒有品牌商標？

①無品牌　②普通品牌　③省級名牌　④國家品牌

### 六、企業法律制度環境

43. 貴企業認為企業創業第一年各種規費、稅外費的收取是否合理？

①非常合理　②比較合理　③不合理，應予降低收費　④不合理，應予免除

44. 貴企業認為重慶市小微企業稅收減免政策對企業成長的幫助程度如何？

①非常有幫助　②比較有幫助　③幫助程度一般　④沒有幫助

45. 貴企業對重慶市現有的針對小微企業的政策法規知悉程度，例如，《重慶市完善小微企業扶持機制實施方案》（渝府發〔2014〕36號）、《重慶市完善小微企業扶持機制專項方案》？

①非常瞭解　②比較瞭解　③不瞭解

46. 貴企業認為重慶市現有的針對小微企業的政策法規完善程度？

①非常完善　②比較完善　③一般　④不完善，缺失較多

### 七、企業社會服務環境

47. 貴企業在創業第一年對政府行政審批和管理體系效率的評價：

①非常高　②比較高　③一般　④較低

48. 貴企業對重慶市人才交流與勞動力市場建設完善程度的評價：

①非常完善　②比較完善　③一般　④完善程度較低

49. 貴企業對重慶市創業指導、就業培訓等機構服務感到：

①很滿意　②較滿意　③一般　④不太滿意　⑤沒有參加過

50. 貴企業對重慶市小微企業創業初期環境優化和提升的政策建議：

_____

# 後　記

　　小微企業是推動中國經濟發展的重要力量，在促進經濟發展、提升居民生活水準、創造就業機會等方面具有得天獨厚的優勢。但是長期以來，小微企業因其「小」而「微」，在中國並沒有受到太多的關注，反而經常成為被擠壓的對象。黨的十八大報告首次提出「支持小微企業特別是科技型小微企業發展」，充分表明黨和國家已經充分意識到了小微企業在經濟社會發展中的重要作用，為加快小微企業進一步發展指明了方向，提供了動力。

　　筆者長期以來關注小微企業的發展，申請到了多項省部級資助項目，形成了多份調研報告，在理論上提出了一孔之見，在實踐上為地方政府提供了決策建議，試圖為中國小微企業發展貢獻綿薄之力。當然，由於本人的學識能力所限，本書不成熟的地方頗多，尚待在以後的學習與研究中不斷完善，繼續努力關注小微企業成長與發展。

　　本書的最終付梓，需要感謝的人太多。首先感謝重慶社科院院長唐青陽教授等院領導的鼓勵與支持，感謝重慶社科院改革雜志社文豐安、熊飛副總編的大力支持，感謝重慶社科院產業經濟研究所吳安研究員、王小明研究員等前輩與同仁的指導與幫助，感謝家人與朋友的理解與包容⋯⋯感謝無以一一言表，唯有感恩於心。

黎智洪於重慶渝北
2018 年 9 月 8 日

## 國家圖書館出版品預行編目（CIP）資料

中國小微企業成長環境及其優化對策研究 / 黎智洪 著. -- 第一版.
-- 臺北市：崧博出版：財經錢線文化發行, 2019.05
　面；　公分
POD版

ISBN 978-957-735-840-0(平裝)

1.中小企業 2.企業管理 3.中國

494　　　　　　　　　　　　　　　　　　108006398

書　　名：中國小微企業成長環境及其優化對策研究
作　　者：黎智洪 著
發 行 人：黃振庭
出 版 者：崧博出版事業有限公司
發 行 者：財經錢線文化事業有限公司
E - m a i l：sonbookservice@gmail.com
粉 絲 頁：　　　　　　　網　址：
地　　址：台北市中正區重慶南路一段六十一號八樓 815 室
8F.-815, No.61, Sec. 1, Chongqing S. Rd., Zhongzheng
Dist., Taipei City 100, Taiwan (R.O.C.)
電　　話：(02)2370-3310 傳　真：(02) 2370-3210
總 經 銷：紅螞蟻圖書有限公司
地　　址: 台北市內湖區舊宗路二段 121 巷 19 號
電　　話:02-2795-3656 傳真:02-2795-4100　網址：
印　　刷：京峯彩色印刷有限公司（京峰數位）

　　本書版權為西南財經大學出版社所有授權崧博出版事業股份有限公司獨家發行電子書及繁體書繁體字版。若有其他相關權利及授權需求請與本公司聯繫。

定　　價：420元
發行日期：2019 年 05 月第一版
◎ 本書以 POD 印製發行